中国传媒大学"十二五"规划教材编委会

主任：苏志武　胡正荣

编委：（以姓氏笔画为序）

王永滨　刘剑波　关　玲　许一新　李　伟
李怀亮　张树庭　姜秀华　高晓虹　黄升民
黄心渊　鲁景超　蔡　翔　廖祥忠

信息安全专业"十二五"规划教材编委会

主任：王永滨

编委：朱立谷　黄祥林　于水源　王　彤　隋爱娜
　　　潘　耘　巩　微　刘　文　黄　玮　范文庆

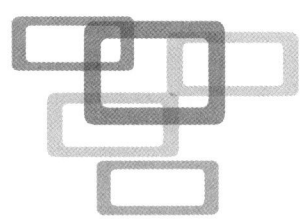

信息安全专业"十二五"规划教材

数字内容安全技术

隋爱娜 曹刚 王永滨 编著

中国传媒大学出版社
·北京·

内容简介

本书系统地讲述了数字内容安全技术的相关理论与方法。全书共7章,主要内容包括数字内容及其安全威胁概论、数字内容加密、信息隐藏与数字水印、数字取证、数字版权管理以及大数据安全。

本书可作为信息安全相关专业本科高年级学生以及研究生的教材,也可供相关科研人员参考。

前　言

随着数字化技术的发展,数字内容产业已成为信息产业发展的新动力。数字内容安全技术是数字内容产业三大支撑技术之一,有效保障了数字内容的安全可靠应用。伴随数字媒体内容的创作生成、传播分享和访问应用这一生态历程,出现包括隐私保护、内容认证、版权保护、安全传输、访问控制等在内的重要应用需求,这些正是数字内容安全技术所要解决的关键问题,也是数字内容安全技术领域的主要研究内容。

本书将介绍数字内容安全技术的相关理论与方法。全书共分为7章,第1章介绍数字内容的基本概念,包括内涵、产业和各类媒体内容等。第2章介绍数字内容安全威胁,详细阐述了数字内容在政治、文化、保密、隐私和产权等五个方面所受到的安全威胁。针对这些安全威胁,第3~7章分别介绍了五种保障数字内容安全的典型关键技术。第3章介绍数字内容加密技术,主要内容包括密码学基本概念、经典的密码算法、消息认证和数字签名等。第4章介绍信息隐藏与数字水印,主要内容包括相关概念、基本理论和典型算法,详细介绍了鲁棒水印技术、脆弱水印技术和数字隐写技术,给出了具体的算法示例。第5章介绍数字取证技术,主要内容包括数字取证基本理论、图像操作取证、图像来源取证、反取证等,结合作者近年科研实践给出了多个具体的算法示例。第6章介绍数字版权管理技术,主要内容包括概述、DRM体系结构、DRM关键技术以及DRM标准与典型方案等。第7章介绍大数据安全,主要内容包括大数据概述、大数据带来的安全挑战和大数据隐私保护技术等。

为方便于教学和自学,每章开始均列出要点,每章末配有小结和习题,并附有参考文献。本书中的算法示例均给出了具体的实现步骤,以帮助感兴趣的读者完成算法仿真实验。

本书可作为信息安全专业本科高年级学生以及研究生的专业课教材,也可供信息安全相关领域的研究人员和工程技术人员参考使用。

本书由中国传媒大学理工学部信息安全系组织编写,第1,2,3,6,7章由隋爱娜编写,第4,5章由曹刚编写。全书由王永滨审校。感谢中国传媒大学出版社为本书出版所付出的辛勤劳动。此外,本书的编写得到了国家自然科学基金项目(批准号:61401408)的资助。

数字内容安全技术发展迅速,加之编者水平有限,书中难免有错漏之处,恳请读者批评指正。

编者

目　录

第 1 章　数字内容　/1
　　1.1　数字内容概述　/1
　　1.2　新媒体数字内容的发展　/4
　　1.3　数字广播媒体内容　/7
　　1.4　网络电视媒体内容　/9
　　1.5　数字电影媒体内容　/13
　　1.6　数字游戏媒体内容　/14
　　1.7　其他数字媒体内容　/16
　　1.8　数字内容关键技术　/21
　　本章小结　/34

第 2 章　数字内容安全威胁　/37
　　2.1　数字内容安全发展状况　/37
　　2.2　数字内容安全威胁　/39
　　2.3　数字内容安全技术　/43
　　本章小结　/44

第 3 章　数字内容加密技术　/46
　　3.1　密码学基础　/46
　　3.2　对称密码算法　/48
　　3.3　非对称密码算法　/57
　　3.4　散列函数与消息认证　/65
　　3.5　数字签名　/70
　　3.6　身份认证　/73
　　本章小结　/81

第4章 信息隐藏与数字水印 /84

4.1 信息隐藏基本概念 /84

4.2 信息隐藏技术 /86

4.3 数字水印基本理论 /92

4.4 鲁棒水印技术 /98

4.5 脆弱水印技术 /101

4.6 数字隐写技术 /106

本章小结 /115

第5章 数字取证技术 /118

5.1 数字取证基本理论 /118

5.2 数字图像操作取证 /121

5.3 图像操作取证算法示例 /133

5.4 数字图像来源取证 /141

5.5 反取证 /143

本章小结 /148

第6章 数字版权管理 /153

6.1 数字版权保护概述 /153

6.2 DRM 体系结构及应用 /157

6.3 DRM 关键技术 /161

6.4 DRM 标准与典型方案 /182

本章小结 /200

第7章 大数据安全 /203

7.1 大数据概述 /203

7.2 大数据带来的安全挑战 /208

7.3 大数据中的隐私保护 /212

7.4 大数据隐私保护技术 /216

本章小结 /255

第1章 数字内容

■ **本章要点：**
1. 数字内容的基本概念
2. 数字内容的多种形式
3. 数字内容的关键技术

1.1 数字内容概述

1.1.1 数字内容的内涵

信息是人类社会最重要的资源之一，人类的一切活动几乎都依赖于信息的获取与处理。在现代社会里，信息技术的发展程度已成为衡量一个国家或民族是否进步的重要指标。

信息作为研究对象最早出现在通信领域。1948年，美国数学家、信息论的创始人Shannon曾指出："信息是用来消除随机不确定性的东西。"例如，"地图"使人们了解地理信息，减少交通路线的不确定性。随着通信技术、计算机技术和网络技术的迅速发展，人们对信息的认识不断提升，信息概念本身随之不断深化。计算机出现以后，信息被看作是数据；二战以后，信息的处理和服务等成为科技工作的重要部分，这时，信息通常被认为是经验、知识和资料，泛指一切能够处理的数值、文字、符号、语音、图形等。

在信息科技中，"信息（Information）"和"内容（Content）"的概念是等价的，它们均指与具体表达形式、编码无关的知识、事物、数据等含义，相同的信息或内容分别可以有多种表达形式或编码。

"信息"和"内容"的概念也在一些特别的场合有所区别。一般认为，"内容"更具轮廓性和主观性，即在细节上有些不同的"信息"可以被认为是相同的"内容"。不同的人对相同"信息"的感知也可能不同，而"信息"具有自信息、熵、互信息等概念，可以用比特（Bit）、奈特（Nat）或哈特（Hart）等单位衡量它们数量的多少，因此一般认为"信息"更具细节性和客观性。在细节并不重要的场合下,"内容"往往更能反映"信息"的含义,也可以认为"内容"是人们可感知的"信息"或较高层次的"信息",多个"信息"可以对应一个"内容"。但信息论研究的信息是客观的,即它一般不认为一个信息可以在主观感知下对应多个含义。

随着信息技术的发展,数字内容已经成为信息的主要表现形式。

所谓数字内容,就是以数字形式存在的文本、图像、声音、视频等信息,它可以存储在光盘、硬盘等数字载体上,并通过网络等手段传播。

数字内容是信息的一种表现形式,信息的概念更加广泛,数字内容隶属于信息的范畴。相对于其他的信息表现形式,数字内容的不同之处在于,数字内容是以数字化的方式存在的。

数字内容是当前信息记录的主要手段,但它自身不能独立存在,它必须依附于某种物质载体。与信息一样,数字内容来源、数字内容归宿以及数字内容的传播信道是组成数字内容的三大要素。

随着数字化技术的发展,数字内容的内涵日益丰富,主要包括数字音像、科学出版、远程教育、动漫游戏、金融信息、政府公告、网络博客、网络论坛、短信微信等,涉及教育、科学、金融、文化、娱乐、商业、通信等多个领域。围绕着这些数字内容的开发制作、传递配送和消费使用,一个影响全社会的大规模的产业链正在形成。

1.1.2 数字内容产业

在我国 2006 年 3 月 16 日发布的《国民经济和社会发展第十一个五年规划纲要》中,数字内容产业(Digital Content Industry,DCI)在国家文件中正式出现,此后频繁出现在国家的各类发展规划中。在 2011 年出台的《国民经济和社会发展第十二个五年规划纲要》中,数字内容产业仍然是其中的重要内容。

在国外,1995 年,西方七国信息会议首次提出"内容产业"(Content Industry)概念,它作为产业统计的一个正式门类则于 1997 年首次出现在《北美产业分类系统》(NAICS)内。1999 年,欧盟的"Info2000 计划"才真正对内容产业进行了界定:那些制造、开发、包装、销售信息产品和服务的企业。经济合作与发展组织 OECD(简称经合组织)在《2006年信息技术展望报告》中指出,信息社会和信息通信技术(ICT,Information and Communications Technology)产业的发展继硬件、软件、通信网络之后要经过一个内容大发展阶段。

国际上有许多与"数字内容产业"相近的概念和说法,不同国家或地区鉴于自身优势和国家总体发展战略会提出不同的理念,这些概念相近却又不完全相同。从内容角度看,如北美的信息内容产业,加拿大的电子内容(e-Content),欧盟的数字内容(Digital Content)等;从媒体角度看,有数字媒体(Digital Media)、多媒体(Multimedia)、新媒体(New Media)或者网络媒体(Network Media)等;从产业角度来看,有日本重视的内容产业(Content Industry)或者英国和澳大利亚推行的创意产业(Creative Industry)。

数字内容产业是生产数字信息内容产品和提供相应服务的产业,其生产服务过程包括信息的收集、处理、加工、存储、传播、交易和服务。

2003年《上海市政府工作报告》中指出:"数字内容产业是依托先进的信息基础设施与各类信息产品行销渠道,向用户提供数字化的图像、字符、影像、语音等信息产品与服务的新兴产业类型,它包括软件、信息化教育、动画、媒体出版、数字音像、数字电视节目、电子游戏等产品与服务等,是智力密集型的、高附加值的新兴产业。"国务院发布的《2006—2020年国家信息化发展战略》中指出,数字内容产业属于信息产业的重要组成部分。在信息网络背景下,文化、出版、广播、影视、市场资讯、市场调查、游戏动漫等,凡是以内容加工为对象,产品形式表现为信息形式的,都属于信息产业。在我国政府目前的界定中,数字内容产业归属于信息服务业。

数字内容产业主要是基于网络和数字化的新兴内容产业,以内容为核心,以信息或数字为纽带,强调内容与其他行业的交叉和融合。具体可分为数字传媒、数字娱乐、数字学习、数字出版和面向专业应用五大类。

(1)数字传媒行业

数字传媒行业是指传统媒体(报纸、杂志、广播、电视)利用数字技术和网络手段后呈现的新的形态或者重新开启的新的内容和服务。这部分数字内容产业,盈利点在于广告、发行以及针对数字内容的查询、检索、定制等服务,并且通过内容编辑手段的网络化,实现与读者之间良好的互动沟通。

(2)数字娱乐行业

数字娱乐行业指的是通过信息网络平台、电视台、广播电台等运营平台提供声光娱乐给消费大众。这部分数字内容产业,以用户为满足自身需要所付出的消费支出为主要盈利点。随着生活水平的提高,这部分开支在家庭收入中所占比例越来越高,市场的增长潜力很大。数字影音、数字游戏和数字动漫是数字娱乐行业的重点。

(3)数字学习行业

数字学习指的是通过有线或无线网络,利用数字工具取得数字教材,进行线上或离线的学习活动。数字学习行业涉及为个人或企业员工提供的数字学习和培训服务,包含数字学习内容制作、工具软件、课程服务等。

(4)数字出版行业

广义的数字出版,指的是在出版流程的各个环节(从内容创作、采编、印刷到发行)采用数字技术,即出版单位将各种文字、图片、声音、影像等信息以数字化形式进行编码和存储,然后以纸介质出版物、封装型电子出版物或网络出版物等形式投放市场。这里我们谈到的数字出版,泛指出版物形态以及发行渠道上拥有数字化特征的出版形式。

(5)面向专业应用的数字内容服务行业

数字内容产业从广义角度来讲,不仅仅限于娱乐、传媒、学习、出版等行业和应用,随着虚拟现实(Virtual Reality,VR)/增强现实(Augmented Reality,AR)、语音识别等相关技术的成熟和发展,数字内容产业广泛应用于传统产业、其他公共服务及商业化服务的趋势日益呈现,例如,在物流、旅游、科学研究、军事、医疗、建筑、工业设计、军事训练等领域,其地位和价值日益凸现。

数字内容产业是新兴的产业,包含数字内容产品和服务的设计与生产、宣传与销售等许多部门,而且综合或分解了许多原有产业的形态。随着环境变化与发展,它还需要进一步重新整合,在融合的情况下整合或重新专业化分工,形成新的产业链环节,才有可能突显新兴产业的竞争优势。数字内容产业实际是一个庞大的产业集群,涉及数字内容产品生产、交易、传输、技术支持、服务支持等多个环节,集群式发展是该产业的一个特点。另外,新的数字内容产业中"内容"是主要的驱动力和最重要的资产,终端用户是最终服务的决策者(数字内容产业的特质之一),内容在数字媒体中处于核心地位。同时,在媒体互动、用户互动、安全交易、版权管理、内容认证、低价加速接入、宽带等诸多领域需要令人满意的技术解决方案。内容产业的发展既需要内容,也需要技术,有时还需要配套的产品或服务支持,形成多元支撑的格局,这是数字内容产业新的发展范式。

综上所述,数字内容产业是基于数字通信和网络技术,整合了出版与印刷、广播电视、音像、电影、动漫、游戏、互联网等多种媒体形态,从事制造、生产、储存、传播和利用有关信息文化内容的综合产业。

1.2 新媒体数字内容的发展

现在已进入新媒体时代,数字内容产业方兴未艾。它发展的速度快,涉及的领域广,而且影响力巨大。新媒体时代数字内容产业的发展必须以新媒体互动网络为平台,与现代服务业及传统制造业紧密结合,最终形成改革、开放、创新、整合的发展趋势。

1.2.1 新媒体的基本概念与特点

一般意义上的媒体,不管是电视、广播还是报纸等,都包含内容和载体两个部分:即内容和内容的载体,传输和传输的载体。媒体是内容信息表示和传输的载体。

内容表示载体是记载和表达信息的载体。以文字为例,文字是内容的载体,不管写的是小说、新闻报道还是随感散文,创作的都是文字内容,即通过文字载体来表达内容;同样,声音、图像都是内容的载体;报纸的内容载体是图文,所以报纸都围绕文字和图片来制作内容;同样广播通过声音来做节目,电视通过活动的图像和声音做节目。这都是由媒体选择的内容载体所决定的。也就是说,内容的形态由内容载体所决定,而内容载体的性质决定了内容的表现形式以及创作形式。

如何将创作出来的内容传达给用户,则由传输载体决定。传输或者递达的载体也被称为物理载体。传输载体必须能够承载内容载体,如支持传输文字或活动图像。传输载体决定了传输方式和终端接收方式。报纸的传输载体是纸,文字和图片都是印刷在纸面上的,而纸的性质决定了它必须通过物流递达;声音和图像的载体是电波和信号,它们可以通过无线、有线、卫星等方式递达给用户。

新媒体在内容载体和传输载体两个方面都有所创新,如图1-1所示。

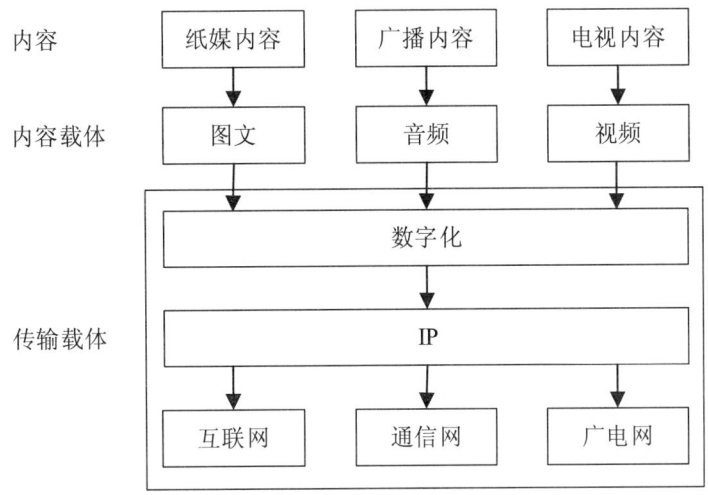

图 1-1　新媒体的内容、内容载体与传输载体

传统媒体的内容载体通常比较单一,如文字、声音或者图像,而且属于专有专用,如报纸、广播发射台、电视发射台等;而新媒体能够覆盖文字、声音、图像等多种展现手段,因而可以称其为多媒体或者富媒体(Rich Media)。

新媒体的传输载体也有所创新,它可以基于互联网、有线、无线移动等多种方式,在通信、移动、广播等方面都可以采用基于 IP 的传输模式,这样就可以使用多种终端来接收和展现信息,比如,电视、桌面和手持设备等。

此外,新媒体和传统媒体的不同之处非常明显地体现在交互方式上。传统媒体基本上属于单向方式,而新媒体能够提供双向传输,而且支持互动。

因此,可以说新媒体是通过网络传输,并且具有交互能力的丰富媒体系统。

传统媒体和新媒体之间的比较如表 1-1 所示。

表 1-1　传统媒体与新媒体的对比

	传统媒体	新媒体
内容载体	单一:报纸,广播,电视	多媒体:互联网站
传输载体及终端	单一、专用:如报纸、发射台、卫星、收音机和电视机是专用的	互联网、无线移动:多媒体一体化传输和终端
交互方式	单向	双向,互动

概括起来,新媒体具有三个突出的特点:

第一,广泛到达。传统媒体受到传输载体的限制,大多都是区域性的覆盖,例如电视台的一个发射台最大能够覆盖直径数十公里或更多,纸介质由于受到物流和投递等条件限制,基本是覆盖在运输能够及时到达的地区。这些传统媒体大多只面临区域内竞争和同业竞争。而新媒体提供的是跨区域服务,网络可达性不受地域限制,不论是在上海、北京甚至美国,一点部署就可以实现全国乃至全球的传播。

第二,丰富媒体。传统媒体受到内容载体和传输载体的限制,通常只能提供一种类型的内容,如报纸提供图文内容、广播提供声音内容等,基本都是面对同业竞争,难以跨越传输载体的局限。而新媒体支持多种类型内容制作方式,例如当前新华社和一些报刊企业纷纷涉足新媒体领域,除传统的文字业务外,都在新媒体上积极开展广播和电视业务。

第三,互动。传统媒体基本是单向和封闭的,而新媒体提供了更多的开放和双向互动能力,比如 Web2.0 就是通过更多、更灵活的交互方式,不但将大量用户通过信息和网络连接在一起,而且用户更广泛地参与到媒体内容的制作和表现上来,如 YouTube 上大量的内容都是由用户生成和上传的。

新媒体技术的日益成熟,离不开互联网、传输、终端等技术的迅速发展,它们为新媒体技术提供了强大的支撑能力,下面我们来分析两个典型案例。

一个例子是 2006 年首次发布的 Apple TV。它由苹果公司开发,是一种纯网络连接的视频播放器,不接收任何无线信号,完全与电视无关,也无需电视台配合。通过 Apple TV 可以访问到电视网站,可以通过网络观看这些网站上的节目,同时可以一站化地完成影片挑选、租片、付款、放映等功能。总体来看,Apple TV 是完全基于网络新媒体方式来做电视业务。

另一个例子是 2010 年发布的 Google TV,它既可以提供独立的机顶盒,也可以将机顶盒功能嵌入到电视机里,比如索尼等公司提供的 Google TV 电视机。Google TV 安装有 Android 操作系统,支持用户下载不同的应用,其本身不包含无线接收,只相当于一个集成的遥控器。用户通过 Google TV 既可以搜索并播放所有网络上的视频节目,也可以控制电视机收看广播节目,因此 Google TV 是一个集网络搜索与电视控制于一体的电视机系统。通过 Google 搜索引擎将用户引导到相应的网站或者是电视节目,用户收看的节目都是通过 Google 提供的搜索引擎引导来实现的。目前在美国有多家大电视网坚决抵制 Google TV,所有从 Google TV 门户转过来的点击都被阻塞,这也表明 Google TV 模式代表了电视工业和互联网工业之间对于节目源控制权的竞争。

1.2.2 三网融合下的新媒体内容

2010 年国务院先后下发了三网融合总体方案和试点方案,确定了三网融合 12 个试点地区名单,制定了快速推进三网融合的目标,并将三网融合作为重要任务纳入国家发展战略。

三网融合是指电信网、广播电视网和计算机通信网通过技术改造相互渗透、互相兼容,并逐步整合成为能够提供包括语音、数据、图像等综合多媒体的信息通信网络。从狭义上讲,三网融合就是电信网、有线电视网、计算机网业务和网络的融合和趋同;从广义上讲,三网融合是指电信、媒体与信息技术等三种产业的融合。

三网融合可以实现网络资源的共享,避免低水平的重复建设,形成适应性广、容易维护、费用低的高速宽带多媒体基础平台,将现有的网络资源进行有效地整合、互联互通,形成新的服务和运营机制,合理优化信息产业结构。三网融合给传统媒体造成了巨大的冲击,在新形势下既有机遇又面临着挑战。互联网的发展以及新媒体时代的到来,促使媒体行业开始进行新的变革。随着新媒体对社会发展和经济建设促进作用的不断增强,融合成为新媒体的发展基调。

2012年以来,我国新媒体的发展呈现出新的特点:以大数据为代表的新兴业态不断呈现;微信的爆发式发展成为亮点;微博成为表达民意、反映舆情的重要渠道;云技术的逐步成熟促使新媒体产业增强以内容生产为核心的竞争力;移动视频业务的后来居上等现象凸显出新媒体的蓬勃发展。在快速发展过程中,形式多样的新媒体产品不断涌现,物联网、云计算、移动智能终端等新兴产业持续发展,特别是微博、微信成为发展最快的新媒体应用,这充分显示出新媒体发展具有的无限活力与创新基因。

新媒体的发展为人们的生产、生活等带来极大便利,但也出现各种新的问题。新媒体对受众的个人隐私保护及信息安全带来巨大挑战。中国互联网信息中心(CNNIC)《2013年中国网民信息安全状况研究报告》表明,中国网民受到信息安全困扰的比例很大,74.1%的网民在过去半年内遇到过安全问题,总人数达4.38亿,其中因使用搜索引擎遇到过安全问题的网民达3004.6万人,因网上购物遇到过安全问题的网民达2010.6万人,有60.1%的网民认为受到了安全影响。信息安全影响网民的时间之长、规模之大前所未有。

1.3　数字广播媒体内容

广播(Broadcast),是通过无线电波或导线传送声音、图像的传播工具。从传播手段看,广播分两大类:通过无线电波传送节目的,称无线广播;通过导线传送节目的,称有线广播。从传播媒介看,广播也可分两大类:传送声音的,称为声音广播,简称广播;传送声音、图像的,称为电视广播,简称电视。

数字广播是指将数字化了的音频信号、视频信号,以及各种数据信号,在数字状态下进行各种编码、调制、传递等处理。同时,数字广播也是一项有别于传统所熟知的调幅(AM)、调频(FM)的广播技术,它通过地面发射站,以发射数字信号来达到广播以及数据资讯传输的目的。随着技术的发展,数字广播除了传统意义上仅传输音频信号外,还可以传送包括音频、视频、数据、文字、图形等在内的多媒体信号。就世界范围看,数字广播已经进入了数字多媒体广播的时代,受众通过手机、电脑、便携式接收终端、车载接收终端等多种接收装置,可以收看到丰富多彩的数字多媒体节目。

1.3.1　数字音频广播

数字音频广播,简称DAB(Digital Audio Broadcasting),是继AM、FM广播之后的第三代广播技术,是一个全新的数字化广播体系。现在我们每天收听的AM和FM,传送的都是模拟信号,属于模拟广播。模拟广播受调制方式和带宽所影响,有很多缺点。主要问题是传输过程中会产生噪声和失真的积累、由电波多径传播产生衰落,严重影响传输质量。

数字音频广播起源于德国。数字广播技术的基础是 Eureka-147 标准,即数字音频广播系统标准。1988 年 1 月 1 日,欧洲正式实施 Eureka-147 标准。1994 年,Eureka-147 标准被国际电信联盟(ITU)确认为国际标准。目前在英国、德国、比利时、丹麦等欧洲国家,DAB 的覆盖率已经达到相当高的水平,全球有 3.3 亿人在收听数字音频广播。

DAB 数字音频广播,是以数字技术为基础,采用先进的音频数字编码、数据压缩、纠错编码以及数字调制技术,对广播信号进行系列数字化的广播,传送高质量的声音节目。数字音频广播除传送声音信号外,还传送数据信号。

DAB 与现行的广播相比,具有音质好、接收质量高、抗干扰性强、发射功率小、覆盖面积大、频谱利用率高等特点。其优点描述如下:

(1)不论固定、便携或移动接收,DAB 都能提供 CD 级的接收质量。模拟技术信噪比只能达到 60dB,很难满足音质的高保真要求;而数字音频广播的信噪比可以达到 90dB,声音质量大大提高。

(2)接收机操作方便、简单。只需在接收机输入一个"节目号数"即可,不必采用传统繁琐的频率寻找方式。

(3)DAB 接收机可实现可变的动态控制,无论在汽车、室内还是室外,接收机可自动调整到最佳聆听的信号动态。

(4)抗干扰能力强。即使使用便携式收音机或汽车收音机,也没有杂音、没有干扰。数字音频广播信源编码采用 MUSICAM 编码技术来降低传输差错,对移动接收造成衰减的主要解决办法是通过频率交织和时间交织对误码进行纠错,同时采用保护间隙解决多径造成的码间干扰。

(5)频谱利用率高,降低了频带宽度。信道可容纳几十路立体声,在传送声音广播节目的同时,DAB 的数据信道还有能力传送其他附加信息,例如音乐、语言、发射的识别以及节目类型等信息的传送。

(6)数字广播具备加扰、加密功能,使有偿节目服务成为可能。

(7)DAB 降低了发射功率,减少了电磁污染,同时扩大了覆盖面积。

1.3.2 数字电视广播

所谓数字电视,是将传统的模拟电视信号经过抽样、量化和编码,转换成用二进制数代表的数字式信号,然后进行各种功能的处理、传输、存储和记录,也可以用计算机进行处理、检测和控制。其具体传输过程是:由电视台送出的图像及声音信号,经数字压缩和数字调制后,形成数字电视信号,经过卫星、地面无线广播或有线电缆等方式传送,由数字电视设备接收后,通过数字解调和数字视音频解码处理还原出原来的图像及伴音。采用数字技术不仅使各种电视设备获得比原有模拟式设备更高的技术性能,而且还具有模拟技术不能达到的新功能。

现代的通信手段主要有数字微波、卫星、光纤等。目前,我国的数字电视根据信号传输方式的不同可分为地面数字电视、有线数字电视以及卫星数字电视三种。

数字技术渐渐成为了电视广播的核心技术,为电视广播技术的发展提供了有力支持。信息传输和采编技术逐步朝着数字化的方向迈进,在提高电视广播的传播效果和传播质量的同时,推动着电视广播系统实现自动化。

电视广播属于现代化的传播工具,电视广播技术也逐步向网络化发展。电视广播的网络化,不仅可以使电视台建立起集采编、制作、传输于一体的网络系统,而且有助于实现国家省级干线网和地方电视分配网的互通互联,可以尽快建成健全的运营体系,以便信息资源得到最大程度的共享和沟通。

数字化、自动化等信息技术的不断发展,使得电视广播建立起由短波广播、中波广播、有线电视以及无线电视组成的比较完善的覆盖网。在以后的发展过程中,数字电视广播技术还将融合多种高科技技术,使我国广播电视的覆盖率不断增加,最终实现我国对外广播电视节目的全球覆盖。

1.4　网络电视媒体内容

广义上讲,网络电视是以电视机、个人电脑或者手持便携设备作为显示终端,通过宽带网络实现电视观看,并提供数字电视、移动电视、互动电视等服务。由于拥有电视与网络两方面的属性,网络电视在三网融合时代具有巨大的发展空间。

如果以不同终端类别界定网络电视形态,网络电视又可分为互动电视、互联网电视、移动电视、OTT 电视等。

1.4.1　互动电视

互动电视(iTV,interactive Television)也叫交互式电视,是数字电视与宽带互联网相结合的产物,是一种新兴的传媒方式。它将传统的被动收视模式改变为由用户自主选择节目,是电视科技与时尚生活的结合。互动电视系统是实现视频点播、电视商务、电视银行、电视游戏等业务的平台,可以为观众提供可点播的、具有个性化和互动性的精彩节目,满足观众"只看最想看的节目"的需求。

互动电视主要功能有:
- 电视回看:用户可以重新收看已经播放的电视节目。
- 电视点播:节目涵盖电影、电视剧、体育、教育、财经等热门频道,每月更新,用户可以根据自己需要随时收看和停止。
- 节目录制:用户把喜欢看的电视录制下来,无需担心错过精彩直播,无需像以前一样只能在规定的时间看想看的电视。
- 其他功能:互动投票、互动调查、互动竞猜、互动问答、电子相册、消息服务、电子报刊、电视商城、联网游戏等业务。

互动电视从技术上解决了观众与电视提供商的交互问题，从节目内容上允许用户参与，从内容制作者角度尽量制作与用户互动的节目。在现代网络环境下，由于网络天然的双向传输特性，交互式电视又有了新的发展，用户参与度大幅度提高，可以不需要借助第三方通信，直接通过电视网络完成交互。

在互动电视基础上，还发展了一种新的人机交互模式——个性化电视（Personalized TV），主要是针对电视内容，从"推""拉"两个方面实现个性化。用户根据自己的兴趣定制电视节目、选择播放时间等，而电视提供商根据用户"拉"的内容、时间等属性挖掘用户的习惯、兴趣和关注点，主动"推"送符合用户喜好的节目、广告等。

1.4.2 互联网电视

互动电视、个性化电视是从用户体验的角度，说明未来的电视是用户参与下的双向交互。如果从电视节目传输物理基础网络的角度进行划分，互联网电视还可以分为国际互联网电视（Internet TV）、互联网协议电视（Internet Protocol TV, IPTV）以及万维网电视（Web TV）。

（1）国际互联网电视（Internet TV）特指通过国际互联网（Internet）对全球提供的电视节目服务、视频流服务，用户可以通过专用客户端、Web 浏览器等访问。

（2）国际电信联盟（ITU）在其制定的 IPTV 标准中给出了互联网协议电视（IPTV）的定义：基于 IP 协议网络所提供的、满足给定服务质量/体验质量的多媒体服务（如电视、视频、音频、文字、图形、数据等）。

（3）万维网电视（Web TV）指通过万维网（World Wide Web）方式提供电视服务。电视节目提供者以 Web 网页形式发布电视节目，终端用户则直接通过浏览器来观看。比较典型的万维网电视有 YouTube、Myspace 等。Web 是通用技术，因此万维网电视可以面向全球互联网用户，也可以仅针对特定区域或特定用户提供。

目前，最常用也最易混淆的概念是互联网协议电视（IPTV）和国际互联网电视（Internet TV）。国际互联网电视（Internet TV）和互联网协议电视（IPTV）的网络协议虽然相同，但是节目服务质量和可靠性保障不同。国际互联网电视（Internet TV）作为国际互联网上的普通应用服务，与其他服务如文件下载、电子邮件等共享带宽资源，无法保障视频质量。由于基础协议相同，互联网协议电视（IPTV）可以和国际互联网在同一物理网络上共存，一般由互联网协议电视（IPTV）运营商自行决定是否在提供电视服务的同时向用户提供国际互联网服务。从有效利用网络基础设施的角度，运营商往往在一个网络上同时提供互联网协议电视（IPTV）和国际互联网服务，通过技术手段保证互联网协议电视（IPTV）的专用带宽，进而保证其服务质量。

无论如何划分，从本质上看，除一些专有数字电视标准外，网络电视只有互联网协议电视（IPTV）和国际互联网电视（Internet TV）两种不同模式。

1.4.3 移动电视

移动电视（Mobile TV）是指通过移动设备来观看的电视。从技术手段上看，可以分为利用移动电信通信网络和使用专有网络两种。前者如欧洲采用的 DVB-H 标准,后者如 CMMB(China Mobile Multimedia Broadcasting,中国移动多媒体广播)是我国推出的利用卫星信号覆盖全国的移动多媒体广播标准。

移动电视俗称手机电视。它以数字技术为支撑,通过地面或卫星电视信号广播、地面设备接收的方式播放和接收电视节目,通过手机、多媒体播放器、车载、USB 接收器等终端设备实现电视信号接收。它最大的特点是在处于移动状态的交通工具上保持电视信号的稳定和清晰。

数字移动电视的应用非常广泛,主要应用在公交车、私家车、轮渡、高铁等交通工具上。

公交车最早应用移动电视。早在 1999 年,浙江就在全国率先开发了公交电视(杭州视博公交电视),并在 2000 年西博会时正式投入运行。两年后,数字移动电视技术开始用于公交移动电视,大大促进了公交电视媒体的发展。但是这种数字移动电视的节目比较单一,节目的互动性也比较差。随着数字移动电视的技术不断提高,公交移动电视的技术也取得了进步。每一个电视终端都有一个相应的 IP 地址,这样就从技术手段上实现了不同的公交车电视节目可以收看不一样的电视节目,更为先进的数字移动电视技术实现了根据公交线路的不同来播放不同的电视节目。我国一些地区实现了道路交通情况的实时播放,为观众提供了详细的道路情况信息。

随着我国经济的不断发展以及智能手机的普及,手机移动电视衍生出了巨大的消费市场。手机具有方便快捷、便于携带等多种优点,用户完全可以实现电视节目的随时随地观看。

数字移动电视兼具广告和电视传媒的性质,并且以它的移动性区别于传统电视,所以发展前景非常广阔,蕴含着非常多的商机。

1.4.4 OTT 电视

OTT TV 是"Over The Top TV"的缩写,原指篮球中的"过顶传球",这里是指基于开放互联网的、处于顶层的视频服务,终端可以是电视机、电脑、机顶盒、PAD、智能手机等。

从物理设备上看,OTT 电视的一个主要特点是提供私有转屏功能,即数字媒体可以在不同智能设备之间传输共享。从应用上看,OTT 电视更多的是业务模式的创新,除了提供传统的电视节目外,正在向语音通信、网络游戏、即时通信、应用程序商店等方向发展。

在广播电视和内容发送领域,OTT 意味着通过宽带发送视频和音频内容,但网络服务供应商不参与内容的控制或分发。网络服务供应商可能知道 IP 包的内容,但不对内容承担责任,也不能够控制消费者的观看能力、内容的版权以及内容的其他再分发。OTT 特指来自第三方的内容,互联网供应商只负责传输 IP 包。

人们常常把 IPTV(互联网协议电视)和 OTT TV 混淆,但事实上两者完全不同。IPTV 已在一些国家或地区发展成为一种付费电视形式,它通过一个受管制的封闭网络向既定消费者的设备提供高质量视频内容。而 OTT TV 则是指通过不受管制的互联网向一系列广泛的具有 IP 地址的设备（包括电视、电脑、手机和平板电脑）传输视频内容，Over The Top 便代表了不与特定的网络捆绑。

由于政策的原因，目前中国 OTT TV 产业由两个相对独立但又有联系的部分组成：一部分以 PC、平板电脑、智能手机等为终端，俗称"网络视频"，以爱奇艺、搜狐视频、优酷、土豆等视频网站为代表；另一部分以电视机为终端，视频内容通过互联网传送到具备网络连接功能的电视机，或者传送到互联网电视机顶盒后再发送到普通电视机屏幕上，这两种方式俗称"互联网电视"。

从消费者的角度出发，OTT TV 就是互联网电视，苹果推出的 Apple TV 和谷歌推出的 Google TV 就是基于此种模式。中国网络电视台（CNTV）、百视通（BesTV）等都属于 OTT 电视范畴。

宽带提速、联网设备普及和云计算这些技术因素必将创造出大量的融合性业务。作为家庭视频主终端的电视屏，必然会随着广电互联网化、电信互联网化的进程，在云计算、物联网等新技术的支撑下，逐步融入到互联网生态圈中去，实现 TV、PC、移动智能终端的内容/业务互联互通与融合。

对所有 OTT 服务而言，丰富而多元化的热门视频内容是首要的关键优势。根据埃森哲"2012 年互联网视频消费者调查"的结果，超过 30% 的用户愿意为精品内容支付更高费用，约 25% 的用户愿为更加丰富的内容而支付更多费用。版权方和内容制作方是大部分经营收益的获得者。只要视频内容足够吸引人，它们便能决定内容版权协议的各项条款与条件（使用窗口、商业模式、播放设备等方面）。为多平台数字产业建立明确的内容和版权战略，将有利于推动价值增长和强化服务方案的优势，确保对适当内容（无论是原创内容还是获取内容）进行适当投入，并通过相关内容版权管理，从知识产权组合中获取最大价值。

OTT TV 消费者的消费行为呈现出多屏化和社交化的特征。联网设备的多样化，使得消费者在消费视频时有了更多的选择和灵活性。消费者在观看电视时，同时使用其他设备的现象越来越普遍。虽然台式电脑目前仍是观看网络视频的首选，但在未来，大约 30% 的用户打算通过其他设备观看视频，特别是移动设备，例如智能手机和平板电脑。

多屏化为观看行为的社交化带来了便利，观众可使用一个屏幕来观看视频，另一个屏幕与其他人交流，这比在单屏幕上同时观看视频和使用社交网络更为观众所接受。调查显示，网络视频用户在观看视频时更容易受他人影响，也更乐于通过社会化平台分享视频观看感受；网络视频用户在社会化平台分享视频、通过社会化平台观看视频；用户行为在向社会化方向移动，网络视频网站也需向社会化方向开放发展。

【案例】

中国很火的电视选秀节目《中国好声音》，就是关于 OTT 带来的观看行为多屏化、社交化的一个典型案例。观众除了可以按传统方式在电视机上收看浙江卫视定时播出的

《中国好声音》，还可以通过 PC、平板电脑等设备在多家视频网络上观看节目的同步直播，也可以根据自己的喜好随时上网点播过往各期节目；而微博也成为观众、选手、评委、节目制作方之间互动交流的重要平台，商家也利用社交网络平台开展了微博营销，比如 HTC 公司和《中国好声音》开展合作，推出了一系列富有成效的微博活动，转发量高达数千次。

1.5 数字电影媒体内容

数字电影诞生于 20 世纪 80 年代，是数字技术发展的产物。随着计算机技术的飞速发展，许多传统电影制作做不到的镜头可以借助电脑完成，或者运用了电脑技术会使影片更加完美。

从电影制作工艺、制作方式到发行及传播方式上均全面数字化，才可视为完整意义上的数字电影。

国家广电总局《数字电影管理暂行规定》第二条指出：数字电影是指以数字技术和设备摄制、制作存储，并通过卫星、光纤、磁盘、光盘等物理媒体传送，将数字信号还原成符合电影技术标准的影像与声音，放映在银幕上的影视作品。数字电影实现了无胶片发行、放映，解决了长期以来胶片制作、发行成本偏高的问题。

相比传统的胶片电影，数字电影的优势主要体现在：
- 节约了电影制作费用，革新了制作方式，提高了制作水准；
- 通过高清摄像技术，实现了与高清时代的接轨；
- 数字介质存储，永远保持质量稳定，不会出现任何磨损、老化等现象，更不会出现抖动和闪烁；
- 传送发行不需要洗映胶片，发行成本大大降低，传输过程中不会出现质量损失；
- 如果使用卫星同步技术，还可附加直播重大文体活动、远程教育培训等内容和形式，这一点是胶片电影所无法企及的；
- 数字电影技术进入到了微观世界，它将图像分解为最小的单元——像素，然后再重新组合，以改变或者重建某一部分的影像和情景，创造出一般摄影方法根本无法实现的镜头；
- 还可以对每个数字镜头进行三维化，其制作过程大致为：制作实物模型——扫描模型得到草图——电脑建模——还原质感——加入灯光、特效等渲染方面的后期处理——画面合成达到最终效果。

数字电影有三种制作方式：一是计算机生成；二是用高清晰数字摄像机拍摄；三是用胶片摄影机拍摄完成后，再数字化到电脑硬盘里。

数字化电影为电影的发展提供了新的历史机遇；数字化电影对于防盗版技术的突破使我们拥有了更高的保护技术；数字电影非线性编辑不受时间限制，随意编辑，实现输入系统、图片处理的现代化;软件、辅助设备、输出系统等技术的飞跃都会带给传统电影新面目;而在电影之外发展游戏产品、网络产品等,都为数字化电影时代的艺术家提供了飞速发展的空间。

1.6 数字游戏媒体内容

数字游戏主要可以分为:网络游戏,单机游戏,移动游戏等。

1.6.1 网络游戏

网络游戏英文名称为 Online Game,又称"在线游戏",简称"网游"。通常以个人电脑(PC)、平板电脑、智能手机等载体为游戏平台,以游戏运营商服务器为处理器,以互联网为数据传输媒介,通过广域网网络传输方式(Internet、移动互联网、广电网等)实现多个用户同时参与的游戏产品,以通过对游戏中人物角色或者场景的操作实现娱乐、交流为目的的游戏方式,具有可持续性的多人在线游戏。

网络游戏目前的使用形式可以分为以下两种:

1. 浏览器形式(网页游戏)

基于浏览器的游戏,也就是我们通常说到的"网页游戏",又称"Web 游戏(Web Game)",它不用下载客户端,简称"页游",是基于 Web 浏览器的网络在线多人互动游戏,只需打开浏览器网页,即可进入游戏,不存在机器配置不够的问题,最重要的是关闭或者切换非常方便,其类型及题材也非常丰富,典型的类型有角色扮演(如功夫派)、战争策略(如七雄争霸)、社区养成(如洛克王国)、模拟经营(如范特西篮球经理)、休闲竞技(如弹弹堂)等。

2. 客户端形式(客户端网络游戏)

该类型游戏是由公司所架设的服务器来提供,而玩家们则是由公司所提供的客户端连上公司服务器以进行游戏,现在的网络游戏大都属于此类型。此类游戏的特征是大多数玩家都会有一个专属于自己的角色(虚拟身份),而一切角色资料以及游戏资讯均记录在服务端。此类游戏大部分来自欧美以及亚洲地区,这类游戏有 World of Warcraft(魔兽世界)(美)、穿越火线(韩国)、EVE(冰岛)、战地(Battlefield)(瑞典)、最终幻想 14(日本)、天堂 2(韩国)、梦幻西游(中国)等。

国内的客户端网络游戏主要指大型角色扮演类网络游戏(MMORPG)和休闲客户端网络游戏。

(1) MMORPG 客户端网络游戏

MMORPG(Massive Muti-player Online Role Playing Game),即大型多人在线角色扮演类游戏,它是客户端网络游戏的类型之一,指的是使所有的用户都存在于一个大的虚拟世界中,用户可以使用拥有不同特点的角色体验虚拟生活,游戏本身是持续发展的。

通常用户创造和操控一个游戏主角,游戏主角通过赢得战斗和完成任务累积一定的经验值(experience)后提升等级,获得金钱和高级装备,同时游戏主角学习到新的魔法和技能,属性(attribute)增强,能力由弱变强,用户融入游戏情节中,视自己的角色为游戏故事的一部分。

(2)休闲客户端网络游戏

休闲客户端网络游戏是客户端网络游戏的类型之一,大都采用平台竞技方式进行,游戏以"局"的形式存在,每局游戏参与的用户数量相对较少,一局游戏在一段时间内结束。此类游戏以纯粹娱乐为主,不强调剧情。通常游戏用户不需要为玩游戏而付费,但游戏中的虚拟物品需要花钱购买。

在以客户端网络游戏为主的时代,棋牌类休闲游戏曾经是休闲客户端游戏的重要组成部分。但从最新的发展状况来看,棋牌游戏又兼具平台通用性,不限于客户端的游戏形式,通常无需下载,打开网络浏览器即可直接游戏,目前在网页游戏和移动网络游戏中也获得了快速的发展。

1.6.2 单机游戏

单机游戏是以独立的个人电脑(PC)软硬件设备为依托,主要供单人或利用网络 IPX(Internetwork Packet Exchange Protocol)/SPX(Sequenced Packet Exchange Protocol)协议供有限数量的用户在局域网中玩的游戏。

按照游戏内容的不同,单机游戏可以分为动作游戏(ACT)、角色扮演(RPG)、第一人称射击(FPS)、冒险游戏(AVG)、策略游戏(SLG)以及运动游戏(SPT)等类型。

1.6.3 移动游戏

移动游戏指的是运行在移动终端上的游戏软件,包括移动单机游戏和移动网络游戏。

移动终端又称移动通信终端,广义概念包括手机、笔记本电脑、平板电脑、POS 机,甚至包括车载电脑,但目前主要指手机或者具有多种应用功能的智能手机以及平板电脑。

随着集成电路技术的飞速发展,移动终端已经拥有了强大的信息处理能力,已经从简单的通话工具转变为综合信息处理平台。现代的移动终端设备已经拥有了与电脑近似的硬件架构,比如 CPU、内存、固化存储介质以及像电脑一样的操作系统,例如 iOS、Android、Widows Phone、Sysbian 等,可以完成复杂的处理任务。移动游戏也因此而拥有了更大的发挥空间,在游戏画面、类型、核心玩法等方面都实现了快速的发展。

移动网络游戏指的是运行在移动终端上的网络游戏,是以移动互联网为传输媒介,以游戏运营商服务器和用户手持设备为处理终端,以移动支付为支付渠道,以游戏移动客户端软件为信息交互窗口的多人在线游戏方式。它与电脑游戏形式近似,可以实现娱乐、休闲、交流和取得虚拟成就的功能,具有可持续性的特征。

1.7 其他数字媒体内容

1.7.1 数字音乐媒体内容

传统音乐产业中,音乐的载体主要是早期的黑胶唱片和近期的磁带、CD。唱片公司作为早期音乐产业的支柱和主宰者,更是音乐产业链得以形成的核心环节,其音乐商品是实物形态。而在互联网时代,音乐载体已经从实物唱片转变成无形的计算机数字音频文件,如 MP3 等,这些数字文件成为了音乐商品的主要形态。另外,市场上比较流行的计算机音频一般都被存储在计算机数据库中,如硬盘、网络存储器,占用的实物空间几乎可以忽略不计。数字音乐的出现减少了携带磁带、CD 的赘累,有效地扩展了音乐的传播范围,提高了音乐的传播速度。由于网络存储使海量音乐内容的提供成为可能,因而音乐亦几乎成为了现代人快速消费文化的代表符号之一。

数字音乐是用数字格式存储的,可以通过网络来传输的音乐,无论被下载、复制、播放多少遍,其品质都不会发生变化。目前,数字音乐产业已经确立了它在我国数字内容产业中的重要地位,传统音乐产业、电信运营企业等争相进入这一领域,对在中国市场条件下发展数字音乐产业进行了大量的探索和尝试。

2011 年开始,数字音乐的移动化、云端化、社交化趋势日益明显,这三大特征使得数字音乐的传播、体验和消费方式迅速发生了革命性的变化。

(1)云端化。云计算技术的逐渐成熟催生了音乐新的业态,用户可以更方便地从"云端"获取高品质歌曲;它可以提供多终端共享音乐服务,并可以根据每个人的喜好向用户推荐不同类型的音乐。目前提供音乐云服务的除了有腾讯、酷狗等互联网公司和 A8 等专业数字音乐公司以外,移动运营商也开始在数字音乐市场上布局。

(2)移动化。移动互联网是音乐行业发展的新机遇,移动互联网也被看成是与音乐结合最为默契的载体。智能手机将成为获取音乐的最主要方式,用户可在移动中体验音乐。移动互联时代的社交属性与音乐的社交属性也将实现合流。多米音乐总裁石建平认为,社交化将成为手机音乐新突破口。"只有增强手机音乐社交化功能,让用户有更多的交流分享,加深用户的音乐体验感,用户才有可能为适合个人需求的音乐内容或服务付费。"

(3)社交化。在线音乐社交化得到了业界极大的关注。在音乐社交领域,用户自创内容发展得也很快。音乐社交大大加强了用户黏性。2011 年,音乐人汪峰通过微博首发新专辑主打歌,引起各方关注和热议,取得了超过千万的试听播放次数的成绩。这一事件背后反映的是,国内音乐人逐渐放弃了之前与数字音乐对立的态度,开始接受和选择数字、网络这些新兴的发行渠道。随着我国音乐版权保护的进一步完善,数字音乐发行将代替实体唱片成为音乐发行的首选渠道。

音乐行业未来发展的方向在于数字音乐,中国互联网数字音乐用户占世界前列,只要解决了版权问题,互联网将会成为一个有利于合法数字服务发展的乐土,数字音乐的经济效益也将出现大幅增长,前景十分乐观。

1.7.2 数字广告媒体内容

新媒体因其承载信息量大、表现形式丰富、多渠道接收、便捷互动等特点,备受广告主与其他营销组织关注。依附新媒体的广告自然成为新媒体营销传播的重要研究内容之一。

新媒体广告的发展大体经历了传统意义上的网络广告、富媒体广告和数字媒体交互广告三个阶段。

1. 传统意义上的网络广告

传统意义上的网络广告是指广告主依托网络技术和数字媒体技术,在互联网媒体上的各种广告宣传营销活动。受到技术和媒体平台的限制,传统意义上的网络广告的特点是:广告形态比较单一(以文字标注及链接、图形视频展示为主)、广告信息承载量小、传播单向、强制接收、互动性差。

2. 富媒体广告

网络带宽的扩展及技术的成熟催生了富媒体广告形态的出现。富媒体广告,并不是指某一具体的网络媒体,而是网民不需要安装任何插件,整合了视频、音频、动画图像等介质,能够实现双向信息通信和与用户交互功能的新一代网络广告解决方案。它具有信息内容丰富、表现形态多样、互动性强、精准度高等优势。在富媒体技术的支持下,原本豆腐块大小、出现在网络版面中的分类广告(也称需求广告)摆脱了已有的传播局限,它因信息量大、主动性强、规模庞大、表现丰富、无限容量、检索便捷、高效传达、传播广泛、时效长、数据统计方便等优点受到广告主和其他营销组织的重视。

3. 交互广告

Web2.0 交互应用技术促进了交互广告的发展。所谓交互广告,就是指由确定的广告发起人利用可即时参与和修改的、可实现个人快速交易和支付功能的数字交互媒介,促使消费者对其宣传的产品、服务或观点进行反馈,从而增加产品销售和品牌资产的双向循环交流的营销传播活动。交互广告具有受众体验度高、即时性强、互动交流便捷、交易支付方便等特点。如日本本田(Honda)为其一款新型环保柴油机 Grrr 做的广告《Hate 篇》以 FLASH 动画的形式在数字互动媒体(网络、数字电视等)平台上投放,用户根据需要随时交流,参与体验活动。

新媒体广告的类型多样,网络广告、手机广告、户外媒体广告、移动电视广告、楼宇电视广告等都属于新媒体广告的范畴,它们看似形式多样、各具特点,但均基于数字技术基础,因而具备共同的基本特性:互动化、融合化、个性化。

(1) 互动化

新媒体区别于传统媒体的重要特性就体现在新媒体的互动性上,同样新媒体广告也具备一定程度的互动性,这对于传统意义上"单向传播"的广告有着颠覆性的意义。在传统媒体中,用户几乎没有自己的选择权,包括广告在内的所有信息内容全部是由内容提供商来决定的。在新媒体诞生后,这一局面已经成为了历史。在使用新媒体时,受众可以选择接受或者不接受新媒体广告,甚至可以亲自参与到新媒体的广告中去,与广告主产生互动行为。

(2) 融合化

随着科学技术的不断发展,"媒介融合"成为趋势,不同的媒介之间已不像从前那样各自为政,泾渭分明。在广告学上,影响深远的整合营销传播理论(IMC)反映了人们对于广告融合化的强烈需求。只是在 IMC 理论诞生的时候,媒介融合看起来还是天方夜谭,所以人们当时所能想到的就是把广告投放到不同的媒体,把不同媒体的优势集中起来达到极大化的广告效果。IMC 理论实质上就是用人为的力量使得广告具备了融合性。而如今,数字技术的出现使得新媒体这一新型平台本身就已经具有了融合性,投放在这一媒体上的广告也就必然具备融合性的特点。

(3) 个性化

以报纸、杂志、广播、电视为主的传统媒体还有另一个名字——大众媒体,这说明传统媒体的传播方式是"大众化"的,它所默认的受众也是大众化的统一体,然而新媒体却给用户提供了个性化的空间。这里的个性化可以从两个方面来理解:一方面受众有了自己的选择权。用户可以在收看数字电视时,根据自己的喜好自由地选择所要收看的节目,而这些选择之中甚至也包括了广告。另一方面,许多如博客、播客、楼宇电视等小众化、专业化新媒体的出现,要求广告主投放广告时注意广告的针对性,设计出符合媒介内容的个性化广告信息;同时,以数字电视、手机、互联网等媒介为代表的定制信息的出现,也为广告商提供针对性的个性化广告创造了可能。

例如,IPTV 有助于发布高精准的、本地化的、差异化并且交互式的广告。IPTV 可在节目过程中发布广告,根据特定消费者群体的收视习惯量身定制广告,提供交互式"红按钮"功能,以便对产品感兴趣的用户立即做出响应,并且精确地计算出某个具体广告的收看人数。Google 等搜索引擎也有针对特定语言和特定位置的内容,以及基于用户位置的广告。电信运营商可以收集大量消费者数据,用以建立用户档案,包括用户的人口统计特征、个人特点及偏好以及收视习惯,然后与个人用户定位相结合,开展高精准、本地化的广告。

1.7.3 数字出版媒体内容

2010 年 10 月,新闻出版总署在《关于加快我国数字出版产业发展的若干意见》中指出:"数字出版是指利用数字技术进行内容编辑加工,并通过网络传播数字内容产品的一种新型出版方式,其主要特征为内容生产数字化、管理过程数字化、产品形态数字化和传播渠道网络化。"

2012年,数字出版产业的影响力更是达到了一个前所未有的高度。具体表现在数字出版产业规模不断扩大,产业融合度不断加深,数字出版的产品形态也在不断丰富。其发展特征可以概括为"跨行业"和"全媒体"。而以手机出版为核心的移动互联网出版、电子书包以及以云计算为特征的数字出版平台成为三大热点。

数字出版正深刻影响着人们的阅读习惯和生活方式。与传统出版相比,数字出版具有检索信息快、存储容量大、可随时随地编辑和传输等特点。数字出版的特征主要表现在以下三个方面:

(1) 数字出版极大地丰富了出版的内容与形式。

传统出版最终都是以纸张的形式出现,而数字出版以计算机为载体,它的表现形态更加丰富多样。除了传统出版的文字形态外,还有图像、音频、视频等,及它们之间的相互整合。数字出版可以用丰富、恰当的形式来表现相关内容。

(2) 数字出版可以对信息进行检索、关联、重组和挖掘。

利用计算机技术可以对信息进行检索、关联、重组,能够把某一领域内的信息搜集整合以满足读者的需求;最重要的是可以发掘内容中信息与信息之间的更深层次的关系,把本来看似孤立的信息整合在一起,方便读者使用。

(3) 数字出版打破了按介质形态对出版行业划分的定势。

通常按照介质形态对出版行业进行划分,如纸介质的图书出版、磁介质的音像出版、光介质的电子出版、网络高阶数据库等。数字技术的发展导致了一些新兴的数字出版媒体,如网络游戏、博客、手机小说、手机报纸、手机游戏、手机音乐、手机视频等。跨越了介质形态的"跨媒体出版"应运而生。出版单位将演变为内容提供商(关注"内容"本身,而不是承载内容的介质),传统的读者或受众将逐渐演变为内容消费者。

随着出版产业的转型和升级,数字化阅读逐渐普及,数字出版产业经历了早期的内容数字化,逐步向当前的内容碎片化、产品移动化发展。传统的内容生成方式和出版模式难以满足海量受众的个性化阅读需求,更不能适应新媒体融合环境中的用户使用习惯,迫切需要新颖的数字出版模式。手机作为第五媒体,手机出版将引领一个全媒体时代。随着无线网络时代的到来,面对受众阅读习惯的改变,受众的分众化、小众化产生了一定的改变。其次电子书的出现,使阅读空间充分拓展,可以最大限度地满足读者的个性化需求。读者不受空间和时间的限制,在世界的各个角落,无论想看什么书,都可以从网上下载或通过网络订购,使电子书籍比传统纸质书籍更加易于获取和携带。

除了运营商旗下的运营平台外,当当网、京东商城和搜狐等互联网公司也都开始进军数字阅读市场。当当网和京东商城都推出了各自的移动客户端,并覆盖到主流的操作系统;而搜狐则走得更远,除了开展网络付费阅读业务之外,还将对实体出版、游戏动漫、影视改编等其他相关文化创意产业进行深度开发。各种数字出版渠道的进一步拓展将使数字出版产业竞争更加激烈,也为用户提供了更加多元化的选择。

1.7.4 网络社区媒体内容

网络社区(Online Community)是伴随网络新媒体及网络行为的扩展而出现的人类社会活动的新型空间,它是一种新的人类生活共同体和生存模式,也是人们购物、休闲、咨询、发表言论的物质与精神双平台。

网络社区是存在于互联网上供其会员自由交流的虚拟社区,比如 BBS 或者个人博客。网络社区已经成为人们在现实生活中社会关系的一种补充。网络社区由一个信息发布系统以及多种混合的社交软件组成,包括网络聊天室、论坛,并且可以通过文字、声音、视频来交流。

从全球范围看,伴随计算机的迅速普及和互联网技术的迅猛发展,网络社区经历了不同形态的演变与拓展——从最初的 BBS 电子公告板、新闻组、电子邮件,延伸至公共论坛、在线游戏和电子商务,再拓展至各种贴吧、博客、社交网络、微博、微信等新媒体形态,网络社区的表现形态越来越多样化。

在我国,网络社区起源于 20 世纪 80~90 年代的 BBS 电子公告板,并在 21 世纪初飞速成长,经过近 30 年的发展已经走向相对成熟的阶段。纵观其从雏形至成熟的演进,可以将其发展历程分为三个阶段:

(1)雏形阶段(1991~1996 年)

网络社区的雏形是 BBS 电子公告板,即通过网络来传播和获取信息的公告板或论坛。

BBS 诞生于 20 世纪 70 年代的美国,1978 年在芝加哥地区的计算机交流会上,克里森认识了意气相投的罗斯,之后他们经常进行项目合作。但由于两个人不住在一起,而电话又只能进行语言的交流,加之当时芝加哥暴风雪肆虐,因此他们就借助于当时刚上市的调制解调器将彼此的苹果电脑通过电话线连接在一起,世界上第一个 BBS 就此问世。随后,BBS 从两个人的联络平台发展为令人瞩目的全球公共话语空间。

1994 年 5 月,中国国家智能计算机研究开发中心开通曙光 BBS 站,这是国内第一个真正意义上的网络 BBS 站点,尽管服务内容单一,界面显得单调,但它聚集了国内最早的一批网民,并使国人逐渐认识了 BBS,因而成为中国网络社区文化的开端。

这一时期出现的新闻组、电子邮件等网络形态也具备了网络社区的基本特征。以新闻组为例,它可以通过一些软件,将不同的用户连接到一个基于网络的新闻服务器上,使得用户可以自由阅读他人的消息并参与讨论,可以说新闻组实现了网络社区的传播理想——网民的完全交互式传播。但新闻组后来在国内并未大规模推广开来。电子邮件也是当时备受青睐的网络交流方式,它通过电子通信系统进行信件的书写、发送和接收,是当时乃至今天使用最广泛的网络人际传播方式,也是网民进行离线交流的最重要手段之一。

(2)第一代网络社区阶段(1997 年至今)

我国成规模的、应用意义上的网络社区的出现,是以 1998 年 3 月大型个人社区网站

"西祠胡同"的创办和1999年6月"全球华人虚拟社区"ChinaRen的登陆为标志的。另一个知名度较高的网络社区是1999年3月成立的"天涯社区",其自我定位是全球华人网上家园。有数据显示,2000年3月1日天涯社区注册用户仅为104人,而到2010年3月,用户数已达3500多万,天涯社区逐渐发展成为以论坛、博客、部落为基础交流方式,综合提供个人空间、相册、音乐盒子、分类信息、站内消息、虚拟商店、来吧、问答、企业品牌家园等一系列功能服务,并以人文情感为核心的综合性虚拟社区和大型网络社交平台。

从2000年开始,我国网络社区获得了蓬勃发展,特别是2005年随着Web2.0时代的到来,国内网络社区的数量开始成倍地密集式增长。一些针对专门人群、专门领域的专业网络社区开始出现,如以书籍、电影和音乐评论为主体内容的豆瓣网,顶级摄影发烧友的聚集地——色影无忌,汇聚军事爱好者的铁血军事社区等。

根据互联网的发展历程,这一时期的网络社区可以被称作第一代网络社区。第一代网络社区的主要功能是实现信息分享与交流互动,例如相对自由公开的BBS讨论和信息发布、在线即时聊天、在线游戏、电子邮件以及电子商务等,具有相同兴趣爱好或相关行业、领域的网民聚集其中,进行数字化的沟通交流以及信息的共享和汇集。

(3) 第二代网络社区阶段(2003年至今)

第一代网络社区虚拟性的交际方式一方面给人们带来了巨大的新鲜感和前所未有的自由,另一方面也因其过分注重商业化而略显冷漠。同时,成员的虚拟身份使得虚拟社区存在言论规制难、不真实等方面的问题。因此,强调实现"真正的人与人对话"、以人和社区为中心的第二代网络社区在21世纪初逐渐兴起,新型的社交网站(SNS)便是其中的典型代表。

SNS是英文Social Networking Service的缩写,从内涵上讲就是社交型网络社区,即现实社交关系的网络化。它将现实中的社交圈子搬到网络上,再根据不同的条件建立属于自己的社交圈子。以某个网民为例,以他为一个网络节点,在其相识的人之间形成了网状连接,就此组建了各种各样的网络小团体。SNS被视为Web2.0时代网络社区的主要形式之一。

可以说,第二代网络社区是以现实社会关系为基础,模拟或重建现实社会的人际关系网络,并将其数字化,是网络社区人际交往模式的一次革命。这种网上社区与网下关系相结合的社区一体化趋势将成为未来网络社区的发展方向之一,也有利于网络社区完成真正的价值实现。

1.8 数字内容关键技术

从数字内容服务价值链条来看,数字内容技术涉及数字内容采集与生产(前端)、数字内容存储与管理(中端)、数字内容服务(后端)三个环节,而每个环节都存在技术实现的需求。例如在研究"以文化遗产整理和利用等为目的"的多维式内容服务时,"前端"涉及文化遗产的全方位信息采集、处理与制作技术,"中端"涉及文化遗产数字内容多维表达与知识关联的存储与管理技术,而"后端"则涉及文化遗产跨媒体场景式数字内容展示与用户目标驱动的综合利用服务与个性化服务技术等。

衡量一个行业或产业是否成熟,重要依据就是支撑行业或产业价值链各环节的标准规范是否齐全。实体产业如此,信息服务产业亦是如此。数字内容服务由于处在形成或成长阶段,其相关标准规范相对滞后。因此,需要根据数字内容服务的形态、模式及技术实现手段等需求特征,研究支撑数字内容服务所涉及的内容采集加工、组织、描述、存储管理、交换访问等标准规范。具体包括:支撑数字内容采集与生产的规范、可扩展的数字内容产品组织表达规范、数字内容产品描述元数据规范、数字内容存储与管理规范,以及在服务过程中涉及的各种通用技术接口与交换协议。

以下针对其中涉及的音视频等媒体内容的编码压缩技术和标准、元数据等进行阐述,这些内容也将为后续章节奠定理论基础。

1.8.1 音频编码和压缩

在自然界中人类能够听到的所有声音都称之为音频,它可能包括噪音。声音被录制下来以后,无论是说话声、歌声或乐器声,都可以通过数字音频软件处理,把它制作成CD,或只是储存在计算机里。利用计算机加上相应的音频卡,我们就可以把所有的声音录制下来,声音的声学特性可以用计算机硬盘文件储存。反过来,也可以通过一定的音频程序播放把这些储存下来的音频文件,还原之前录下的声音。

音频编解码标准是多媒体应用的基础性标准,种类较多。常用的音频编码方法分类如下:

(1)基于音频数据的统计特性进行编码,也称波形编码。其目标是使重建语音波形保持原波形的形状。PCM(Pulse Code Modulation,脉冲编码调制)是最简单最基本的波形编码方法。它通过抽样、量化、编码三个步骤将连续变化的模拟信号转换为数字编码。PCM直接赋予抽样点一个代码,没有进行压缩,因而所需的存储空间较大。为了减少存储空间,人们寻求压缩编码技术。利用音频抽样的幅度分布规律和相邻样值具有相关性的特点,提出了差值量化(DPCM,Differential PCM)、自适应量化(APCM,Adaptive PCM)和自适应预测编码(ADPCM,Adaptive Differential PCM)等算法,实现了数据的压缩。波形编码适应性强,音频质量好,但压缩比不大,因而数据率较高。

(2)基于音频的声学参数进行编码,可进一步降低数据率。其目标是使重建音频保持原音频的声学特性。常用的音频参数有共振峰、线性预测系数、滤波器组等。这种编码技术的优点是数据率低,但还原信号的质量较差,自然度低。

将上述两种编码方法很好地结合起来,采用混合编码的方法能在较低的码率上得到较高的音质。如码激励线性预测编码(CELP,Code Excited Linear Prediction)、多脉冲激励线性预测编码(MPLPC,Multi-Pulse Linear Predictive Coding)等。

(3)基于人的听觉特性进行编码。从人的听觉系统出发,利用掩蔽效应设计心理声学模型,从而实现更高效率的数字音频压缩。该类方法以MPEG标准中的音频编码和

Dolby AC-3 最有影响。

下面将针对几种常见的音频编码技术进行简要介绍。

1. PCM

PCM 编码最大的优点是音质好,最大的缺点是数据体积大。常见的 Audio CD 就采用了 PCM 编码,一张光盘只能容纳 72 分钟的音乐信息。

2. WAV

WAV 是 Microsoft Windows 本身提供的音频格式,是波形音频文件(Wave Audio Files)的缩写。符合 RIFF(Resource Interchange File Format)规范。由于 Windows 本身的影响力,这个格式已经成为事实上的通用音频格式。

所有的 WAV 都有一个文件头,其包含音频流的编码参数。WAV 对音频流的编码没有硬性规定,包括 PCM 在内的几乎所有支持 ACM(Audio Compression Manager)规范的编码算法都可以为 WAV 的音频流进行编码。

在 Windows 平台下,基于 PCM 编码的 WAV 是被支持得最好的音频格式,所有音频软件都能支持。由于本身可以达到较高的音质要求,WAV 也是音乐编辑创作的首选格式,适合保存音乐素材。因此,基于 PCM 编码的 WAV 被作为一种中介格式,常常用于其他编码的相互转换之中,例如 MP3 转换成 WMA。

虽然 WAV 文件可以存放压缩音频甚至 MP3,但由于它本身的结构注定其用途是存放音频数据并用作进一步的处理,而不是像 MP3 那样用于聆听。目前所有的音频播放软件和编辑软件都支持这一格式,并将该格式作为默认文件保存格式之一。

3. MP3

MP3 作为目前最为普及的音频压缩格式为大家所接受,各种与 MP3 相关的软件产品层出不穷,而且更多的硬件产品也开始支持 MP3,比如 VCD/DVD 播放机、便携的 MP3 播放器等。

MP3 是 MPEG Audio Layer-3 的简称,是 MPEG1 的衍生编码方案,1993 年由德国 Fraunhofer IIS 研究院和汤姆生公司合作发展成功。

MP3 是第一种实用的有损音频压缩编码技术。在 MP3 出现之前,一般的音频编码即使以有损方式进行压缩,能达到 4:1 的压缩比就已经非常不错了。但是,MP3 可以实现 12:1 的压缩比,这使得 MP3 迅速流行起来。MP3 之所以能够达到如此高的压缩比同时又能保持相当不错的音质,是因为利用了知觉音频编码技术,也就是利用了人耳的特性削减音乐中人耳听不到的成分,同时尝试尽可能地维持原来的声音质量。

4. WMA

WMA 即 Windows Media Audio 的缩写。在意识到网络流媒体对于互联网的重要性之后,Microsoft 立即就推出了 Windows Media 与 Real Media 相抗衡。到了 Windows XP 版本还把原来提供的 MP3 压缩功能取消了。

WMA是一种网络流媒体技术,本质上跟Real Media是相同的。但Real Media是有限开放的技术,而Windows Media则没有公开任何技术细节。

WMA是一种具有高压缩率的音频格式。在低比特率(128kbps及以下)的情况下,同文件可以比MP3体积小一倍但音质不变,更是远胜于RA(Real Audio)音频压缩方式,非常适合应用于网络流媒体及便携装置,现已广泛应用于网络广播电台和音频在线试听等领域。

一般使用Windows Media Audio编码格式的文件以WMA作为扩展名,一些使用Windows Media Audio编码格式编码其所有内容的纯音频ASF(Advanced Streaming Format,高级串流格式)文件也使用WMA作为扩展名。

1.8.2 图像编码和压缩

图像压缩是数据压缩技术在数字图像上的应用,它的目的是减少图像数据中的冗余信息,从而用更加高效的格式存储和传输数据。

在满足一定保真度的要求下,对图像数据进行变换、编码和压缩,去除多余数据,减少表示数字图像时需要的数据量,以便于图像的存储和传输,即以较少的数据量有损或无损地表示原来的像素矩阵的技术,称为图像编码。

1.图像压缩原理

图像数据之所以能被压缩,是因为数据中存在着冗余。图像数据的冗余主要表现为:由图像中相邻像素间的相关性引起的空间冗余;由图像序列中不同帧之间的相关性引起的时间冗余;由不同彩色平面或频谱带的相关性引起的频谱冗余。数据压缩的目的就是通过去除这些数据冗余来减少表示数据所需的比特数。由于图像数据量的庞大,在存储、传输、处理时非常困难,因此图像数据的压缩就显得非常重要。

2.图像压缩方法

常用的图像压缩编码方法可分为两类。

(1)无损压缩

这类压缩是可逆的,即由压缩后的数据可以完全恢复原来的图像,信息没有损失,称为无损压缩编码。

无损压缩的基本原理是相同的颜色信息只需保存一次。压缩图像的软件首先会确定图像中哪些区域是相同的,哪些是不同的。包括了重复数据的图像(如蓝天)就可以被压缩,只有蓝天的起始点和终结点需要被记录下来。但是蓝色可能还会有不同的深浅,天空有时也可能被树木、山峰或其他的对象掩盖,这些需要另外记录。从本质上看,无损压缩的方法可以删除一些重复数据,大大减少要在磁盘上保存的图像数据量。但是,无损压缩的方法并不能减少图像的内存占用量,这是因为,当从磁盘上读取图像时,软件又会把丢失的像素用适当的颜色信息填充进来。如果要减少图像占用的内存容量,就必须使用有损压缩方法。

无损压缩方法的优点是能够比较好地保存图像的质量,但是相对来说这种方法的压缩率比较低。如果需要把图像用高分辨率的打印机打印出来,最好还是使用无损压缩。对于绘制的技术图、图表或者漫画等优先使用无损压缩,这是因为有损压缩方法,尤其是在低的位速条件下将会带来压缩失真。医疗图像或者用于存档的扫描图像等有价值的内容也尽量选择无损压缩方法。

(2)有损压缩

这类压缩是不可逆的,即从压缩后的数据无法完全恢复原来的图像,信息有一定损失,称为有损压缩编码。

有损压缩图像的特点是保持颜色的逐渐变化,删除图像中颜色的突然变化。生物学中的大量实验证明,人类大脑会利用与附近最接近的颜色来填补所丢失的颜色。例如,对于蓝色天空背景上的一朵白云,有损压缩的方法就是删除图像中景物边缘的某些颜色部分。当在屏幕上看这幅图像时,大脑会利用在景物上看到的颜色填补所丢失的颜色部分。利用有损压缩技术,某些数据被有意地删除了,而被取消的数据也不再恢复。

有损静态图像压缩通常可以降低用来表示图像的数据量,但会在一定程度上影响图像质量,尤其是在仔细观察图像的时候,质量下降更加明显。如果使用了有损压缩的图像仅在屏幕上显示,可能对图像质量影响不太大,至少对于人类眼睛的识别程度来说区别不大,因为人的眼睛对光线比较敏感,光线对景物的作用比颜色的作用更为重要。可是,如果要把一幅经过有损压缩技术处理的图像用高分辨率打印机打印出来,那么图像质量就会有明显的受损痕迹。

有损压缩方法非常适合于自然图像,例如一些应用中图像的微小损失,有时是无法感知的,是可以接受的,这样就可以大幅度地减小数据量。

3.几种图像编码格式

(1)BMP 图像文件格式

BMP(Bitmap)是一种与硬件设备无关的图像文件格式,使用非常广泛。它采用位映射存储格式,除了图像深度可选以外,不采用其他任何压缩。因此,BMP 文件所占用的空间很大。BMP 文件的图像深度一般可选 1bit、4bit、8bit 及 24bit。BMP 文件存储数据时,图像的扫描方式是按从左到右、从下到上的顺序。

由于 BMP 文件格式是 Windows 环境中交换与图有关的数据的一种标准,因此在 Windows 环境中运行的图形图像软件都支持 BMP 图像格式。

典型的 BMP 图像文件由三部分组成:位图文件头数据结构,包含 BMP 图像文件的类型、显示内容等信息;位图信息数据结构,包含有 BMP 图像的宽、高、压缩方法;定义颜色等信息。

(2)PCX 图像文件格式

PCX(PC Paintbrush Exchange)图像文件的形成是有一个发展过程的。最先的 PCX 雏形出现在 ZSOFT 公司推出的名叫 PC Paintbrush 的用于绘画的商业软件包中。之后,微软公司将其移植到 Windows 环境中,成为 Windows 系统中一个子功能。PCX 先在微软的 Windows3.1 中广泛应用,随着 Windows 的流行、升级,加之其强大的图像处理能力,PCX 同 GIF、TIFF、BMP 图像文件格式一起,被越来越多的图形图像软件工具所支持,也越来越得到人们的重视。PCX 是最早支持彩色图像压缩编码的一种文件格式。

PCX 图像文件由文件头和实际图像数据构成。文件头由 128 字节组成,描述版本信息和图像显示设备的横向、纵向分辨率,以及调色板等信息。PCX 是 PC 机画笔的图像文件格式。PCX 的图像深度可选为 1bit、4bit、8bit。

(3) TIFF 图像文件格式

TIFF(Tagged Image File Format)图像文件是由 Aldus 和 Microsoft 公司为桌上出版系统研制开发的一种较为通用的图像文件格式。TIFF 格式灵活易变,它定义了四类不同的格式:TIFF-B 适用于二值图像;TIFF-G 适用于黑白灰度图像;TIFF-P 适用于带调色板的彩色图像;TIFF-R 适用于 RGB 真彩图像。TIFF 支持多种编码方法,其中包括 RGB 无压缩、RLE(Run Length Encoding,游程编码)压缩及 JPEG 压缩等。TIFF 是现存图像文件格式中最复杂的一种,它具有扩展性、方便性和可改性。

TIFF 图像文件由三个数据结构组成,分别为文件头、一个或多个称为 IFD 的包含标记指针的目录以及数据本身。TIFF 图像文件中的第一个数据结构称为图像文件头或 IFH,是 TIFF 文件中唯一有固定位置的部分;IFD 图像文件目录是一个字节长度可变的信息块;Tag 标记是 TIFF 文件的核心部分,在图像文件目录中定义了要用的所有图像参数,目录中的每一个目录条目就包含图像的一个参数。

(4) GIF 文件格式

GIF(Graphics Interchange Format)的原义是"图像互换格式",是 CompuServe 公司在 1987 年开发的图像文件格式。GIF 文件的数据,是一种基于 LZW(Lempel Ziv Welch)算法的连续色调的无损压缩格式,其压缩率一般在 50% 左右。目前几乎所有相关软件都支持它,公共领域有大量的软件在使用 GIF 图像文件。GIF 图像文件的数据是经过压缩的。GIF 的图像深度范围从 1bit 到 8bit,也即 GIF 最多支持 256 种色彩的图像。GIF 格式的另一个特点是在一个 GIF 文件中可以存多幅彩色图像,如果把存于一个文件中的多幅图像数据逐幅读出并显示到屏幕上,就可构成一种最简单的动画。GIF 解码较快,因为采用隔行存放的 GIF 图像,在边解码边显示的时候可分成四遍扫描。第一遍扫描虽然只显示了整个图像的 1/8,第二遍的扫描后也只显示了 1/4,但这已经把整幅图像的概貌显示出来了。在显示 GIF 图像时,隔行存放的图像会让人感觉到它的显示速度似乎要比其他图像快一些,这是隔行存放的优点。

(5) JPEG 文件格式

JPEG 是 Joint Photographic Experts Group(联合图像专家组)的缩写,文件后缀名为".jpg"或".jpeg"。JPEG 是最常用的图像文件格式,是一种有损压缩格式,能够将图像压缩在很小的储存空间,图像中重复或不重要的信息会被丢失,因此容易造成图像数据的损伤。尤其是使用过高的压缩比,将使最终解压缩后恢复的图像质量明显降低。如果追求高品质图像,不宜采用过高压缩比。但是 JPEG 压缩技术十分先进,它用有损压缩方式去除冗余的图像数据,在获得极高的压缩率的同时能展现丰富生动的图像,换句话说,就是可以用最少的磁盘空间得到较好的图像品质。JPEG 是一种很灵活的格式,具有调节图像质量的功能,允许用不同的压缩比例对文件进行压缩,支持多种压缩级别,压缩比通常在 10∶1 到 40∶1 之间,压缩比越大,品质就越低;相反地,压缩比越小,品质就越好。比如可以把 1.37Mb 的 BMP 位图文件压缩至 20.3KB。

JPEG 格式压缩的主要是高频信息,对色彩的信息保留较好,适合应用于互联网,可减少图像的传输时间,可以支持 24bit 真彩色,也普遍应用于需要连续色调的图像。

JPEG 格式的应用非常广泛,特别是在网络和光盘读物上。目前各类浏览器均支持 JPEG 格式,因为 JPEG 格式的文件尺寸较小,下载速度快。

JPEG2000 作为 JPEG 的升级版,其压缩率比 JPEG 高 30% 左右,同时支持有损和无损压缩。JPEG2000 格式有一个极其重要的特征是,它能实现渐进传输,即先传输图像的轮廓,然后逐步传输数据,不断提高图像质量,让图像由朦胧到清晰显示。此外,JPEG2000 还支持所谓的"感兴趣区域"特性,可以任意指定影像上感兴趣区域的压缩质量,还可以选择指定的部分先解压缩。JPEG2000 和 JPEG 相比优势明显,且向下兼容,因此可取代传统的 JPEG 格式。JPEG2000 既可应用于传统的 JPEG 市场,如扫描仪、数码相机等,又可应用于新兴领域,如网络传输、无线通信等。

(6) PNG 图像文件格式

PNG(Portable Network Graphics)的原名称为"可移植性网络图像",是网上接受的最新图像文件格式。PNG 能够提供长度比 GIF 小 30% 的无损压缩图像文件,同时提供 24bit 和 48bit 真彩色图像支持以及其他诸多技术性支持。由于 PNG 非常新,所以目前并不是所有的程序都可以用它来存储图像文件,但 Photoshop 可以处理 PNG 图像文件,也可以用 PNG 图像文件格式存储。

1.8.3 视频编码和压缩

1. 视频压缩挑战

数字视频的主要挑战在于原始或未压缩的视频需要存储或传输大量数据。例如,标准清晰度的 NTSC(National Television Standards Committee,美国国家电视标准委员会)视频的数字化一般是每秒 30 帧速率,采用 4∶2∶2 YcrCb 及 720×480,要求超过 165Mbps 的数据速率。保存 90 分钟的视频需要 110GB 空间,或者说超过标准 DVD-R 存储容量的 25 倍。即使是视频流应用中常用的低分辨率视频(如 CIF:352x288,4∶2∶0,30 帧/秒)也需要超过 36.5Mbps 的数据速率,这是 ADSL 或 3G 无线等宽带网络速度的许多倍。显然数字视频的存储或传输需要采用压缩技术。

视频压缩的目的是对数字视频进行编码——在保持视频质量的同时占用尽可能少的空间。编解码技术理论依据为信息理论的数学原理。

2.压缩权衡

在选择数字视频系统的编解码技术时需要考虑诸多因素,主要包括应用的视频质量要求、传输通道或存储介质所处的环境(速度、时延、错误特征)以及源内容的格式。同样重要的还有预期分辨率、目标比特率、色彩深度、每秒帧数以及内容和显示是逐行扫描还是隔行扫描。压缩通常需要在应用的视频质量要求与其他需求之间做出取舍。首先,用途是存储还是单播、多播、双向通信或广播?对于存储应用,到底有多少可用的存储容量以及存储时间需要多久?对于存储之外的应用,最高比特率是多少?对于双向视频通信,时延容差或容许的端到端系统延迟是多少?如果不是双向通信,内容需要在脱机状态提前完成编码还是需要实时编码?网络或存储介质的容错能力如何?根据基本目标应用,不同压缩标准以不同方式处理这些问题的权衡。

如 H.264/AVC 或 WMV9/VC-1 等能够实现较高压缩比的新算法需要更高的处理能力,这会影响编解码器件的成本、系统功耗以及系统内存。

3.标准化机构

数字视频的应用涵盖了各个领域。由于视频压缩标准为针对不同应用设计的系统之间提供了一种交互手段,因此视频压缩标准也是数字视频应用发展的助推器。制定视频压缩标准的国际组织主要有两个:国际电信联盟(International Telecommunications Union,ITU)和国际标准化组织(International Standardization Organization,ISO)。ITU 大多数标准都是为实时视频通信应用而制定的,例如 H.261、H.262、H.263 与 H.264;ISO 的 MPEG 标准大多是为视频存储、广播视频和视频流应用而制定的,包括 MPEG-1、MPEG-2 与 MPEG-4。两个标准化委员会组织在独立地致力于不同的标准制定的同时,联合发展了 H.262/MPEG-2 和 H.264/AVC(Advanced Video Coding)标准。

除了 ITU 与 ISO 开发的行业标准以外,还出现了几种专用于因特网流媒体应用、广受欢迎的专有解决方案,其中包括 Real Networks Real Video(RV10)、Microsoft Windows Media Video(WMV)系列、ON2 VP6 以及 Nancy。由于这些格式在内容中得到了广泛应用,因此专有编解码技术可以成为业界标准。现在 WMV9 已经被电影与电视工程师学会(SMPTE)作为 VC-1 实现了标准化。

4.MPEG 视频编码

MPEG 的英文全称为 Motion Picture Experts Group,即运动图像专家组格式,我们常看的 VCD、SVCD、DVD 就是这种格式。MPEG 文件格式是运动图像压缩算法的国际标准,它采用了有损压缩方法从而减少运动图像中的冗余信息,即保留相邻两幅画面绝大多数相同的部分,而把后续图像中和前面图像有冗余的部分去除,从而达到压缩的目的。目前 MPEG 格式有三个压缩标准,分别是 MPEG-1、MPEG-2 和 MPEG-4,但真正能达到高清标准的只有 MPEG-2 和 MPEG-4。

（1）MPEG-2

MPEG-2 标准从 1990 年开始研究，1994 年发布。它是一个直接与数字电视广播有关的高质量图像和声音编码标准。MPEG-2 的标准号为 ISO/IEC 13818，标准名称为"信息技术——电视图像和伴音信息的通用编码"。

MPEG-2 主要针对高清电视（HDTV，High Definition Television）的需要，传输速率为 10Mbps，与 MPEG-1 兼容，适用于 1.5~60Mbps 甚至更高的编码范围。MPEG-2 有每秒 30 帧 704×480 的分辨率，是 MPEG-1 播放速度的四倍。它适用于高要求广播和娱乐应用程序，如 DSS（Digital Satellite System）卫星广播和 DVD。

（2）MPEG-4

MPEG-4 是 1999 年发布的多媒体应用标准，是为了播放流式媒体的高质量视频而专门设计的，设计目标就是提供低比特率下的多媒体通信。它可以利用很窄的带宽，通过帧重建技术压缩和传输数据，以求使用最少的数据获得最佳的图像质量。

MPEG-4 的压缩比指标远远优于之前几种标准，压缩倍数为 450 倍（静态图像可达 800 倍），分辨率输入可从 320×240 到 1280×1024，这是同质量的 MPEG-1 的十倍多。与 MPEG-1 和 MPEG-2 相比，MPEG-4 的特点是其更适于交互服务以及远程监控。

MPEG-4 的商业应用领域主要有：数字电视、实时多媒体监控、低比特率下的移动多媒体通信、基于内容存储和检索多媒体系统、网络视频流与可视游戏、网络会议、交互多媒体应用、基于计算机网络的可视化合作实验室场景应用、演播电视等。

5. H.264 视频编码

H.264 是由 ITU-T（国际电信联盟远程通信标准化组织）的 VCEG（视频编码专家组）和 ISO/IEC（国际标准化组织及国际电工委员会）的 MPEG（活动图像编码专家组）联合组建的联合视频组（JVT，Joint Video Team）提出的一个新的数字视频编码标准，它既是 ITU-T 的 H.264，又是 ISO/IEC 的 MPEG-4 的第 10 部分。而国内业界通常所说的 MPEG-4 是 MPEG-4 的第 2 部分。H.264 标准从 1998 年 1 月份开始征集草案，到 2003 年 7 月完成整套 H.264（ISO/IEC 14496-10）的规范定稿。

H.264 是一种高性能的视频编解码技术。H.264 吸收了以往各种编码方案的优点，并在语法结构、编码预测算法和数据变换输出方式等方面进行了很多改进，性能得到了很大提高。H.264 最具价值的部分是更高的数据压缩比，就同等的图像质量而言，H.264 的数据压缩比能比 MPEG-2 高 2~3 倍，比 MPEG-4 高 1.5~2 倍。例如，原始文件的大小为 100GB，采用 MPEG-2 压缩标准压缩后变成 4GB，压缩比为 25:1，而采用 H.264 压缩标准压缩后变为 1GB，压缩比达到 100:1。值得一提的是，H.264 在具有高压缩比的同时还拥有流畅的高质量图像画面。

正因为如此，经过 H.264 压缩的视频数据，在网络传输过程中所需要的带宽更少，也更加经济。在 MPEG-2 需要 6Mbps 的传输速率匹配时，H.264 只需要 1Mbps~2Mbps 的传输速率。

H.264 格式的文件一般采用 mkv 后缀,mkv 是一种新兴的多媒体封装格式,可以将各类视频编码、16 条以上不同格式的音频和不同语言的字幕封装在一个文件内,它具有开放源代码和音视频编码丰富等优势,已经得到众多视频制作组和玩家的支持,正逐渐成为高清视频的主流格式。

6. WMV-HD VC-1 视频编码

WMV-HD 是由微软公司创立的一种视频压缩格式,其压缩率远高于 MPEG-2 标准。例如同样是 2 小时的 HDTV 节目,若使用 MPEG-2 最多只能压缩至 30GB,而使用 WMV-HD,在画质不降的前提下可压缩到 15GB 以下。

除了 WMV-HD 以外,WMV 第九版(WMV9)是微软开发的视频压缩技术系列中的最新版本,也称做 VC-1。于 2003 年正式提出,2006 年正式成为国际标准。VC-1 结合几种编码格式的优点于一身,在压缩比率上介于 H.264 与 MPEG-2 之间,画质表现方面与 H.264 接近,且在编码算法的复杂度上只有 H.264 的一半,处于一个中间的平衡点位置,对硬件要求较低、高压缩率、高画质和低耗时等特点使得 VC-1 成为一种比较理想的编码方式,发展前景较为可观。

WMV-HD 及 VC-1 编码的视频文件一般采用 wmv 为后缀,wmv 文件通常包括了 WMV 格式编码的视频和 WMA 编码的音频。

7. RMVB 视频编码

"RMVB(Real Media Variable Bitrate)是当前网络上比较常见的视频格式之一"。RMVB 之所以流行,主要是 RMVB 在图像质量与文件大小之间取得了平衡。一部 720P 的电影如果采用 H.264 编码,一般会有 4G 的大小,但如果改成 RMVB 格式,大约 1G 大小。如果家庭宽带为 4M 带宽,下载 1G 文件大概需要 1 个小时,下载 4G 文件最少要 4 个小时,因此很多人都会选择下载 RMVB 文件。虽然 RMVB 文件的清晰度比不上 H.264,但是基本可以满足大部分人的要求。

RMVB 之所以可以在视频质量与文件大小之间取得平衡,主要是使用了可变比特率的编码。RMVB 打破了原先 RM 格式那种平均压缩采样的方式,在保证平均压缩比的基础上,采用浮动比特率编码的方式,将较高的比特率用于复杂的动态画面,如歌舞、飞车、战争等;而在静态画面中则灵活地转为较低的采样率。从而合理地利用了比特率资源,使 RMVB 最大限度地压缩了影片的大小,最终拥有了接近于 H.264 品质的视听效果。

虽然 RMVB 表现出色,可以达到 720P 以上的分辨率,但在大屏幕的电视上观看,会有比较明显的色块,不太适合高清视频。但它最大的优点是文件体积较小,在国内的互联网带宽没有大幅度提升之前,估计还会流行一段时间。

1.8.4 数字内容表达和元数据

新媒体业务的广泛发展使得新媒体内容标识变得尤为重要。新媒体内容标识方式和方法的合理性直接影响到新媒体内容的交换、组织管理和检索等相关应用,是新媒体系统高效运转的关键所在。

总的来说,由于内容形式的复杂零乱,新媒体在资源管理方面的难度并不比传统媒体小。对于新媒体来说,需要一种可靠、高效的资源管理手段。因此,需要研究新媒体内容用元数据进行标识的方法,建立新媒体内容元数据使用规范,实现元数据和内容的交换,从而保证基础支撑平台以最简单的方式与异构业务系统进行良好的业务信息与内容包交互。

1. 元数据基本概念

元数据(Meta Data)被称为"关于数据的数据(Data about Data)",是对数据资源的规范化描述,不仅能起到描述数据的作用,而且起到管理数据的作用。鉴于此,使用元数据技术来统一管理分散的数据资源,并通过网络实现数据的共享和服务,这一模式得到了普遍的重视。简单举例说明:有一本《政治经济学》,我们对它的书名、作者、出版社等信息做一个简单的摘要,那么这个摘要信息就可以称作元数据。元数据最基本的用途就是管理数据,以便于实现查询、阅读、交换和共享。

元数据的基本特点主要有:

(1) 元数据一经建立,便可共享。元数据的结构和完整性依赖于信息资源的价值和使用环境,元数据的开发与利用环境往往是一个变化的分布式环境,任何一种格式都不可能完全满足不同团体的不同需要。但元数据的共享可以为分布的、多种数字化资源提供互操作的工具和纽带。

(2) 元数据首先是一种编码体系。元数据是用来描述数字化信息资源的,特别是描述网络信息资源的编码体系,这导致了元数据和传统数据编码体系的根本区别;元数据最为重要的特征和功能是为数字化信息资源建立一种机器可理解框架。

由于元数据也是数据,因此可以用类似数据的方法在数据库中进行存储和获取。如果提供数据元的组织同时提供描述数据元的元数据,将会使数据元的使用变得准确而高效。用户在使用数据时可以首先查看其元数据以便能够获取自己所需的信息。

2. 元数据的作用

元数据是网络信息资源描述的重要工具,可以用于网络信息资源管理的各个方面,包括信息资源的建立、发布、转换、使用、共享等。元数据在网络信息资源组织方面的作用可以概括为五个方面:描述、定位、搜索、评估和选择。

(1) 描述作用:根据元数据的定义,它最基本的功能就在于对信息对象的内容和位置进行描述,从而为信息对象的存取与利用奠定必要的基础。

(2) 定位作用:由于网络信息资源没有具体的实体存在,因此,明确它的定位至关重要。元数据包含有关网络信息资源位置方面的信息,因而由此便可确定资源的位置之所在,可以促进网络环境中信息对象的发现和检索。此外,在信息对象的元数据确定以后,信息对象在数据库或其他集合体中的位置也就确定了,这是定位的另一层含义。

(3) 搜索作用:元数据提供搜索的基础,在著录的过程中,将信息对象中的重要信息抽出并加以组织,赋予语意,并建立关系,使检索结果更加准确,从而有利于用户识别资源的价值,发现其真正需要的资源。

(4)评估作用:元数据提供有关信息对象的名称、内容、年代、格式、制作者等基本属性,使用户在无需浏览信息对象本身的情况下,就能够对信息对象具备基本了解和认识,参照有关标准即可对其价值进行必要的评估,作为存取利用的参考。

(5)选择作用:根据元数据所提供的描述信息,参照相应的评估标准,结合使用环境,用户便能够做出对信息对象取舍的决定,选择适合用户使用的资源。

3.元数据标准

元数据的使用范围非常广,例如图像检索、导航、视频、音频、结构化文献管理、出版、地理与环境信息系统、数字图书馆以及影视资料编目等。不同领域一般都会根据自身需求定义一个或几个标准。标准的设定是为了实现领域中的数据信息交换和共享,为研究和生产服务。遵循标准化、规范化的原则,开发、应用描述性元数据,可以增进信息系统的互操作性与开放性,促进信息资源的无障碍交流。

以下介绍几个主要领域的元数据标准的发展状况。

(1)网络资源和文献资料领域的元数据标准

目前国际上最具影响力的跨领域元数据是都柏林核心元素集,即 Dublin Core(DC)。DC 起源于 1995 年 3 月在美国俄亥俄州的 Dublin 召开的第一次元数据研讨会,这次会议讨论制定出一个核心的元数据集用于数字资源的发现。目前 DC 已经发展成为具有规范的语义定义和内容编码体系的、比较成熟的元数据标准,并以其简单性、模块化、可扩展性、可交换性、可选择性、可重复性、可修改性、多语种化等特点,广泛应用于多个国家的多个学科领域,并于 2003 年成为国际标准。

DC 元数据包括简单 DC 和限定性 DC 两种。简单 DC 指的是 DC 的 15 个核心元素,包括题名、描述、来源、创建者、日期、语种、其他责任者、类型、关联、出版者、格式、时空范围、主题、标识符、权限;限定性 DC 是为了深入细致地描述资源,在简单元素基础上增加修饰词甚至扩展元素,如体系修饰词(SCHEME)、语种修饰词(LANG)、子元素修饰词(Subelement),进一步明确元数据的特性。

DC 可以使用 HTML 语言的 META 标签(tag)的"NAME"和"CONTENT"属性进行描述,同时将每个单元都加了著录标记(label),著录时既可以使用 HTML 语言为输出结果的网络产品形式,也保留了自己的著录标识和系统。

(2)博物馆与艺术作品领域的元数据标准

视觉资料核心类目 VRA(Visual Resources Association)Core,由美国视觉资料协会制定,是为在网络环境下描述艺术、建筑、史前古器物、民间文化等艺术类可视化资源而建立的元数据标准。

目前共有四个版本,2000 年推出第 3 版,2007 年推出第 4 版。在前两个版本中,VRA Core 格式由两个部分组成:

- 作品著录类目(Work Description Categories)

用于任何一种作品实体或者某种视觉文献所记载的原始作品的著录,包括19个数据单元:作品类型、载体材料、尺寸、日期、附注、题名、责任者、责任方式、主题、相关作品、与相关作品间的关系、收藏单位名称、收藏地点、收藏号、现存地点、原始收藏、发现地点等。

- 视觉文献著录目录(Visual Document Description Categories)

用于记载某一作品实体的视觉文献的著录,包括9个数据单元:视觉文献类型、视觉文献格式、视觉文献尺寸、视觉文献收藏日期、视觉文献收藏者、视觉文献主题、视觉文献来源等。

VRA Core 在2000年7月24日推出了3.0版本,将两个部分进行了合并,统一制定了17项元数据,分别为:记录类型(recode type)、尺度(measurements)、材料类别(material)、制作方法(technique)、地点(location)、作品或图像的形式风格(style/period)、作品类型(type)、标题(title)、制作者(creator)、日期(date)、作品的识别号(ID number)、作品源于的文化(culture)、主题词(subject)、作品与其他作品的关系(relation)、描述作品(description)、作品来源(source)、版权(rights)。

(3) 科学数据元数据标准

目前国内制定颁布的科学数据元数据标准主要有:《生态科学数据元数据》(GB/T 20533-2006)、《地质信息元数据标准》(DD2006-05)、《国土资源信息核心元数据标准》(TD/T 1016-2003)、《地理信息元数据》(GB/T 19710-2005)、《水利地理空间信息元数据标准》(SL420-2007)、《农业科技信息元数据标准》(ASTICM)。各科学元数据标准的构建思路总体一致,主体部分由元数据构成模块和核心元数据元素构成。以生态科学为例,其全集元数据由标识信息模块、数据质量模块和方法信息模块等10个信息模块构成,并包括了标识符、摘要和语种等15个核心元数据元素。再如,地学元数据核心标准框架包括8个元素区(section)、15个复合元素(compound element)和55个基本元素(element)。

(4) 广播影视资料元数据标准

广播电视领域的元数据规范目前有:

GY/T 202.1-2004《广播电视音像资料编目规范第1部分:电视资料》

GY/T 202.2-2007《广播电视音像资料编目规范第2部分:广播资料》

(5) 版权保护领域元数据标准

针对广播电视数字内容的版权保护,中央电视台、清华大学、上海广播电视台、中央人民广播电台和成都索贝数码科技股份有限公司等部门联合制定了《GY/T 261-2012 广播电视数字版权管理元数据规范》,于2012年10月份正式发布。该标准规定了广播电视数字内容的数字版权管理元数据、元数据的使用规则和数据表达方式,提供了一个开放的元数据框架,以实现广播电视行业数字版权管理元数据描述和应用的标准化,适用于广播电视数字内容在制作、分发和使用过程中的数字版权管理。

本章小结

本章主要介绍了数字内容的基本概念、发展状况、常见种类,以及编码压缩和元数据等关键技术。

以下是本章的知识要点概括:

1. 信息(Information)与内容(Content)的关系

联系:在信息科技中,信息和内容的概念是等价的,它们均指与具体表达形式、编码无关的知识、事物、数据等含义,相同的信息或内容分别可以有多种表达形式或编码。

区别:(1)一般认为,内容更具轮廓性和主观性,信息更具细节性和客观性。即在细节上有些不同的信息可以被认为是相同的内容,不同的人对相同信息的感知也可能不同。(2)在细节不重要的场合下,内容往往更能反映信息的含义,也可以认为内容是人们可感知的信息或较高层次的信息,多个信息可以对应一个内容。

2. 数字内容

数字内容是指以数字形式存在的文本、图像、声音、视频等信息,可以存储在光盘、硬盘等数字载体上,并通过网络等手段传播。

3. 数字内容产业

数字内容产业是依托先进的信息基础设施与各类信息产品行销渠道,向用户提供数字化的图像、字符、影像、语音等信息产品与服务的新兴产业类型,它包括软件、信息化教育、动画、媒体出版、数字音像、数字电视节目、电子游戏等产品与服务等,是智力密集型的、高附加值的新兴产业。

4. 新媒体的特点

(1)广泛到达。传统媒体受到传输载体的限制,大多都是区域性的覆盖,大多只面临区域内竞争和同业竞争;而新媒体提供的是跨区域服务,网络可达性不受地域限制,一点部署就可以实现全国乃至全球的传播。

(2)丰富媒体。传统媒体受到内容载体和传输载体的限制,通常只能提供一种类型的内容,基本都是面对同业竞争,难以跨越传输载体的局限;而新媒体支持文字、音频和视频等多种类型内容制作方式。

(3)互动。传统媒体基本是单向和封闭的;而新媒体提供了更多的开放和双向互动能力。

5. 常见的数字媒体内容(产业)

主要有:数字广播(包括数字音频广播、数字电视广播)、网络电视(包括互动电视、互联网电视、移动电视、OTT电视)、数字电影、数字游戏、数字音乐、数字广告、数字出版、网络社区媒体。

6.数字内容关键技术

主要有:音频编码和压缩标准(PCM,WAV,MP3,WMA),图像编码和压缩标准(BMP,PCX,TIFF,GIF,JPEG,PNG),视频编码和压缩标准(MPEG-1,MPEG-2,MPEG-4;H.264,WMV-HD VC-1,RMVB)

7.元数据基本概念

元数据被称为"关于数据的数据",是对数据资源的规范化描述,不仅能起到描述数据的作用,而且能起到管理数据的作用。

8.元数据的作用

元数据是网络信息资源描述的重要工具,可以用于网络信息资源管理的各个方面,包括信息资源的建立、发布、转换、使用、共享等。元数据在网络信息资源组织方面的作用可以概括为五个方面:描述、定位、搜索、评估和选择。

9.不同领域的元数据标准

网络资源和文献资料领域的元数据标准:都柏林核心元素集(DC),博物馆与艺术作品领域的元数据标准:视觉资料核心类目(VRA Core),科学数据元数据标准,广播影视资料元数据标准,版权保护领域元数据标准。

练习思考

1. 理解信息、内容、数字内容、新媒体等概念的内涵和区别。
2. 了解目前主要有哪些形式的数字媒体内容。
3. 掌握常见的音频、图像和视频编码压缩标准及技术。
4. 查找资料,给出某领域某系统的元数据描述案例。

参考文献

[1] C. E. Shannon. A mathematical theory of communication. *Bell System Technical Journal*, 1948, 27(3):379-423, 27(4):623-656.

[2] 彭飞,龙敏,刘玉玲.数字内容安全原理与应用.北京:清华大学出版社,2012.

[3] 常征.中国数字内容产业生命周期模型建立与阶段识别.北京邮电大学学报(社会科学版),2012,14(1):67-73.

[4] 上海动漫公共技术服务平台.中国数字内容产业战略研究,2013.

[5] 谢友宁,杨海平,金旭虹.数字内容产业发展研究——以内容产业评估指标为对象的探讨.图书情报工作,2010,54(12):54-58.

[6] 张林琳.北京市数字内容产业发展效应研究.北京邮电大学硕士学位论文,2012.

[7] 王斌,蔡宏波.数字内容产业的内涵、界定及其国际比较.财贸经济,2010,02:

110-116.

[8] 薛梅. 数字内容全生命周期保护及其若干关键技术研究. 华东师范大学博士学位论文, 2006.

[9] 王琎. 基于产业融合的数字内容产业发展研究. 北京邮电大学硕士学位论文, 2010.

[10] 宋宜纯. 新媒体时代电视的发展与思考. 现代电视技术, 2011, 6: 15-20.

[11] 唐绪军, 黄楚新, 刘瑞生. 发展中的新媒体: 创新与融合成为主流. 中国新媒体发展报告 No.4, 2013: 16-43.

[12] 张文俊. 数字新媒体概论(复旦博学·新闻传播学系列). 上海: 复旦大学出版社, 2009.

[13] 仇剑书, 温锋, 李仲侠. 面向三网融合的数字家庭网络架构. 中国通信学会信息通信网络技术委员会 2011 年年会论文集(上册), 2011.

[14] 杜立新, 陈静. 网络电视相关概念辨析. 中国广播电视学刊, 2013, 11: 60-62.

[15] 姜怡. 数字移动电视的现状与发展前景. 数字技术与应用, 2013, 5: 58-58.

[16] 陈泽奇, 陈旭宇. 中国 OTT-TV 的前景: 未来的电视. 埃森哲公司报告, 2012.

[17] 傅亦轩. 新媒体节目内容创作与版权保护. 北京: 中国广播电视出版社, 2011.

[18] 中国版协游戏工委(GPC), 中新游戏研究(CNG), 国际数据公司(IDC). 2013 年 1~6 月中国游戏产业报告, 2013.

[19] 赵子忠. 2011 年中国数字内容产业发展观察. 中国网, 2011.

[20] 刘伟. 新媒体广告形态研究. 今传媒, 2013, 2: 103-104.

[21] Ekow Nelson, Howard Kline, Rob van den Dam, 杨诚彬. 未来的内容产业: 电信运营商能否在数字内容市场上占有一席之地? IBM 全球企业咨询服务部报告, http://www.ibm.com/cn/services/bcs/iibv/.

[22] 张祥合, 王丹. 数字出版的概念、特征及相关技术分析. 长春师范学院学报(人文社会科学版), 2013, 32(9): 218-220.

[23] 齐立稳. 我国网络社区的发展历程浅析. 数位时尚(下半月), 2014, 2.

[24] 余和初. 数字视频编解码技术标准及其发展趋势. 中国安防, 2011, 5: 32-37.

[25] 高清视频编码简介: http://ych8700.blog.163.com/blog/static/1495260220120148011287/.

第 2 章　数字内容安全威胁

■ **本章要点：**
  1.数字内容安全威胁
  2.数字内容安全技术

2.1　数字内容安全发展状况

　　三网融合的推进,广电、电信业务的相互准入,特别是融合业务的快速部署,已催生许多新的媒体产业业态。然而网络本身对承载内容不具备识别能力以及业务形态的多元化等原因,将会导致新媒体数字内容安全出现问题。

　　互联网是面向全球和开放、无国界的,当新媒体与互联网融合发展时,也必然会受到互联网带来的黑客攻击和入侵的冲击,网上损害公共利益、侵害他人权益的现象时有发生,各种违法和有害信息屡禁屡现,制作传播计算机病毒、危害网络安全的网络犯罪日趋增多,由此所引发的安全事件给经济、政治和文化生活带来的影响将比单纯互联网安全要大得多。

　　新媒体和三网融合的发展,为传统媒体的发展提供了更多、更有效、更精确的技术手段。例如在电视主流媒体时代,如果要进行收视率调查,可能需要借助于一些收视率调查公司,采用入户随机走访的方式,获取样本数据。随着新媒体技术的发展,越来越多的电视内容不再局限于电视一种媒介,而是借助手机、互联网进行更大范围、更深层次的传播。由于内容消费群体的扩大,传统的用户行为调查技术已经逐渐被基于网络、基于终端的自动化调查技术所取代。过去作为被调查对象,可能只会提供年龄、性别和收入等用户基本信息,但由于三网融合技术的普及,用户的身份证号、手机号、电子邮件和网络ID 等更多、更丰富的身份信息将会在用户不知情的情况下,被收集、存储和关联。

　　此外,在数字图像内容的安全威胁方面,随着互联网、多媒体等软件开发技术的快速发展,数字图像已经在我们身边随处可见,路边的广告牌、高楼上的大屏幕、照相馆的艺术照、电脑的壁纸等数字图像传递给我们重要的信息资料。与此同时,越来越多功能强大的图像处理和编辑软件如 Adobe Photoshop 的迅速发展,使得修改、编辑以及存储数字图像变得简单和方便,篡改图像也随之在各个领域频频出现。数字图像给人们带来方便的同时,也带来了一些潜在风险。虽然人们篡改图像大多都是被允许的操作,不会损害他人的利益,但是也有一些恶意攻击者为了达到某种目的而篡改他人作品的内容,从而损毁了他人名誉,隐藏了事实,给社会带来了不良风气,甚至造成更严重的后果。数字图像的恶意篡改事件层出不穷,甚至影响到了航空、医学、科技、法律、传媒、政治、商业领域等各个方面,影响了社会的信誉度。例如,2005 年期间,《科学》杂志发表了一篇论文,内容是关于黄禹锡等人研究得到的有关干细胞的杰出成果,曾经有人怀疑论文中的干细胞照片是经过修改的,最终他们也承认了事实。因此,《科学》杂志上的两篇造假论文被撤销,首尔大学辞退了 6 名涉及造假的研究者,此杂志的信誉度也因此降低。再如,2003 年 4 月 1 日,有着 25 年新闻摄影从业经历的摄影记者布莱恩沃斯基因为图片造假被《洛杉矶时报》解雇。如图 2-1 所示,布莱恩沃斯基于当年 3 月 30 日传回的英军士兵和伊平民对峙的照片被证明是合成照片,一个抱孩子的男人和士兵用枪指向平民的画面被合成在一张照片里,以传达出美军士兵枪指儿童、虐待平民的不实信息。

图 2-1　图像内容篡改实例(左侧两幅为原始照片,最右侧一幅为合成照片)

在数字视频内容的安全威胁方面,随着互联网技术、计算机技术及多媒体技术的不断进步和智能移动终端的逐渐普及,网络视频业务的数据量呈爆炸式增长。视频内容的数字化给视频信息的存储、编辑等带来了巨大的便利,人们可以越来越容易地获取、编辑和再发布视频,但网络中却产生了大量不安全、不健康的内容,甚至是盗版的、遭受篡改或经其他方式攻击过的视频内容,给社会带来了危害和不利影响。

在广播电视媒体内容的安全威胁方面,广播电视媒体是我国党和政府重要的宣传工具,是社会主义精神文明建设的重要阵地,担负舆论导向的特殊职责,具有政治、产业双重属性。党和政府一直以来都非常重视广播电视媒体的安全播出问题。从节目内容播出角度看,我国数字电视可能存在的非法攻击包括:节目信号截断、节目内容替换、节目内容插播和节目内容重放等。节目信号截断是电视信号被人为或者非人为中断的状况,用户收不到任何节目;节目内容替换或者节目内容插播是指将正常播出的节目内容替换为非法节目,或者出于某种利益人为替换为非正常播出的节目,这种情况的出现对节目的安全播出造成的影响较为严重;节目内容重放是重复播放以前的合法节目,即使重放的是合法节目内容,也会对节目内容的安全播出造成一定影响。

2.2 数字内容安全威胁

概括起来,无论是文字、图像、音频、视频,还是广播电视信号,这些数字内容所面临的安全威胁主要有五个方面:

- 政治性方面:来自国内外反动势力的攻击、诬陷和西方的和平演变图谋;
- 文化性方面:色情、淫秽和暴力内容以及垃圾信息等;
- 保密性方面:国家、企业以及个人机密被窃取、泄露和流失;
- 隐私性方面:个人隐私被盗取、倒卖、滥用和扩散;
- 产权性方面:知识产权被剽窃、盗用等。

2.2.1 政治方面的威胁

数字内容在政治方面所受到的威胁主要指来自国内外反动势力的攻击、诬陷和西方的和平演变图谋等。

新媒体正在迅速渗透到社会生活的方方面面,推动我国的社会形态发生改变。它在成为人们工作、生活必不可少的工具的同时,也成为境外间谍情报机关和境内外各种敌对势力进行窃密、渗透、分裂、颠覆活动的重要渠道,成为群体性突发事件沟通、联络的重要平台,使国家安全和社会稳定面临着许多新挑战,可以概括为:

(1)网络信息安全受到挑战。随着美国"棱镜"秘密监视项目的暴露,美国政府更多的着眼海外的秘密情报收集行动相继曝光。这些事件表明,少数国家利用掌握的互联网基础资源和信息技术优势,大规模实施网络监控,大量窃取政治、经济、军事秘密以及企业、个人敏感数据,有的还远程控制他国重要网络与信息系统。网络空间安全已成为一个全球性问题。

(2)国家政治安全受到挑战。特别是互联网以其独有的交互性、开放性、即时性和分散性,正在成为意识形态的信息载体和传播工具,对意识形态领域产生了一系列重大而复杂的影响。

(3)经济产业安全受到挑战。当前,我国的互联网企业从门户、搜索引擎、电子商务、博客到论坛,都有境外资本渗透,特别是美国互联网资本的渗透。同时,美国还控制着互联网产业链的每个关键环节,拥有最核心的技术和设备。我国经济数据和信息的保密性、完整性和可用性均面临挑战。

(4)社会发展安全受到挑战。我国虚拟社会发展现状是"技术先行、管理滞后"及"先发展、后治理",这种做法积累了不满情绪,一旦处理不当就会带来严重后果,可能导致特定的矛盾尖锐化、片面化甚至极端化,直接影响社会稳定。

此外,大数据、云计算也是网络安全防御的新重点。大数据的挖掘可应用到经济、政治、国防和文化等各个领域。我国对大数据的存储、保护和利用重视不够,导致信息丢失或不完整,同时存在信息被损坏、篡改、泄露以及滥用等问题,给国家的信息安全和公众的隐私带来隐患。

网络群体性突发事件也会极大危害社会政治稳定。新媒体对社会政治稳定的影响，主要体现在网络群体性突发事件上。事件的发生一般都开始于帖子或微博的发布，形成于跟帖或关注度的增加。网络社区论坛是言论的聚集地和舆情形成的温床，许多社会热点事件经由新媒体的互动效应迅速放大而形成网络舆情，在这样一个互动过程中，事件最终升级为影响社会现实的群体性突发事件。

2.2.2 文化方面的威胁

数字内容在文化方面所受到的威胁主要指色情、淫秽和暴力内容以及垃圾信息等，关系到对网络文化安全的影响。

无论是广播、影视、出版物，还是其他文化产品，经数字化放到互联网上后其本质是一样的，都是"比特"介质。互联网技术的迅速发展已经使网络信息成为重要的信息源。网络信息种类繁多，除了各类新闻、政治、教育、体育和娱乐信息外，反动、色情、暴力等危害社会、传播不良思想作风的内容也不断在网络上肆意传播，使人们面临不良信息泛滥造成的威胁，甚至危害社会稳定和民族团结，尤其严重的是对青少年的身心健康也造成了不可估量的负面影响。网络的时空一体化、便捷性和匿名性同时助长了不良信息的传播，使得这些不良信息不仅传播速度快，而且难以控制。

目前，基于互联网的图像与音视频节目内容已经成为网络文化的重要组成部分，对人们文化消费和意识形态的影响越来越大。在新媒体时代，有时传统媒体的新闻报道不会直接导致相关舆论的生成，而是通过各种新媒体和社会化网络被继续传播，附带上情感和倾向，从而形成关于某个问题的舆论。传统传媒的"舆论监督"强调社会舆论是可控制的，而在新媒体条件普及化的今天，新媒体和社会化网络的融合程度越来越高，新媒体对社会心理的影响能力、影响范围和影响深度都在逐渐加强。

制造和传播不良信息，一方面是由于经济因素，不法分子为了牟取暴利，获取非法收入；另一方面是出于政治上的考虑，国内外反动势力为了破坏国内的国家安全环境，肆意散布谣言，危害社会稳定和经济发展。一些国家也通过网络对他国进行文化、价值观、生活方式的推销和渗透。

近十年来，国家相关部门密切关注并积极开展对网络文化的监测和管理，对网络文化安全给予了高度的重视。《国务院关于印发〈推进三网融合总体方案的通知〉》（国发[201015号文]）中对于"保障网络信息安全和文化安全"指出：加强三网融合环境中网络信息安全和文化安全问题的研究，建立健全安全保障工作协调机制，完善安全保障体系，提高安全监督能力，有效维护网络信息安全和文化安全。虽然近年来我国网络文化安全方面的政策法规及技术取得了一定的发展，但由于网络文化安全这一崭新课题的复杂性，要有效保障我国网络文化安全还有很大差距。

2.2.3 保密方面的威胁

数字内容在保密性方面所受到的威胁主要指国家、企业和个人机密被窃取、泄露和流失。

在数字化的计算机环境下,对信息的保密变得越来越重要。尤其是近年来国内外泄密事件和窃密事件的发生,不同程度地对国家安全和利益带来威胁。

随着互联网上军事网站、论坛、博客的不断增多,越来越多的军事迷喜欢在网上交流国防信息,探讨军事知识。美国情报部门认为,现在很多极有价值的情报都可以在互联网上找到,网络搜寻几乎能够取代费尽人力物力且风险极大的传统间谍手段。美国军方研究中国军情的权威文件《中国军事与安全态势发展报告》中,有相当一部分信息取自中国军迷们发布的网络信息。据《华盛顿时报》披露,美国的情报机构一直无法确定解放军某型潜艇是否投产,直到 2004 年有关该潜艇的照片出现在中国某军事论坛上后,美国情报机构才找到答案。网上被"钓鱼",误中情报人员的圈套,也是造成网民泄密的重要原因。

进入大数据时代,互联网企业信息泄露事件不断传出,从酒店客户信息、金融服务机构客户信息到政府相关敏感机构数据,信息泄露无一幸免。泄露原因包括黑客攻击安全漏洞,以及政府企业部门缺乏有效监管和问责机制等。

例如,2015 年 1 月,世界几大金融服务公司之一的摩根士丹利,35 万多个客户的信息遭泄露。这次泄露事件并非黑客蓄意为之,而是一名该公司员工从 35 万多个客户账户中偷取数据的结果。因此,内部员工的威胁也不容忽视。再如,2015 年 2 月美国第二大健康保险公司 Anthem 在其官网发表公开声明,称遭到了极其复杂的网络攻击,攻击者未经授权访问了其 IT 系统,获得了 8000 多万前客户和现客户的私人信息,包括名字、出生日期、医疗 ID/社保号码、住址、电子邮件和雇佣信息;2013 年,塔吉特(Target)丢失了 4000 万信用卡和 7000 万客户信息,2014 年,家得宝 5600 万信用卡数据被黑客访问,这次 Anthem 则是 8000 万,称得上是近年来一系列重大信息泄露事件之一。此外,一些酒店也被曝存在严重安全漏洞,泄露了数千万条开房信息,包括住户的姓名、家庭地址、电话、邮箱乃至信用卡后四位等敏感信息。还有国内在线旅游行业巨头携程旅行网,也曾被曝光存在安全漏洞,漏洞导致大量用户银行卡信息(包含持卡人姓名、身份证、银行卡号、卡 CVV 码、6 位卡 Bin)泄露,而这些信息可能直接引发信用卡盗刷等问题。

随着大数据、云计算、移动互联技术应用以及三网融合的不断深入,信息安全环境将愈加复杂,这势必给国家、企业和个人机密带来安全隐患和考验。例如:在网络安全方面,三网融合之后,原先较为封闭的广播电视网和电信网将不断地开放,这种开放性使得外部的攻击者有了可乘之机。流行于互联网的黑客、病毒、木马等将会转移到广播电视和电信网中,产生巨大的危害。同时,由于传统的广电、电信网络的封闭性,一些安全漏洞被掩盖起来。而在开放的环境下,这些缺陷极有可能显现出来。经过三网融合的过程,计算机网中的病毒将对广播电视网和电信网的安全产生极大的负面影响;而且,近两年大量出现的先进可持续攻击(APT)更对发展中的融合网络造成巨大威胁。此外,在终端安全方面,机顶盒、智能手机、个人 PC、PAD 等终端设备越来越丰富多样,终端的快速发展不可避免地带来相应的安全问题,智能化终端可能利用其强大的计算能力,通过网络基础设施对其他平台传播病毒或强行攻击,造成泄密等安全威胁。

2.2.4 隐私方面的威胁

数字内容在隐私性方面所受到的威胁主要指个人隐私被盗取、倒卖、滥用和扩散。

当前,互联网已经成为我们生活的一部分,网上留下了我们访问各大网站的数据足迹。用户隐私保护问题成为安全研究的争议问题和热点问题。

随着云计算技术的普及,越来越多的用户数据被存储在了"云端",云存储在为广大用户带来方便性的同时,也造成了数据所有权和管理权分离的问题。云服务提供商会试图分析用户的数据、索引以及搜索过程中交互的消息以获得额外的信息,这些都为用户带来了隐私泄露的担忧。

在大数据环境下,我们的隐私泄露变得更加容易,我们时刻暴露在"第三只眼"下,比如,淘宝、亚马逊、京东等各大购物网站都在监视着我们的购物习惯;百度、必应、谷歌等监视我们的查询记录;QQ、微博、电话记录等监视了我们的社交关系网;监视系统监控着我们的Email、聊天记录、上网记录等;Flash cookies 泄露了我们的某些使用习惯或者位置等信息;智能手机监视着我们所在的位置;工作单位、各大活动场所、商店、小区等监视我们的出入行为。因此,需要新的机制来管理个人信息和隐私产生的泄露风险。

2013年6月,美国中情局前职员爱德华·斯诺登向媒体提供的包括"棱镜"项目在内的美国政府多个秘密情报监视项目的爆料,将互联网安全问题和美国的政府形象再一次推到了世界的舆论中心。随着人人网、开心网、朋友网、微博、微信等新媒体的不断兴起,社交网站不断地深入每个人生活的方方面面,正潜移默化地影响着人们的生活方式。在网络带来巨大便利的同时,其中包含的个人隐私泄露问题正悄悄地溜入我们的私人生活。

依托移动互联网发展起来的微信,给人们日常通信联络提供了便利,改变了人们传统的生活方式。然而,微信是把双刃剑,一些别有用心的人利用微信注册不需要实名认证,可以通过别人的手机号码或者编造的手机号码、邮箱、QQ号进行注册等特点,注册虚假信息;利用"扫一扫""摇一摇"等功能,从显示的众多人中通过选项查看对方是男生还是女生,查看最新发布的信息和照片等安全薄弱区,进而在现实中实施犯罪行为。对个人信息保护的疏忽、对虚拟社会中他人信息的认识误区有可能导致个人隐私信息泄露,给犯罪分子以可乘之机。

2.2.5 产权方面的威胁

数字内容在产权方面所受到的威胁主要指知识产权被剽窃、盗用等。

随着通信网络技术与信息技术的飞速发展,用户可以更加便利地使用网络资源,即可以在任何时间、任何地点得到所需的数字信息和服务。在如此发展态势下,由于数字内容具有无损复制、易于分发等重要特征,出现了随意批量复制受知识产权法律保护的有价数字内容产品,并将其通过各类通信网络载体进行非授权分发、传播和滥用的侵权行为和现象,给整个经济社会和文化发展造成了严重的不良后果和损失。

2014年4月,国家版权局公布了2014年度侵权盗版十大案件,包括上海"射手网"侵犯著作权案,江苏"爱漫画"网侵犯著作权案,合肥安海电子科技公司销售盗版软件案,湖南广大消防安全培训职业学校发行盗版教材教辅案,安徽"DY161"电影网侵犯著作权案,江苏"放放电影网"侵犯著作权案,湖北"10·12"侵犯网络游戏著作权案,黑龙江刘某等侵犯网络游戏著作权案,青岛"6·25"销售盗版报刊案,云南"3·28"销售盗版《新华字典》案。其中,行政处罚案件4起,刑事判决案件6起,涵盖了侵犯网络影视、网络游戏、网络动漫著作权案以及销售侵权盗版图书、报刊、软件案等多种类型。其中,侵犯网络游戏著作权案件最多,之后依次是侵犯网络影视、网络文学和网络音乐著作权案件;制售侵权盗版图书和制售侵权盗版音像制品案件占到一半左右。

2007年,美国政策创新研究所发布的题为《盗版给美国经济带来的真正损害》的研究报告宣称,盗版每年给美国经济带来的损失高达580亿美元,并导致37.3375万名美国人失业。另据比特网(China Byte)2008年5月15日消息,2007年盗版行为给全球软件行业造成的损失高达480亿美元。

数字媒体的盗版与滥用不仅挫伤了媒体著作人的创作热情,侵害了出版发行人的合法利益,也妨碍了用户享有更丰富的视听体验。一些出版发行机构因为担心其内容遭到非法盗版而不得不在产品中增加了各种限制,这势必又给整个媒体产业链最下游的消费者带来了损害。

数字媒体版权的保护问题得到了越来越普遍的关注,建立一套合理的数字媒体版权管理基础设施成为数字新媒体健康发展的必要保障。它应该既包括版权保护等技术措施,还包括信任体系建立等管理措施。它是一项需要全社会参与,需要平衡各方利益的社会工程,其结果是将开创一个内容产业能够良性发展、用户能够获得全新体验的新时代。

因此,针对网络空间无中心与交互性、无边界与开放性、无时间与即时性、无控制与分散性的特点,我们要正确认识互联网在全媒体时代的主导作用,加强网络管理和法制建设。

2.3 数字内容安全技术

针对数字内容所面临的安全威胁,数字内容安全技术应运而生。数字内容安全技术是伴随着数字化技术以及网络技术的发展而发展的。

无论是学术界还是产业界,关于数字内容安全的内涵尚未形成比较统一的认识。从一般的信息安全的概念出发,数字内容安全主要应保证内容的机密性、完整性、真实性和可用性(即信息安全的基本属性)。除此之外,针对目前数字内容在开发制作、传递配送和消费使用中不断涌现的安全问题,保障数字内容安全还需要解决非法及有害内容破坏国家安全和污染社会环境的问题,解决盗版贩卖和非法使用方面的问题,解决内容消费者的安全合理付费问题,以及解决随着大数据的发展用户隐私保护等问题。

针对上文提到的数字内容在政治方面、文化方面、保密方面、隐私方面、产权方面所受到的安全威胁,本书后面的章节将分别介绍几种保障数字内容安全的典型关键技术。

(1)第3章将介绍数字内容加密技术,用以解决数字内容保密方面的问题,同时可以保障网络上传输数字内容的真实性以及交互实体的真实性认证等问题。

(2)第4章将介绍信息隐藏与数字水印技术,用以解决重要信息的保密和产权方面的问题,可以为数字内容主动认证、版权保护和隐秘传输提供有力的技术保障。

(3)第5章将介绍数字取证技术,用以解决数字内容在公共安全、司法实践和知识产权方面的安全问题,可以实现数字内容真实性和来源的盲鉴别,为数字内容被动认证提供坚实的技术基础。

(4)第6章将介绍数字版权管理(DRM)的体系结构、关键技术和标准规范,用以解决数字内容的知识产权问题,包括版权归属认证、防止盗版贩卖和非法使用、盗版追踪,以及内容消费者安全合理付费等问题。

(5)第7章将介绍大数据安全技术,用以解决用户个人隐私问题,包括用户在使用云存储、社会网络和移动互联网时涉及的隐私安全问题。

本章小结

本章主要介绍了数字内容安全发展现状,归纳总结出了数字内容所面临的五类安全威胁,并针对这些安全威胁,引出了本书后面将要介绍的五种关键技术和系统。

以下是本章的知识要点概括:

1. 数字内容安全威胁

政治方面的威胁,文化方面的威胁,保密方面的威胁,隐私方面的威胁,产权方面的威胁。

2. 数字内容安全技术

数字内容加密技术,信息隐藏与数字水印技术,数字取证技术,数字版权管理,大数据安全。

练习思考

1.针对你所了解的某数字内容所受到的安全威胁,分析这些安全威胁所带来的风险和危害。

2.针对上一题,综合分析应对这些安全威胁应该采取哪些关键技术。

参考文献

[1]唐绪军,黄楚新,刘瑞生.发展中的新媒体:创新与融合成为主流.中国新媒体发展

报告 No.4,2013:16-43.

[2]毛慧玲.基于谱聚类的图像 Copy-Move 篡改检测方法研究.西安理工大学硕士学位论文,2014.

[3]刘克超.新媒体对国家安全的影响与对策研究.江南社会学院学报,2013,15(2):13-16.

[4]杨义先,黄玮,范文庆,王永滨.三网融合时代新媒体安全的新问题.计算机安全,2011,3:13-16.

[5]张志勇.互融 DRM:数字版权管理的新进展.网络安全技术与应用,2013,10:96-97.

[6]薛梅.数字内容全生命周期保护及其若干关键技术研究.华东师范大学博士学位论文,2006.

[7]张冠津.IPTV 网络的安全体系研究.上海交通大学硕士学位论文,2008.

[8]张冬芳.3G 网络的身份认证与内容安全关键技术研究.北京邮电大学博士学位论文,2010.

[9]沈洋.三网融合环境中的信息安全技术研究.大连海事大学硕士学位论文,2010.

第3章 数字内容加密技术

■ **本章要点：**
1. 密码学基本概念与分类
2. 对称密码算法
3. 非对称密码算法
4. 散列函数与消息认证
5. 数字签名方案与算法
6. 身份认证方案与技术

3.1 密码学基础

3.1.1 基本概念

密码学实际上是应用数学和计算机科学的一个分支。数学理论在当前的密码学研究中发挥着重要作用，包括数论、群论、组合逻辑、复杂度理论、遍历理论及信息论等。对于计算机科学而言，密码学与操作系统、数据库、计算机网络联系非常紧密。

密码学（Cryptology）是研究信息系统安全保密的科学。密码学又分为两个研究领域：

（1）密码编码学（Cryptography）：主要研究对信息进行编码，实现对信息的隐蔽；

（2）密码分析学（Cryptanalysis）：主要研究加密消息的破译或消息的伪造。

最基本的密码体制模型如图 3-1 所示：

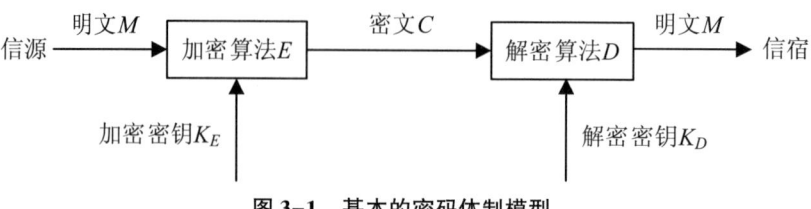

图 3-1 基本的密码体制模型

在密码学中,一个密码体制或密码系统是指由明文、密文、密钥、加密算法和解密算法组成的五元组。

- 明文(Plaintext)是指未经过任何伪装或隐藏技术处理的消息,也就是加密输入的原始消息形式,通常用 M(Message)或 P(Plaintext)表示;
- 密文(Ciphertext)是明文加密后的消息,即消息加密处理后的形式,通常用 C 表示;
- 密钥(Key)是指进行加解密操作所需要的秘密参数或关键信息,通常用 K 表示;
- 加密算法(Cryption Algorithm)是在密钥的作用下将明文消息从明文空间对应到密文空间的一种变换,该变换过程称为加密,通常用字母 E 表示,即 $C=E_K(M)$;
- 解密算法(Decryption Algorithm)是在密钥的作用下将密文消息从密文空间对应到明文空间的一种变换,该变换过程称为解密,通常用字母 D 表示,即 $M=D_K(C)$。

3.1.2 密码学体制分类

从密钥使用策略上,密码体制可分为对称密码体制(Symmetric Cryptosystem)和非对称密码体制(Asymmetric Cryptosystem)两类。后者也称为公钥密码体制。

1. 对称密码体制

对称密码体制中,使用的密钥必须完全保密,且要求加密密钥和解密密钥相同,或由其中一个可以很容易地推出另一个。所以,对称密码体制又称为秘密密钥密码体制(Secret Key Cryptosystem)或单钥密码体制(One Key Cryptosystem)。典型的对称密码算法有 DES、IDEA、AES、RC4 等。

对称密码体制的优点是:

- 加解密速度比较快;
- 使用的密钥相对较短;
- 密文的长度往往与明文相同。

对称密码体制的缺点是:

- 密钥分发需要安全通道;
- 所需密钥数量大,难于管理:n 个人相互通信,总共需要 $n(n-1)/2$ 个密钥;
- 身份认证问题难以解决:因为通信双方共享一把密钥,所以接收方可以否认接收到某消息,发送方也可以否认发送过某消息。

2. 非对称密码体制

非对称密码体制中使用的密钥有两个:一个是对外公开的密钥,称为公钥;另一个是必须保密的密钥,只有拥有者才知道,称为私钥。非对称密码体制又称为双钥密钥体制(Double Key Cryptosystem)或公钥密码体制(Public Key Cryptosystem)。典型的非对称密码算法有 RSA、ECC、ElGamal 和 Rabin 等。

非对称密码体制的优点是:

- 密钥分发相对容易:公钥是公开的,不存在通过安全信道发送的问题;而私钥只能

自己保存,不存在发送问题;
- 密钥管理简单:每个用户只需保存好自己的私钥,对外公布自己的公钥,n 个用户仅需产生 n 对密钥,即密钥总量为 $2n$,其中对外发放的密钥总量仅为 n;
- 可以有效地实现数字签名:因为数字签名是由私钥进行加密产生的,并使用相对应的公钥验证,由此可以解决身份认证和消息不可否认性问题。

非对称密码体制的缺点是:
- 与对称密码体制相比,加解密速度较慢;
- 同等安全强度下,非对称密码体制要求的密钥长度要长一些;
- 密文的长度有时会大于明文长度。

3.2 对称密码算法

根据对明文的处理方式不同,对称密码体制又可分为序列密码(也称为流密码)和分组密码。

序列密码(Stream Cipher):该密码算法中,加密时明文以比特或字节为单位进行运算;密文不仅与算法和密钥有关,而且也与明文数据的位置有关,与当前状态有关,因此说序列密码是有记忆的;另外,序列密码算法关键在于设计密钥序列产生器,使生成的密钥序列具有尽可能高的不可预测性。

分组密码(Block Cipher):分组密码把明文分成相对比较大的块,通常以大于等于 64 位的数据块为处理单位,对于每块使用相同的加密函数进行处理;分组密码是无记忆的,密文仅与算法和密钥有关,与明文数据块的位置无关;另外,分组密码算法关键在于设计加解密算法,使明文和密文之间的关联在密钥的控制下尽可能复杂。

3.2.1 序列密码算法

序列密码(流密码),是指明文消息按字符(如二元数字)逐位加密的一类密码算法。序列密码加密/解密过程如图 3-2 所示。图 3-2 中,K 是系统的密钥源,也称为初始密钥或种子密钥,它通过安全信道在通信双方之间共享。通信双方在拥有相同的密钥源 K 的前提下,能够通过密钥序列产生器(KG,Keystreatm Generator,也称为伪随机数发生器)生成相同的密钥序列 $k_0, k_1, \cdots, k_i, \cdots, k_{n-1}$。

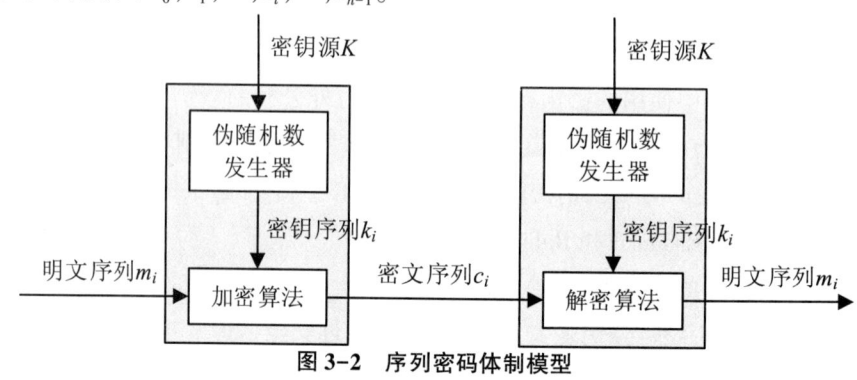

图 3-2 序列密码体制模型

$m_0, m_1, \cdots, m_i, \cdots, m_{n-1}, m_i \in M$ 是待加密的明文序列。

密文序列 $C = c_0, c_1, \cdots, c_i, \cdots, c_{n-1} = E_{k_0}(m_0), E_{k_1}(m_1), \cdots, E_{k_i}(m_i), \cdots, E_{k_{n-1}}(m_{n-1}), c_i \in C$，其中，$\{k_i | 0 \leq i \leq n-1\}$ 是密钥序列。

若 $c_i = E_{k_i}(m_i) = m_i + k_i$，则称这类为加法序列密码。

序列密码算法的关键是能够高效产生不可预测的密钥序列。序列密码的算法很多，其设计思想差异较大且各有特点，下面介绍几个典型的序列密码算法。

1.RC4 算法

RC4 于 1987 年由 Ron Rivest 开发，1994 年匿名公开于 Internet 上，是目前应用和影响力最为广泛的一种序列密码算法，应用于 SSL(Secure Sockets Layer, 安全套接层)/TLS (Transport Layer Security, 安全传输层)协议和 WEP(Wired Equivalent Privacy, 有线等效保密，即 IEEE 802.11)协议。

RC4 是一种面向字节的序列密码。密钥长度从 1 字节到 256 字节(8 比特到 2048 比特)可变。由于 RC4 是序列密码，必须避免重复使用密钥。

RC4 算法非常简单，因为从本质上讲它是一个包含 256 字节的置换查表。在产生密钥流的每一个字节时，所查的表就进行一次修改，表始终包含 $\{0,1,2,\cdots,255\}$ 的置换。

RC4 需要两个处理过程：
- 密钥调度算法(KSA, Key-Scheduling Algorithm)，用来设置 S 的初始排列；
- 伪随机生成算法(PRGA, Pseudo Random-Generation Algorithm)，用来选取随机元素并修改 S 的原始排列顺序。

具体过程如下：

(1) 用 0~255 填充 S 数组，用密钥循环填充 T 数组。

KSA 首先初始化 S，即 $S[i] = i (i = 0 \sim 255)$，同时建立一个临时向量 T。如果种子密钥 K 的长度为 256 字节，则将 K 赋给 T，否则，若种子密钥 K 的长度为 keylen 小于 $|T|$，则将 K 的值赋给 T 的前 $|K|/8$ 个元素，并不断重复加载 K 的值，直到 T 被填满。这些操作可概括为图 3-3：

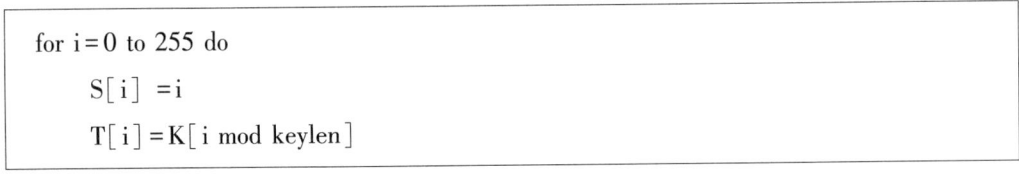

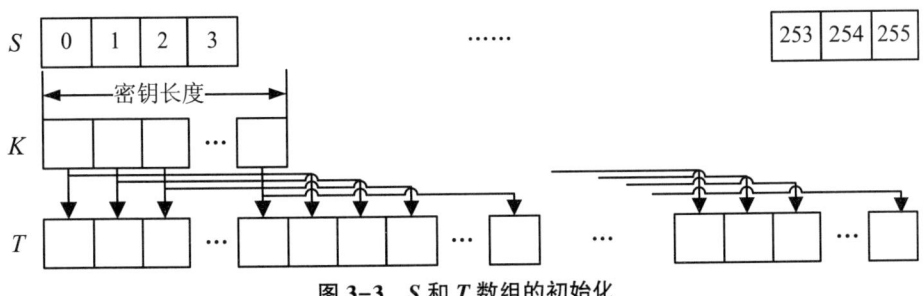

图 3-3 S 和 T 数组的初始化

(2) S 的初始置换

用 T 产生 S 的初始置换,从 S[0] 到 S[255],对每个 S[i],根据 T[i] 的值将 S[i] 置换为 S 中的另一个字节。概括如下图 3-4:

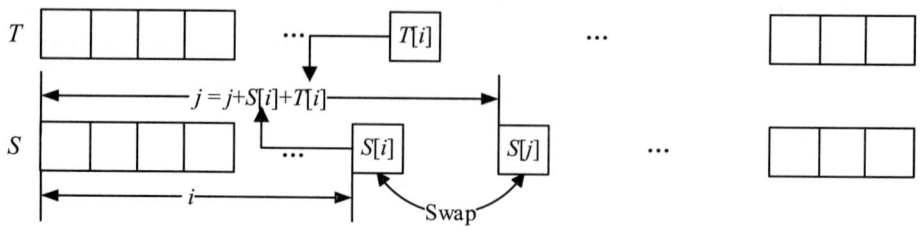

图 3-4 S 的初始置换

```
j=0
for i=0 to 255 do
j=(j+S[i]+T[i])(mod 256)
swap(S[i],S[j])
```

(3) 密钥流的生成

```
i=j=0
for each message byte Mi
    i=(i+1)(mod 256)
    j=(j+S[i])(mod 256)
    swap(S[i],S[j])
    t=(S[i]+S[j])(mod 256)
    k=S[t]
```

最后,利用 PRGA 完成密钥流生成过程。从 S 中随机选取元素输出,并修改 S 以便下一次选取,选取过程取决于索引 i 和 j。图 3-5 是选取密钥序列的过程:

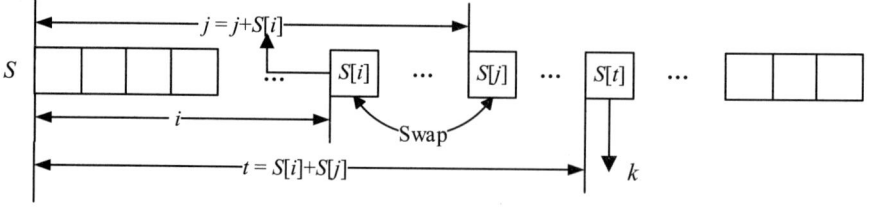

图 3-5 密钥流的生成

加密时,将 k 的值与明文字节异或;解密时,将 k 的值与密文字节异或。

RC4 算法小结:

(1) 为了保证安全强度,目前的 RC4 至少使用 128 位密钥,防止穷举搜索攻击;

(2) RC4 算法可看成一个有限状态自动机,把 S 表和 i,j 索引的具体取值称为 $RC4$ 的一个状态,记为 $T=(S_0,S_1,\cdots,S_{255},i,j)$。对状态 T 进行非线性变换,产生新的状态,并输出密钥序列中的一个字节 k,约有 $2^{1700}(256!\times 256^2)$ 种可能状态。

(3) 用大的数据表 S 和字长来实现这个思想是可能的,如定义 16 位 RC4。

2. 其他序列密码算法

(1) A5 算法

A5 算法由法国人设计,是欧洲数字蜂窝移动电话系统(GSM)中使用的序列密码加密算法,用于从用户手机到基站的连接加密。

(2) Rambutan 算法

Rambutan 是一个英国人提出的算法,由通信电子安全组织设计。

(3) SEAL 算法

SEAL 算法是由 IBM 公司设计的一种易于用软件实现的序列密码。

3.2.2 分组密码算法

在密码学中,分组加密(Block Cipher,又称分块加密)是一种对称密码算法。其将明文消息编码表示后的二进制序列划分成固定大小的块(Block),每块分别在密钥的控制下变换成等长的二进制序列,如图 3-6 所示。

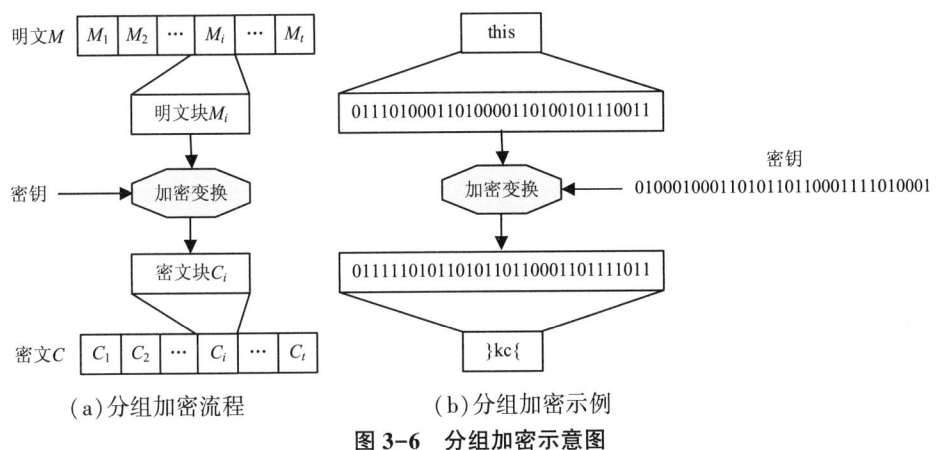

(a) 分组加密流程　　(b) 分组加密示例

图 3-6　分组加密示意图

分组密码算法具有速度快、易于标准化和便于软硬件实现的特点,商用系统中的对称密码算法基本都采用分组加密技术。

现代分组加密是在迭代的思想上产生密文。该思想由 Shannon 在他 1949 年的重要论文《保密系统的通信理论》(Communication Theory of Secrecy Systems)中提出,是一种通过简单操作(如代换和置换等)来有效改善保密性的方法。迭代产生的密文在每一轮加密中使用不同的子密钥,而子密钥生成自初始密钥。

为了有效抵抗攻击者对密码体制的统计分析，Shannon 提出了分组密码的两个基本设计思想——扩散原则和混淆原则，这是设计对称分组密码所遵循的基本原则。

扩散原则：所设计的密码算法应使得密钥的每一位数字影响密文的许多位数字，以防止对密钥进行逐段破译，而且明文的每一位数字也应影响密文的许多位数字，以便隐蔽明文数字统计特性。

混淆原则：所设计的密码算法应使得密钥和明文以及密文之间的依赖关系相当复杂，以至于这种依赖性对密码分析者来说是无法利用的。

在密码学史上出现过很多分组密码算法，例如 DES、AES、IDEA、Blowfish、RC6 等，其中以 DES 和 AES 最为著名。

1. 数据加密标准 DES(Data Encryption Standard)

数据加密标准 DES 的出现是现代密码发展史上一个非常重要的事件，它是第一个广泛应用于商用数据加密的密码算法，并开创了公开密码算法的先例，极大地促进了密码学的发展。尽管在今天看来它已经不再安全(密钥空间小)，但是它曾成功地抵抗了多年的密码分析，且截止到目前，除了穷举攻击以外，它仍然是安全的。因此，DES 算法的基本理论和设计思想仍有重要的参考价值。

1971 年，IBM 中由 Horst Feistel 负责的计算机密码学研究项目组设计出了 Lucifer 算法。因为 Lucifer 算法非常成功，IBM 决定开发一个适合于芯片实现的商业密码产品，这一次由 Walter Tuchman 和 Carl Meyer 负责，参与者不仅有 IBM 公司的研究人员，还有美国国家安全局(NSA)的技术顾问，最终给出了 Lucifer 的一个修订版，它抗密码分析能力更强，而且其密钥长度减小为 56 位，因而很适合在单片机环境下使用。之后于 1977 年被美国国家标准局(NBS)[今"美国国家标准与技术研究所(NIST)"]采纳为数据加密标准，即 DES。

DES 的明文分组长度为 64 位，密钥长度为 64 位(实际使用了 56 位，其余 8 位用于奇偶校验)，输出的密文分组长度为 64 位。

DES 的加密过程包括 16 轮迭代编码。在每轮编码中，DES 从 56 位密钥中产生出一个 48 位的临时密钥，用这个临时密钥进行这一轮的加密。如图 3-7 所示。解密过程完全是加密过程的逆过程。

DES 的加密可以划分为以下三个步骤：

(1) 通过一个初始置换 IP(Initial Permutation)，将明文块分成左半部分和右半部分，各 32 位长；

(2) 执行 16 轮完全相同的运算，这些运算被称为函数 f，在运算过程中数据与临时子密钥结合；

(3) 经过 16 轮后，左、右半部分合在一起，经过一个末置换 IP^{-1} (初始置换的逆置换)，便得到一个密文组。

第(1)步中的初始置换表 IP 如表 3-1 所示，IP 表中的位序号具有这样的特征：整个 64 位按 8 行 8 列排列，最右边一列按 2 4 6 8 1 3 5 7 的次序排列，往左边各列的位序号依

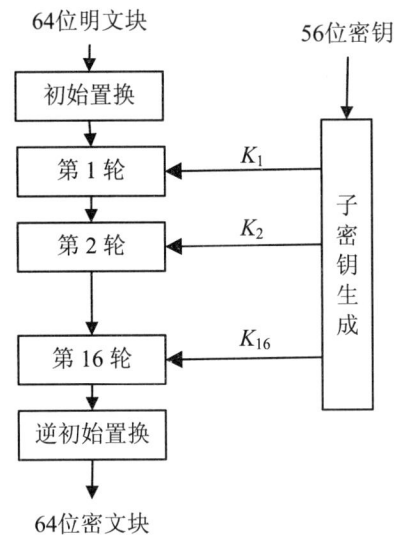

图 3-7 DES 加密过程

次为紧邻其右边一列各位序号加 8。

表 3-1 初始置换表 IP

IP							
58	50	42	34	26	18	10	2
60	52	44	36	28	20	12	4
62	54	46	38	30	22	14	6
64	56	48	40	32	24	16	8
57	49	41	33	25	17	9	1
59	51	43	35	27	19	11	3
61	53	45	37	29	21	13	5
63	55	47	39	31	23	15	7

第(3)步中的逆初始置换表 IP^{-1} 如表 3-2 所示,IP^{-1} 表中的位序号具有这样的特征:整个 64 位按 8 行 8 列排列,左边第二列按 8 7 6 5 4 3 2 1 的次序排列,往右边隔一列的位序号依次为当前列各位序号加 8,最右边一列的隔列为最左边一列。

表 3-2 逆初始置换表 IP^{-1}

IP^{-1}							
40	8	48	16	56	24	64	32
39	7	47	15	55	23	63	31
38	6	46	14	54	22	62	30
37	5	45	13	53	21	61	29
36	4	44	12	52	20	60	28

续表

IP⁻¹							
35	3	43	11	51	19	59	27
34	2	42	10	50	18	58	26
33	1	41	9	49	17	57	25

初始置换完成后,将得到的 64 位序列分成各 32 位的两半,然后对这两块进行 16 轮迭代操作。第(2)步中每一轮采用 Feistel 密码结构,如图 3-8 所示:

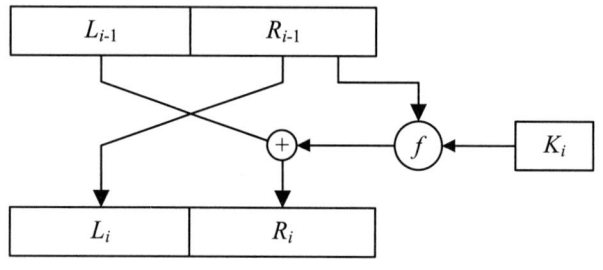

图 3-8 Feistel 密码结构

在每轮中,64 位数据分为 L、R 各 32 位。临时子密钥 K_i 为 48 位,是由 56 位的初始密钥 K 生成的,共生成 16 个,分别用于 16 轮运算。然后执行 Feistel 密码结构运算,即:

$$L_i = R_{i-1},\ R_i = L_{i-1} \oplus f(R_{i-1}, K_i)$$

其中轮函数 f 的内部结构如图 3-9 所示。首先将 32 位 R_{i-1} 通过扩展置换 E 扩展为 48 位,再与子密钥 K_i 异或,然后由 8 个 S 盒将 48 位代换并紧缩为 32 位,最后由置换 P 作用后输出。

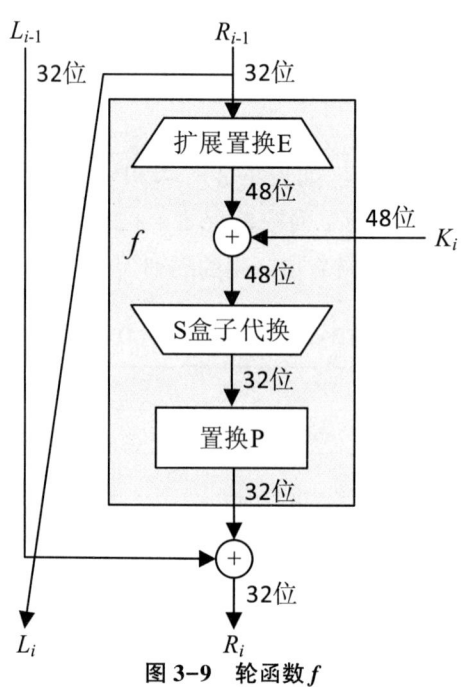

图 3-9 轮函数 f

2. 高级加密标准 AES(Advanced Encryption Standard)

DES 因其密钥空间过小(56位密钥)而不再安全。鉴于此,1997年9月美国国家标准与技术研究所(NIST)公开征集新的密码方案;1998年6月,15个候选算法通过第一轮评估;1999年8月,5个候选算法通过第二轮评估;2000年10月 Rijndael 算法被选中作为 AES 算法;2001年11月发布最终标准 FIPS PUB 197。

AES 的明文分组长度为 128/192/256 位可选,密钥长度也为 128/192/256 位可选,输出的密文分组长度为 128/192/256 位。

AES 的加密过程如图 3-10 所示。

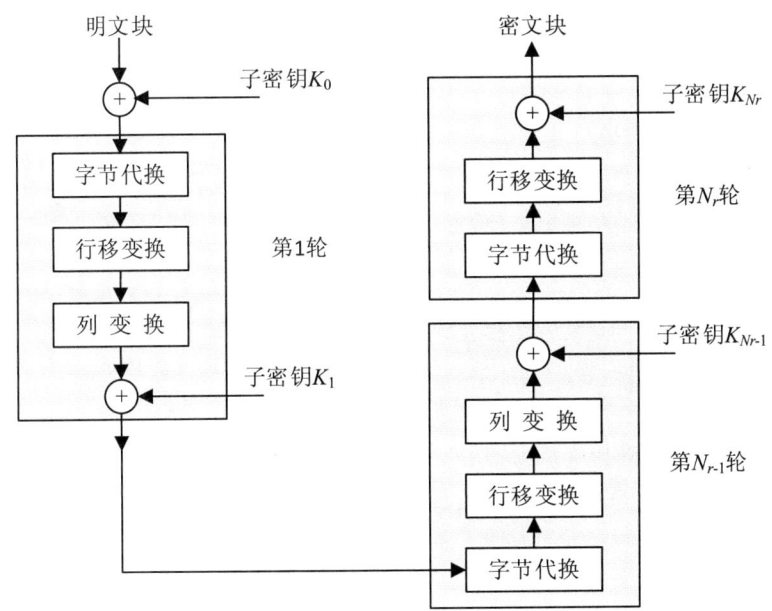

图 3-10 AES 加密过程

AES 加密算法包括以下几个步骤:

(1)对数据块做预处理

把数据表示成字的形式,每个字包含 4 个字节。然后把字记为列的形式,这样处理后的数据块如表 3-3 所示。一个数据块可能有 128bit、192bit 或 256bit,等应字的个数可能为 N_b=4、6 或 8。

表 3-3 数据块的字节表示形式

a_{00}	a_{01}	a_{02}	a_{03}	a_{04}	a_{05}	…
a_{10}	a_{11}	a_{12}	a_{13}	a_{14}	a_{15}	…
a_{20}	a_{21}	a_{22}	a_{23}	a_{24}	a_{25}	…
a_{30}	a_{31}	a_{32}	a_{33}	a_{34}	a_{35}	…

(2) 确定算法轮数

密钥长度为 128/192/256 位可选,因此密钥中字的个数 $N_k = 4$、6 或 8。算法轮数 N_r 由 N_b 和 N_k 共同决定,具体值如表 3-4 所示。在加密和解密过程中,数据都是以这种字或字节形式表示的。

表 3-4　AES 算法轮数

N_r	$N_b = 4$	$N_b = 6$	$N_b = 8$
$N_k = 4$	10	12	14
$N_k = 6$	12	12	14
$N_k = 8$	14	14	14

(3) 字节代换(ByteSub)

字节代换运算是一个可逆的非线性字节代换操作,对分组中的每个字节进行操作,对字节的操作遵循一个代换表,即 S 盒。字节代换过程如图 3-11 所示:

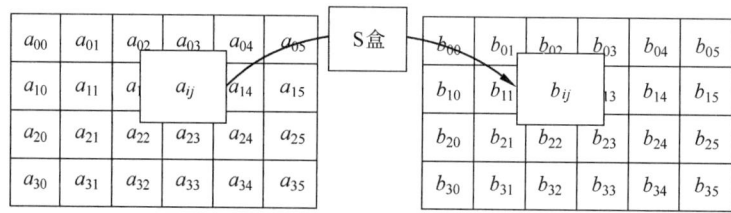

图 3-11　字节代换示意图

(4) 行移变换(ShiftRow)

行移变换是一种线性变换,其目的是使密码信息达到充分的混乱,提高非线性度。行移变换对状态的每行以字节为单位进行循环左移,移动字节数根据行数来确定,如图 3-12 所示。

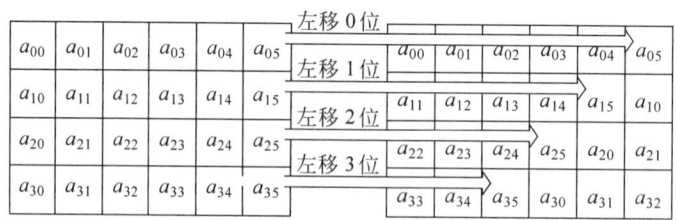

图 3-12　行移变换示意图

(5) 列混合变换(MixColumn)

列混合变换就是从状态中取出一列,表示成多项式的形式后,用它乘以一个固定的多项式 $c(x)$,然后将所得结果进行取模运算,如图 3-13 所示。

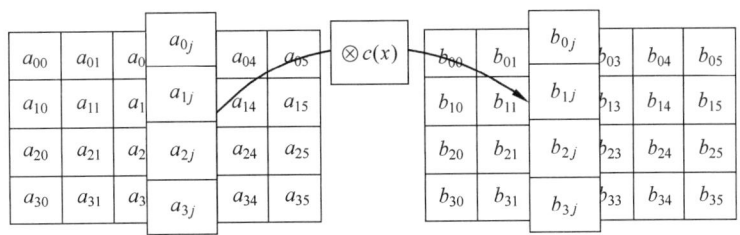

图 3-13 列混合变换示意图

(6) 密钥加变换(AddRoundKey)

将轮密钥简单地与状态进行逐比特异或,如图 3-14 所示。轮密钥由种子密钥根据密钥扩展方法获得,其长度等于数据块的长度 N_b。

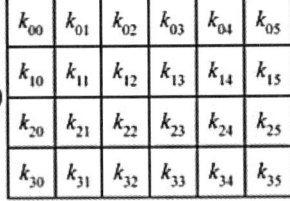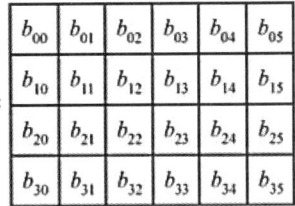

图 3-14 密钥加变换示意图

3.3 非对称密码算法

在公钥密码体制之前的整个密码学所有的密码算法史中,包括原始手工计算的、由机械设备实现的以及由计算机实现的都是基于代换和置换这两种基本操作。而公钥密码体制则为密码学的发展提供了新的理论和技术基础,其基本操作不再是代换和置换,而是数学函数。公钥密码算法以非对称的形式使用两个密钥,两个密钥的使用对保密性、密钥分配、认证等都有着深刻的意义。可以说公钥密码体制的出现在密码学史上是一次最大且唯一的真正的革命。

公钥密码体制的特点如下:

(1) 加密能力与解密能力是分开的,从密码算法和加密密钥来确定解密密钥在计算上是不可行的;两个密钥的任何一个都可用来加密,另一个用来解密,实际如何使用取决于需求;

(2) 密钥分发简单,公钥是公开的,不需要通过安全信道进行发放;

(3) 需要保存的密钥量大大减少,n 个用户只需要 n 对密钥;

(4) 可满足不相识的人之间保密通信,不相识的人也可以互相获得对方的公钥,可以用该公钥加密保密数据或验证签名;

(5) 可以实现数字签名,私钥代表了拥有者的唯一性,可以用来做身份认证。

公钥加密算法的核心是运用一种特殊的数学函数——单向陷门函数,即从一个方向求值是容易的,而其逆向计算却很困难,以至于在实际上是不可行的。构造公钥密码系统的关键是如何在求解某个单向函数的逆函数的 NP 完全问题中设置合理的"陷门"。在公钥加密算法中,加密变换就是一个单向陷门函数,知道陷门(解密密钥)的人可以容易地进行解密变换,而不知道陷门的人则无法有效地进行解密变换。

根据所采用数学难题的不同,公钥密码算法大致包括以下几类:

(1) 基于大整数因子分解的公钥密码,如 RSA;

(2) 基于有限域乘法群上的离散对数问题的公钥密码,如 ElGamal;

(3) 基于椭圆曲线上的离散对数问题的公钥密码,如 ECC;

(4) 基于背包问题的公钥密码;

(5) 基于概率的平方剩余问题的公钥密码;

(6) 基于格的短向量问题的公钥密码;

(7) 基于余代数编码中的线性编码问题的公钥密码。

前三种应用最为广泛,下面将进行重点介绍。

3.3.1 RSA 算法

RSA 算法是 1978 年由 Rivest、Shamir 和 Adleman 提出的一种用数论构造的公钥密码体制,它是第一个安全实用的公钥密码算法,也是目前应用最广泛的公钥密码体制。

RSA 的基础是数论中的欧拉定理,其安全性依赖于大整数因子分解的困难性。RSA 既可用于加密,也可用于数字签名。

RSA 算法具体过程描述如下:

(1) 生成公钥

选择两个互异的大素数 p 和 q,使 $n=pq$,则 $\varphi(n)=(p-1)(q-1)$,$\varphi(n)$ 是欧拉函数;选择一个正数 e,使其满足 $gcd(e,\varphi(n))=1, \varphi(n)>1$;则将 $KU=\{n,e\}$ 作为公钥。这里,$gcd(e,\varphi(n))$ 表示 e 和 $\varphi(n)$ 的最大公因子。

(2) 生成私钥

求出正数 d 使其满足 $ed \equiv 1 \mod \varphi(n)$,则将 $KR=\{d,p,q\}$ 作为私钥。

(3) 加密变换

$$C=E_{KU}(M)=M^e \mod n$$

(4) 解密变换

$$M=D_{KR}(C)=C^d \mod n$$

下面给出一个 RSA 算法的示例,为了便于计算,这里选择的 p 和 q 都比较小。

例 3.1 RSA 算法的加解密运算。

(1) 生成密钥

选择两个素数:$p=17, q=11$。

计算 $n=pq=17 \times 11=187$。

计算 $\varphi(n)=(p-1)(q-1)=16 \times 10=160$。

选择正数 e 使其与 $\varphi(n)$ 互素且小于 $\varphi(n)$，这里选择 $e=7$。

确定 d，因为 $ed \equiv 1 \mod \varphi(n)$，即 $7d \equiv 1 \mod 160$，取小于 160 的 $d=23$。

由此可得，公钥 $KU=\{e,n\}=\{7,187\}$，

私钥 $KR=\{d,p,q\}=\{23,17,11\}$。

设要传输的明文消息为 $M=88$，那么：

（2）加密运算

$$C \equiv M^e \mod n \equiv 88^7 \mod 187 \equiv 894^{432} \mod 187 = 11$$

（3）解密运算

$$M \equiv C^d \mod n \equiv 11^{23} \mod 187 \equiv 79720245 \mod 187 = 88$$

3.3.2　ElGamal 算法

ElGamal 是基于有限域上离散对数问题的公钥密码算法，由 T.ElGamal 在 1985 年提出。ElGamal 算法既可用于加密，又可用于数字签名，且同一明文在不同时刻会生成不同的密文。ElGamal 是最有代表性的公钥密码体制之一，具有较好的安全性，在实际中得到了广泛的应用，尤其在数字签名方面，数字签名标准（DSS，Digital Signature Standard）就是 ElGamal 签名方案的一种变形。

ElGamal 算法具体过程描述如下：

（1）生成密钥对

随机选择一个满足安全要求的大素数 p，且要求 $p-1$ 有大素数因子，$g \in Z_p^*$ 是一个本原元。Z_p 是一个有 p 个元素的有限域，Z_p^* 是 Z_p 中的非零元构成的乘法群。

选一个随机数 $x(1<x<p-1)$，计算 $y \equiv g^x \mod p$，则公钥为 (y,g,p)，私钥为 x。

（2）加密过程

加密时首先将明文比特串分组，使得每个分组对应的十进制数小于 p，即分组长度小于 $\log_2 p$，然后对每个明文分组作加密运算，具体过程如下：

① 得到接收方的公钥 (y,g,p)；

② 把消息 M 分组为长度为 $L(L<\log_2 p)$ 的消息分组 $M=m_1 m_2 \cdots m_t$，t 为分组数目；

③ 随机选择整数 r_i，$1<r_i<p-1(1 \leq i \leq t)$；

④ 计算 $c_i \equiv g^{r_i} \mod p$，$c'_i \equiv m_i y^{r_i} \mod p(1 \leq i \leq t)$；

⑤ 将密文 $C=(c_1,c'_1)(c_2,c'_2)\cdots(c_i,c'_i)\cdots(c_t,c'_t)$ 发送给接收方。

（3）解密过程

① 接收方收到密文 $C=(c_1,c'_1)(c_2,c'_2)\cdots(c_i,c'_i)\cdots(c_t,c'_t)$；

② 使用私钥 x 和解密算法 $m_i \equiv (c'_i/c_i x) \mod p$，$(1 \leq i \leq t)$ 进行计算；

③ 得到明文 $M=m_1 m_2 \cdots m_i \cdots m_t$。

ElGamal 公钥密码算法小结如表 3-5 所示。

表 3-5 ElGamal 公钥密码算法

公钥	p：大素数 g：$g<p$ y：$y \equiv g^x \bmod p$
私钥	x：$1<x<p-1$
加密算法	r_i：随机选择，$1<r_i<p-1$ 密文：$c_i \equiv g^{r_i} \bmod p$ $c'_i \equiv m_i y^{r_i} \bmod p$
解密算法	明文：$m_i \equiv (c'_i / c_t^x) \bmod p$

ElGamal 加密过程需要两次模指数运算和一次模乘积运算,解密过程需要模指数运算和模乘积运算各一次。每次加密运算需要选择一个随机数,所以密文既依赖于明文,又依赖于所选择的随机数。同一明文在不同的时刻生成的密文不同。加密使得消息扩展了两倍,即密文的长度是对应明文长度的两倍。

3.3.3 ECC 算法

大多数公钥密码算法,如 RSA,都使用具有非常大数目的整数或多项式,计算量大,密钥和报文存储量也大。计算能力的提高使得密钥长度一直在增加。椭圆曲线密码算法 ECC(Elliptic Curve Cryptosystem)改变了这种状况,实现了密钥效率的重大突破,即在与 RSA 达到同样安全强度的情况下,ECC 密钥位数要少得多。

1985 年,Koblitz 和 Miller 将椭圆曲线引入密码学,提出了基于有限域 $GF(p)$ 的椭圆曲线上的点集构成群,在这个群上定义离散对数系统并构造出基于离散对数的一类公钥密码体制,即基于椭圆曲线的离散密码体制 ECC。

1. 椭圆曲线

椭圆曲线并非椭圆,它指的是由威尔斯特拉(Weierstrass)方程所确定的平面曲线 E:

$$y^2 + axy + by = x^3 + cx^2 + dx + e$$

满足上述方程的数对 (x,y) 称为椭圆曲线 E 上的点。同时定义无穷点(point at infinity)或零点(zero point) O。

椭圆曲线又分为实数域和有限域上的椭圆曲线。密码学中普遍采用的是有限域上的椭圆曲线,它是指椭圆曲线方程定义式中,所有的系数都是某一有限域 $GF(p)$ 中的元素。它的最常用表示式为:

$$y^2 = x^3 + ax + b \bmod p$$

其中,p 是一个素数;a、b、x 和 y 均在有限域 $GF(p)$ 中,即从 $\{0,1,\cdots,p-1\}$ 上取值,且满足 $4a^3 + 27b^2 \neq 0$。这类椭圆曲线通常用 $E_p(a,b)$ 表示。该椭圆曲线上只有有限个点数 N(椭圆曲线的阶,包括无穷点 O),N 越大则安全性越高。N 近似等于 p。

定理3.1 椭圆曲线 $E_p(a,b)$ 上的点集合对于如下定义的加法规则构成一个 Abel 群。

椭圆曲线在模 p 下的 Abel 群的加法规则如下：

(1) $O+O=O$；

(2) 对所有点 $P(x,y) \in E_p(a,b)$，有 $P+O=O+P=P$；

(3) 对所有点 $P(x,y) \in E_p(a,b)$，有 $P+(-P)=O$，即点 P 的逆为 $-P=(x,-y)$；

(4) 令 $P(x_1,y_1) \in E_p(a,b)$ 和 $Q=(x_2,y_2) \in E_p(a,b)$，且 $P \neq -Q$，则

$$P+Q=R=(x_3,y_3) \in E_p(a,b)$$

其中：

$$x_3 = \lambda^2 - x_1 - x_2, \quad y_3 = \lambda(x_1 - x_3) - y_1$$

$$\lambda = \begin{cases} \dfrac{y_2-y_1}{x_2-x_1} & if \quad P \neq Q \\ \dfrac{3x_1^2+a}{2y_1} & if \quad P=Q \end{cases}$$

(5) 所有点 P 和 Q 满足加法交换律，即 $P+Q=Q+P$；

(6) 所有点 P、Q 和 R 满足加法结合律，即 $P+(Q+R)=(P+Q)+R$。

以上规则体现在椭圆曲线图形上的含义为：

(1) O 是加法单位元 (additive identity)，即 $O=-O$；

(2) 逆元：一条垂直线与曲线相交于 $P=(x,y)$ 和 $P'=(x,-y)$，也相交于无穷点 O，有 $P+P'+O=O$，即 $P=-P'$，如图 3-15 所示；

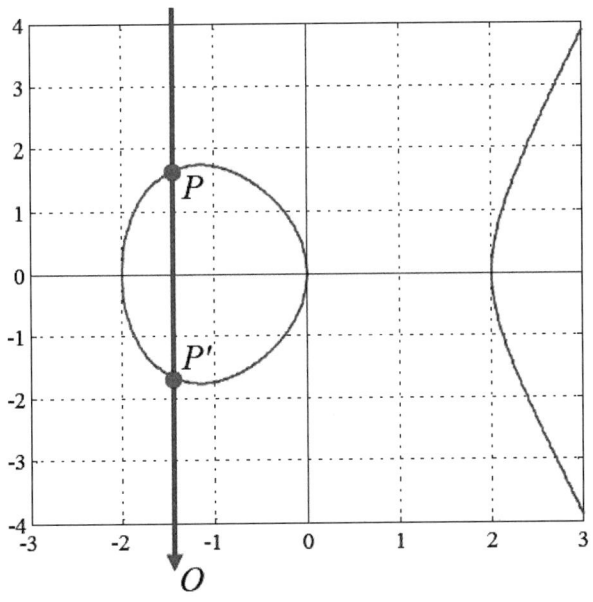

图 3-15 椭圆曲线上的逆元示意图

(3) 加法:连接 P 和 Q 做直线,得交点 R',则 $P+Q+R'=O$,得 $P+Q=-R'$,如图 3-16 所示;

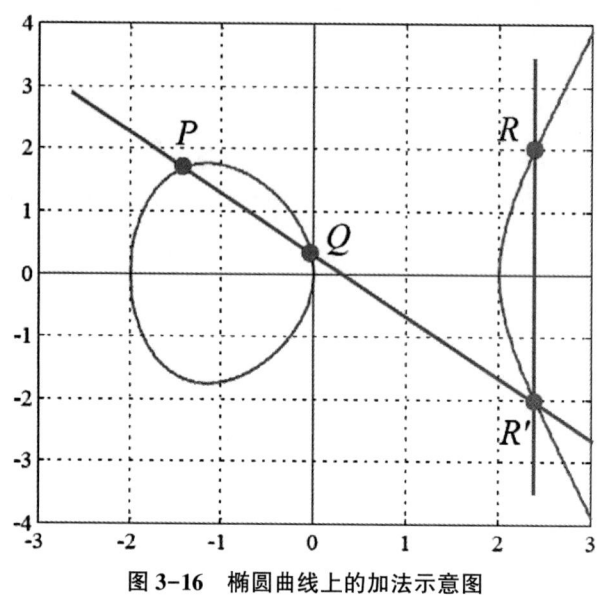

图 3-16 椭圆曲线上的加法示意图

(4) 二倍:过点 $P(x,y)$ 的切线与曲线交于点 R',则 $P+P+R'=O$,得 $P+P=2P=-R'$,如图 3-17 所示;

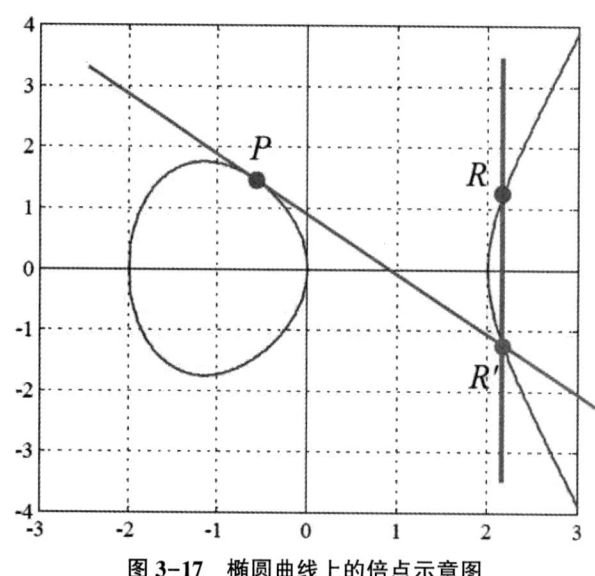

图 3-17 椭圆曲线上的倍点示意图

(5)数乘:多次累加即 $kP=P+\cdots+P$,如图 3-18 所示;

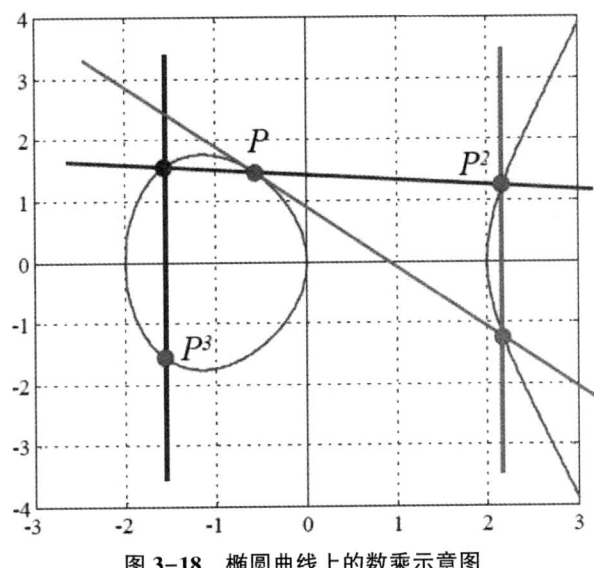

图 3-18 椭圆曲线上的数乘示意图

(6)如果 s 和 t 为整数,则对所有的点 $P \in E_p(a,b)$ 有:
$$(s+t)P=sP+tP, \quad s(tP)=(st)P。$$

2.ECC 密钥对生成

用椭圆曲线生成用户 B 的公私钥对:

(1)选择一个椭圆曲线 $E:y^2 \equiv x^3+ax+b(\bmod p)$,构造对应的椭圆群 $E_p(a,b)$;

(2)在 $E_p(a,b)$ 中挑选生成元点 $G=(x_0,y_0)$,G 应使得满足 $nG=0$ 的最小的 n 是一个非常大的素数(N 表示椭圆群 $E_p(a,b)$ 的元素个数,n 是 N 的素因子);

(3)选择一个小于 n 的整数 n_B 作为其私钥,然后产生其公钥 $P_B=n_B G$,则 B 的公钥为 (E,n,G,P_B),私钥为 n_B。

3.ECC 加密过程

假设接收方为 B,发送方为 A,A 将消息加密后传送给 B(注:以下运算都是在 $\bmod p$ 下进行的)。

(1)A 将明文消息编码成一个数 $m<p$,并在 $E_p(a,b)$ 中选择一点 $P_t=(x_t,y_t)$;

(2)A 在区间 $[1,n-1]$ 内,选取一个随机数 k,计算点 $P_1=(x_1,y_1)=kG$;

(3)依据接收方 B 的公钥 P_B,A 计算点 $P_2=(x_2,y_2)=kP_B$;

(4)A 计算密文 $C=mx_t+y_t$;

(5)A 传送加密数据 $C_m=\{kG,P_t+kP_B,C\}$ 给接收方 B。

4.ECC 解密过程

(1)接收方 B 收到加密数据 $C_m=\{kG,P_t+kP_B,C\}$;

(2) B 使用其私钥 n_B 计算 $P_t+kP_B-n_B(kG)=P_t+k(n_BG)-n_B(kG)=P_t$。

(3) B 计算 $m=(C-y_t)/x_t$，得明文 m。

5. ECC 密码算法小结

攻击者若想由密文 C 得到明文 m，就必须知道 k 或 n_B。欲由 kG 和 P_B 求 k 或 n_B，就必须解椭圆曲线上的离散对数难题，因此其加解密过程是安全的。表 3-6 所示为 ECC 密码算法概要。

表 3-6 ECC 公钥密码算法

公钥	E：椭圆曲线 n：非常大的素数（N 的素因子） G：椭圆曲线 $E_p(a,b)$ 的生成元，$nG=0$ P_B：$P_B=n_BG$
私钥	n_B：$P_B=n_BG$
加密算法	k、$P_t(x_t,y_t)$：随机选择，m：明文消息的编码 P_1：$P_1=(x_1,y_1)=kG$，P_2：$P_2=(x_2,y_2)=kP_B$ C：$C=mx_t+y_t$ 加密数据：$C_m=\{kG,P_t+kP_B,C\}$
解密算法	$P_t+kP_B-n_B(kG)=P_t+k(n_BG)-n_B(kG)=P_t=(x_t,y_t)$ 明文：$m=(C-y_t)/x_t$

6. ECC 的优势

上述 RSA、ElGamal 和 ECC 三个密码算法在一定程度上都能满足实际应用的安全性需求，但在安全性等方面又有所不同。表 3-7 给出了三种算法的简单比较。

表 3-7 RSA、ElGamal 和 ECC 的对比

	RSA	ELGamal	ECC
数论基础	欧拉定理	离散对数	离散对数
安全性基础	大素数的因数分解的困难性	有限域上离散对数问题的难解性	椭圆曲线离散对数问题的难解性
当前安全密钥长度	1024 位	1024 位	160 位
用途	加密、数字签名	加密、数字签名	加密、数字签名

与 RSA 和 ELGamal 相比，ECC 具有如下特点：

(1) ECC 的安全性不同于 RSA 的大整数因子分解问题及 ElGamal 有限域上离散对数问题；

(2) 椭圆曲线资源丰富，同一个有限域上存在大量不同的椭圆曲线；

(3) 在效率方面，同等安全水平 ECC 的密钥长度比 RSA、ElGamal 小得多。因此，其

计算量小、处理速度快、存储空间占用小、传输带宽要求低,在移动通信、无线设备上的应用前景非常好;

(4)在安全性方面,针对 ECC 的安全性分析虽然引起了各国密码学家及有关部门的关注,但成果并不丰硕,这可视为 ECC 具有较高安全性的一种证据,因此大多数密码学家对 ECC 的前景持乐观态度。

3.4 散列函数与消息认证

在一个开放的通信网络环境中,攻击者可能篡改、伪造或重放消息,并试图欺骗目标接收者相信该消息来自某个合法的发送者。抗击这种主动攻击的最有效方法就是消息认证。消息认证的基础是生成认证符,用来检查消息是否被恶意篡改,即检查消息的完整性,并同时检查消息是否来自于合法的发送者,即验证消息来源的真实性。

散列函数是常用的消息认证方式。散列函数是密码学的一个重要分支,它是一种将任意长度的输入变换为固定长度输出的不可逆的单向密码体制,被广泛应用于消息完整性认证和数字签名。

3.4.1 散列函数基本概念

1.散列函数的定义

散列函数也称 Hash 函数、哈希函数、杂凑函数或摘要函数。

散列函数 H 是一个公开函数,用于将任意长的消息 M 映射为较短的、固定长度的一个值 $H(M)$,作为认证符。函数值 $H(M)$ 被称为散列值、散列码、杂凑值、杂凑码或消息摘要。

散列值是消息中所有比特的函数,因此提供了一种错误检测能力,即改变消息中任何一个比特或几个比特都会使散列值发生改变。散列值可以看作是消息的"指纹"。

2.散列函数的性质

(1)单向性

对任意散列值 h,要找到一个明文 m 与之对应,使 $h=H(m)$,在计算上是不可行的。

(2)抗弱碰撞性

给定明文 m_1,要找到另一明文 $m_2 \neq m_1$,使二者具有相同的散列值,即 $H(m_1) = H(m_2)$,在计算上是不可行的。

(3)抗强碰撞性

要找到任意一对具有相同散列值的明文,即找到使得 $H(m_1) = H(m_2)$ 的 (m_1, m_2),在计算上是不可行的。

由于散列函数具有单向性,针对散列函数的攻击通常不是根据散列值恢复原始的明文消息,而是寻找碰撞,即寻找具有相同散列值的消息。

3. 散列函数的结构

从散列函数的性质可知,任何两个消息如果略有差别,它们的散列值便会不同。也就是说,散列函数应具有雪崩效应,即消息的散列值的每一比特应与消息的每一个比特有关联。

因此,散列函数设计为迭代结构,如图 3-19 所示。该结构由 Merkle 和 Damgard 分别独立提出。MD5、SHA1 等目前广泛采用的大多数散列算法都采用这种结构。

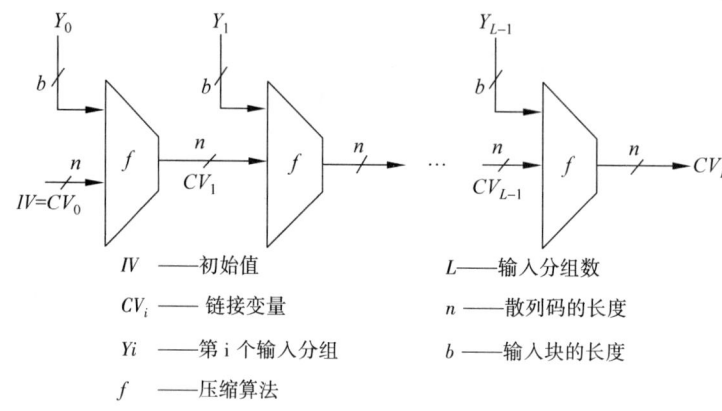

IV ——初始值 L ——输入分组数
CV_i ——链接变量 n ——散列码的长度
Y_i ——第 i 个输入分组 b ——输入块的长度
f ——压缩算法

图 3-19 散列函数的一般结构

算法的核心技术是设计无碰撞的压缩函数 f,而攻击者对算法的攻击重点是 f 的内部结构,由于 f 和分组密码一样是由若干轮处理过程组成,所以对 f 的攻击需通过对各轮之间的位模式的分析来进行,分析过程常常需要先找出 f 的碰撞。由于 f 是压缩函数,其碰撞是不可避免的,因此在设计 f 时就应保证找出其碰撞在计算上是不可行的。

3.4.2 典型散列算法

散列算法的设计主要分为两类:第一类是基于加密体制实现的,例如使用对称分组密码算法的 CBC 模式来产生散列值;第二类是通过直接构造复杂的非线性关系实现单向性,这是目前使用最多的设计方法,下面介绍的 MD5、SHA1 等都采用了该方法。

1. MD5 算法

MD4 是 MD5 杂凑算法的前身,由 MIT 著名密码学家 Ron Rivest 于 1990 年 10 月提出,1992 年 4 月公布的 MD4 的改进版本称为 MD5。

MD5 算法的输入为任意长的消息,分为 512 比特长的分组,输出为 128 比特的消息摘要。MD5 算法的总体框架如图 3-20 所示。

MD5 算法的过程描述如下:

(1) 填充消息

对消息的填充应使得其比特长在模 512 下为 448,即填充后消息的长度为 512 的整数倍减 64,留出的 64 比特备第(2)步使用。步骤(1)是必需的,即使消息长度已满足要

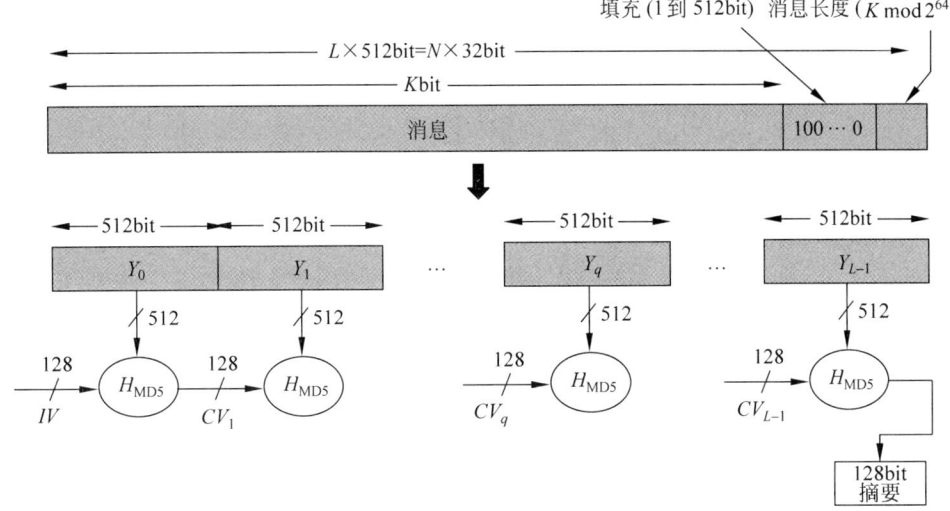

图 3-20 MD5 算法的总体框架

求,仍需填充。例如,消息长为 448 比特,则需填充 512 比特,使其长度变为 960 比特。填充方式是固定的,即第 1 位为 1,其后各位皆为 0。

(2) 附加消息的长度值

用步骤(1)留出的 64 位来表示消息被填充前的长度。如果消息长度大于 2^{64},则以 2^{64} 为模数取模。

(3) 初始化消息摘要(MD)寄存器

MD5 使用 128 比特长的缓冲区以存储中间结果和最终散列值,缓冲区可表示为 4 个 32 比特长的寄存器(A,B,C,D)。

(4) 处理每一个 512 位的报文分组

每一分组 $Y_q(q=0,\cdots,L-1)$ 都经一压缩函数 H_{MD5} 处理。H_{MD5} 是算法的核心,其中又有 4 轮处理过程,每一轮都对 128 位的寄存器 A,B,C,D 进行更新。

(5) 输出

消息的 L 个分组都被处理完后,最后一个 H_{MD5} 的输出即为产生的消息摘要,结果保存在寄存器 A,B,C,D 中。

2.SHA1 算法

SHA 算法由美国国家标准与技术研究所(NIST)公布于 1993 年,1995 年公布的修订版本称为 SHA1。SHA1 建立在 MD4 算法之上,产生 160 比特消息摘要(MD5 仅生成 128 比特消息摘要),因此抗穷举性更好。

SHA1 算法处理过程与 MD5 类似。用同样方式填充明文,并分成 512 位的定长块,每一块与当前消息摘要值结合,产生消息摘要的下一个中间结果,直到处理完毕。主循环同样是 4 轮,但使用 5 个寄存器:A,B,C,D,E。

SHA1 算法基本流程如图 3-21 所示：

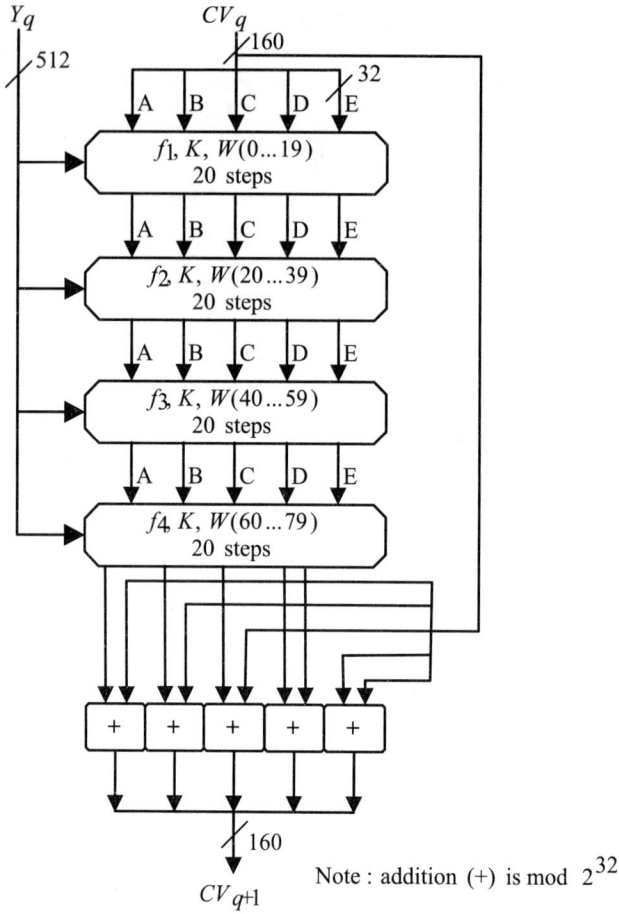

图 3-21　SHA1 算法对单个 512 位分组的处理流程

2002 年，NIST 发布修正版 FIPS 180-2，增加了三个新版本：SHA-256、SHA-384、SHA-512。最初目的是为了与因使用 AES 而增加的安全性相应。SHA-224、SHA-256、SHA-384、SHA-512 合称为 SHA-2。SHA 系列算法对比如表 3-8 所示。

表 3-8　SHA 系列算法对比

	SHA-1	SHA-256	SHA-384	SHA-512
消息摘要长度	160	256	384	512
消息长度	$<2^{64}$	$<2^{64}$	$<2^{128}$	$<2^{128}$
分组长度	512	512	1024	1024

3.4.3　消息认证

在基于通信网络的信息系统中，一方面要实现消息的保密传送，使其可以抵抗被动攻击,如窃听攻击等;另一方面还要防止攻击者对消息进行篡改或伪造等主动攻击。认证(Authentication)是对抗主动攻击的主要方法。

认证可分为实体认证和消息认证两种。实体认证用来验证实体身份的真实性,消息认证用来验证消息的真实性。消息认证(也称报文鉴别)的作用主要有两个:

(1)验证消息的完整性,即验证消息在传输和存储过程中未被篡改或伪造等;

(2)验证信息来源的真实性,即对信息源认证,使发送方不可否认。

消息认证有两种比较典型的方式:消息认证码(Message Authentication Code,MAC)方式和基于散列函数的消息认证方式。

1.消息认证码

消息认证码(MAC)认证技术利用消息和双方共享的对称密钥通过认证函数来生成一个固定长度的短数据块,即MAC,并将该数据块附加在消息后。

例如,发送方 A 和接收方 B 共享密钥 K,若 A 向 B 发送消息 M,则 A 计算 MAC $= C_k(M)$(其中 C 是认证函数),并将消息 M 和 MAC 一起发送给 B。接收方 B 对收到的消息 M 用相同的密钥进行相同认证函数的计算得出新的认证码,用 MAC′ 表示,然后将接收到的 MAC 与其计算出的 MAC′ 进行比较(如图3-22所示)。如果二者相同,则:(1)接收方相信消息 M 未被篡改,因为攻击者即使能够改变消息,也不能伪造对应的 MAC 值,因为攻击者不知道只有发送方和接收方才知道的密钥 K;

(2)接收方相信消息来自于真实的发送方,因为除发送方和接收方外无其他第三方知道密钥 K,因此第三方不能产生正确的消息和 MAC 值。

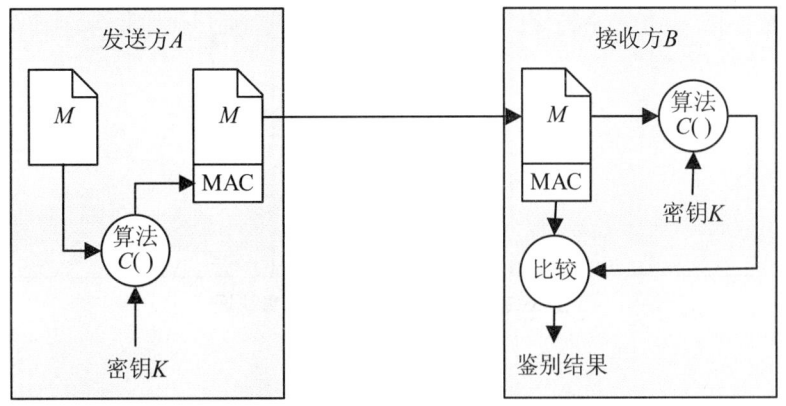

图 3-22 消息认证码认证方案

2.基于散列函数的消息认证

基于散列函数的消息认证是非常常用的一种认证方式。因为散列函数提供了一种错误检测能力,即改变消息中任何一个比特都会使散列值发生改变,因此可以用来验证消息是否被篡改。

例如,发送方 A 要将消息 M 发送给接收方 B,为了使 B 能够检测消息是否被攻击者篡改或伪造,A 可以对 M 采用一种散列算法(例如 SHA1),计算得到消息的散列值 $H(M)$,并将消息 M 和散列值 $H(M)$ 一起发送给接收方 B;B 对接收到的 M 采用同样的散列算法进行计算,得到一个新的散列值,表示为 $H(M)'$,然后将其与接收到的 $H(M)$ 进行比较,如果二者相同,则表示 M 的真实性没有被破坏。

然而,由于上述方案中发送方所传输的信息没有经过任何加密保护,有可能被攻击者完全替换掉,即攻击者可以篡改 M 或者伪造一份 M',并生成相应的散列值,将伪造的消息和散列值一起发送给接收方 B,B 同样可以验证成功。因此,不能只简单采用散列算法进行消息认证,而要进一步采用对称密码体制或者非对称密码体制进行安全保护。

例如在图 3-23 中,如果密钥 K 是双方共享的对称密钥,那么密钥 K 便可以保证第三方攻击者无法篡改消息 M 以及 $H(M)$;如果发送方的密钥 K 是公钥密码体制的公钥(B 的公钥),接收方的密钥 K 是公钥密码体制的私钥(B 的私钥),那么密钥 K 也可以保证第三方攻击者无法篡改消息 M 以及 $H(M)$;如果发送方的密钥 K 是自己的私钥,接收方的密钥 K 是 A 的公钥,那么密钥 K 也可以保证第三方攻击者无法篡改消息 M 以及 $H(M)$,因为,即使攻击者用 A 的公钥解密出 M 和 $H(M)$ 并进行了篡改,也无法再用原来的私钥进行加密,因为该私钥只有发送方 A 才有。前两种方案不仅验证了消息的真实性,还保证了消息的机密性;第三种方案能验证消息的真实性,但不能保证消息的机密性。第三种方案通常称为数字签名,下一节将有详细介绍。

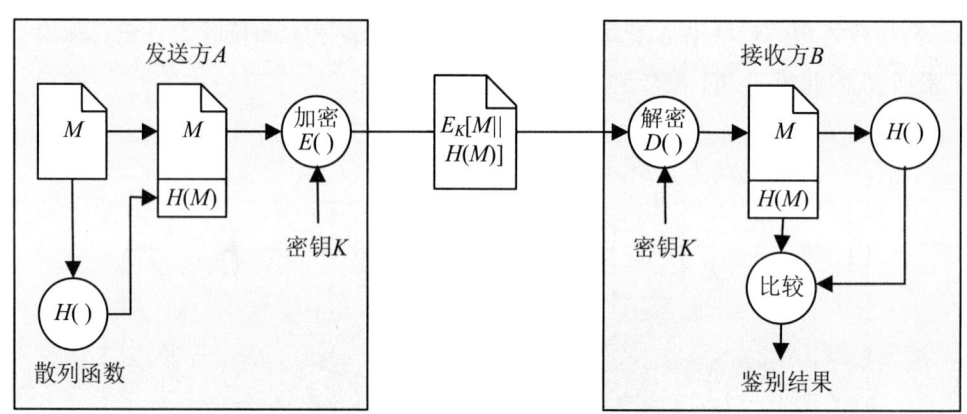

图 3-23 基于散列函数的消息认证

3.5 数字签名

数字签名(Digital Signature)类似于写在纸上的普通的物理签名,但是它使用了公钥密码体制来实现,是一种用于鉴别数字信息和实体身份的方法。一套数字签名通常包括签名和验证两个部分。

简单地说,所谓数字签名就是附加在消息上的一些数据,或是对消息所作的密码变换。这种消息或变换允许消息的接收者用以确认消息的来源和消息的真实性。

数字签名应具有的性质:

(1) 签名应当是可信的:签名者知道他所签名的内容;
(2) 签名应当是不可伪造的:确实是签名者所为;
(3) 签名应当是不可重用的:签名不能被移作他用;
(4) 签名的文件应当是不可改变的:文件内容不能被篡改;
(5) 签名应当是不可抵赖的:签名者不能否认其行为。

数字签名应满足的条件:
(1) 必须与消息相关;
(2) 必须使用发送者唯一拥有的信息——防止伪造和否认;
(3) 产生签名是容易的;
(4) 识别和验证是容易的;
(5) 伪造在计算上是不可行的,无论是给定签名伪造消息还是给定消息伪造签名;
(6) 可以存储、拷贝。

3.5.1 数字签名方案

对消息签名有两种方法:
(1) 对消息整体签名,即消息整体经过密码变换得到签名;
(2) 对消息摘要签名,并附在被签消息之后。

数字签名的方案也有两种:
(1) 直接数字签名;
(2) 仲裁数字签名。

其中,仲裁数字签名方案通常应用于对称密码体制中,而采用公钥密码体制的数字签名方案通常采用直接数字签名,即不涉及第三方仲裁,只涉及发送方和接收方的直接签名和验证。

目前常用的方案主要是基于公钥密码体制进行数字签名,数字签名是公钥密码体制的典型应用。基于公钥密码体制的数字签名方案如图 3-24 所示:

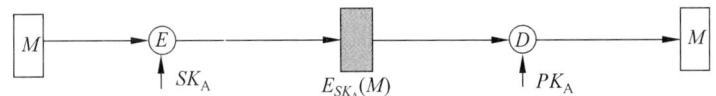

图 3-24 基于公钥密码体制的数字签名方案示意图

在实际使用中,考虑到公钥密码算法加密速度慢,以及为了验证消息的完整性,通常先对消息 M 进行散列运算,然后用发送方的私钥对产生的散列值进行加密产生数字签名,然后将消息 M 及其签名一起发送给接收方。接收方收到后,用发送方的公钥解密签名,可以获得发送方生成的散列值;然后对接收到的消息 M 进行散列运算,产生一个新的散列值;将新产生的散列值与接收到的散列值进行比较,如果二者完全相同,则数字签名验证通过,即验证了发送方的身份是真实的,所收到的消息 M 也是完整的,否则,不信任此数字签名。该方案示意图如图 3-25 所示。其中,SK_A 是发送方 A 的私钥,PK_A 是发送者 A 的公钥。

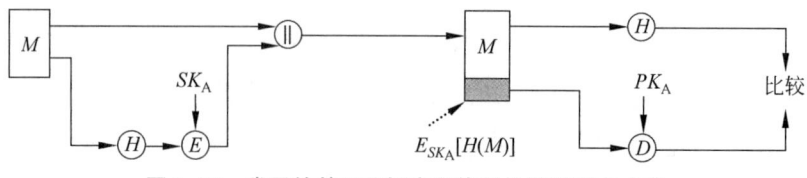

图 3-25 常用的基于公钥密码体制的数字签名方案

3.5.2 数字签名算法

数字签名算法有 RSA、DSA、ElGamal、Fiat-Shamir、Guillou-Quiwquarter、Schnorr、Ong-Schnorr-Shamir 等,其中前两种比较常用,下面分别介绍 RSA 和 DSA 数字签名算法。

1. RSA 数字签名算法

RSA 是最流行的一种加密标准,既可用来加密数据,又可用于身份认证。许多产品的内核中都有 RSA 的软件和类库。RSA 与 Microsoft、IBM 和 Sun 等都签订了许可协议,在其生产线上加入了类似的签名特性。

RSA 签名算法过程如下:

(1) 生成公私钥对

令 $n=pq$,其中 p 和 q 是大素数;选择与 $\varphi(n)$ 互素的 e,并计算出 d,使 $ed \equiv 1 \bmod \varphi(n)$。这里,公开 n 和 e,将 p,q 和 d 保密。

(2) 签名过程

针对消息 $M \in Z_n$,定义 $S = Sig_k(H(M)) = H(M)^d \bmod n$,为消息 M 的签名。

(3) 验证过程

验证方首先计算 M 的散列值 $H(M)$,然后检验等式 $H(M) \bmod n \equiv S^e \bmod n$ 是否成立。若成立,则签名有效;否则,签名无效。

2. 数字签名算法 DSA

1994 年 12 月,美国 NIST 正式颁布了数字签名标准 DSS(Digital Signature Standard)。由于 DSS 具有较好的兼容性和适用性,因此得到了广泛的应用。DSS 采用了 SHA 散列算法和一种数字签名算法 DSA(Digital Signature Algorithm)。与 RSA 算法不同,DSA 虽然是一种公钥算法,但它只能提供数字签名功能,不能用于加密或密钥分配。

DSA 算法过程描述如下:

(1) DSA 的初始化

首先选择一个 160bit 的素数 q,然后选择一个长度在 512~1024bit 的素数 p,使得 $p-1$ 能被 q 整除。最后选择 $g \equiv h^{(p-1)/q} \bmod p$,其中 h 是整数,满足 $1<h<p-1$,且 $g>1$。将 (p, q, g) 作为公开的全局公钥。

签名者 A 选择 1 到 q 之间的随机数 x 为私钥,计算 $y \equiv g^x \bmod p$。签名者 A 的公

钥为 y。

(2) DSA 的签名过程

签名者 A 选择随机数 k,对消息 M 计算两个分量 r 和 s,产生签名值 (r,s):$r \equiv (g^k \bmod p) \bmod q$, $s \equiv (H(m)+xr)k^{-1} \bmod q$。其中 H 为散列函数,DSS 标准中规定了散列函数为 SHA1。

(3) DSA 的验证过程

签名接收者 B 收到消息 M 和签名 (r,s) 后,计算:

$w \equiv s^{-1} \bmod q$

$u_1 \equiv (H(m)w) \bmod q$

$u_2 \equiv (rw) \bmod q$

$v \equiv (g^{u_1} y^{u_2} \bmod p) \bmod q$

将 v 和 r 进行比较,若 $v=r$,则签名有效;否则签名无效。

图 3-26 是 DSA 数字签名和验证流程。在图 3-26 中,签名者 A 先利用散列算法 SHA1 产生消息 M 的散列值,将其连同一个随机数 k 一起作为签名函数 Sig 的输入,签名函数还需使用发方的私钥 SK_A 和供所有用户使用的一族参数,这一族参数被称为全局公钥 PK_G。签名函数的两个输出 s 和 r 就构成了消息的签名 (s,r)。

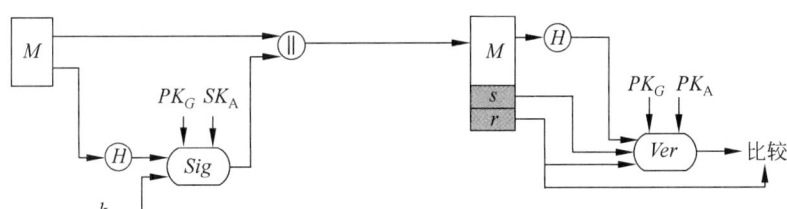

图 3-26 DSA 数字签名和验证流程

签名验证者 B 收到消息 M 和签名 (s,r) 后,重新计算消息 M 的散列值,将该散列值与收到的签名 (s,r) 一起输入验证函数 ver,验证函数还需输入全局公钥 PK_G 和发送方 A 的公钥 PK_A。验证函数的输出如果与收到的签名成分 r 相等,则验证了签名是有效的,否则无效。

3.6 身份认证

身份认证是指一方验证另一方与其宣称的身份是否一致的过程,该技术是很多信息安全系统(例如网上交易和数字版权保护 DRM 等)的重要组成部分。

网络通信系统一般要考虑两方面的安全问题:

- 用密码保护传送的信息使其不被破译,即防止被动攻击;
- 防止攻击者对系统进行主动攻击,如篡改、伪造信息、冒充身份等。

认证(Authentication)是防止主动攻击的重要技术,它对于开放网络中的各种信息系统的安全性有重要作用。前面提到认证可分为实体认证和消息认证两种。实体认证用来验证实体身份的真实性,即身份是合法的,不是冒充的,包括信源、信宿的认证和识别。

密码学中身份认证技术已经比较成熟,一般通过某种复杂的身份认证协议来实现。常见的密码学身份认证协议/系统主要有:

- Kerberos 认证
- PKI(Public Key Infrastructure)认证
- IBE(Identity-Based Encryption)认证
- CPK(Combined Public Key)认证

其中,PKI 是目前最常用的身份认证系统之一。PKI 是"Public Key Infrastructure"的缩写,意为"公钥基础设施"。简单地说,PKI 就是利用公钥理论和技术建立的提供身份认证的基础设施。身份证明者先采用公钥密码体制的私钥进行数字签名,签名验证者获取身份证明者的公钥对数字签名进行解密验证。其中涉及公钥如何安全获取的问题。因此,在介绍 PKI 系统之前,需要先了解公钥证书(也称为数字证书)的基本概念。

3.6.1 X.509 数字证书

1. 公钥公开发布的安全问题

公钥公开发布是指用户将自己的公钥直接公开发给其他用户,或向某一团体广播。例如,PGP(Pretty Good Privacy)软件中采用了 RSA 算法,它的很多用户都是将自己的公钥附加到消息上,然后发送到公共区域,如因特网邮件列表。该方法虽然简单,但有一个非常大的缺点,即任何人都可伪造公钥公开发布。如果某个攻击者假冒用户 B 并以 B 的名义向另一用户 A 发送或广播自己的公钥,则在 B 发现假冒者以前,这一假冒者可解读所有意欲发向 B 的加密消息,而且假冒者还能用伪造的密钥获得身份认证。这种攻击方式通常称为"中间人攻击",原理如图 3-27 所示。

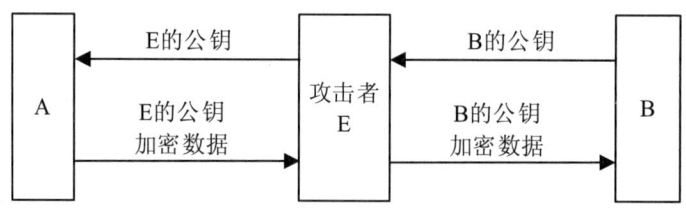

图 3-27 中间人攻击示意图

2. 数字证书安全原理

安全分配公钥的最常用方法是采用数字证书,也称为公钥证书或身份证书,用户通过数字证书来互相交换自己的公钥而无须担心公钥被假冒者篡改或伪造。这是因为,数字证书由可信的第三方证书管理机构 CA(Certificate Authority)为用户建立,即 CA 负责对用户及其公钥进行验证,并对公钥等信息进行数字签名,从而生成数字证书。该证书可以直接存放于 CA 目录服务器中供其他用户方便地访问,或直接通过公开信道发送给证书拥有者。数字证书可采用如图 3-28 所示的方案生成。

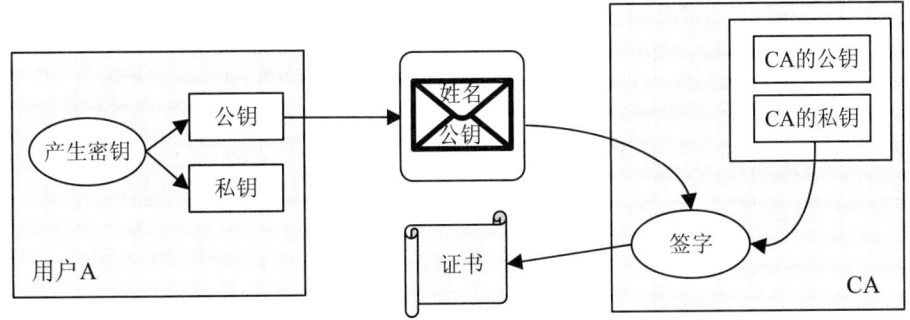

图 3-28 数字证书生成示意图

由于数字证书由 CA 签名,即使攻击者可以通过 CA 的公钥解密证书内容而获得用户的公钥信息,甚至对该公钥进行篡改或伪造,但因为攻击者无法获取 CA 的私钥,因而无法对篡改或伪造后的公钥进行数字签名,从而避免了中间人攻击问题。被 CA 签名的数字证书具有防篡改、防伪造的功能。

3. 数字证书标准格式

数字证书按照 X.509 标准进行定义,X.509 协议中最核心的内容就是数字证书,还定义了基于数字证书的认证协议。

X.509 是由国际电信联盟(ITU-T)制定的数字证书标准。为了提供公用网络用户目录信息服务,ITU 于 1988 年制定了 X.500 系列标准。其中 X.500 和 X.509 是安全认证系统的核心。X.500 定义了一种区别命名规则,以命名树来确保用户名称的唯一性;X.509 则为 X.500 用户名称提供了通信实体认证机制,并规定了实体认证过程中广泛适用的证书语法格式和数据接口,X.509 被称为数字证书标准。

X.509 已被广泛应用于许多网络安全应用程序,包括 IP 安全(IPSec)、安全套接层(SSL)、安全电子交易(SET)、安全多媒体 Internet 邮件扩展(S/MIME)等。X.509 已成为一个重要的标准。

最初的 X.509 版本公布于 1988 年,版本 3 的建议稿于 1994 年公布,在 1995 年获得批准。数字证书的具体格式和内容如图 3-29 所示。

其中各个字段的含义如下:

(1) 版本号:默认值为第 1 版;如果证书中有"颁发者标识符"或"主体标识符",则版本号为 2 或 3;如果有一个或多个"扩展"字段,则版本号为 3。

(2) 证书序列号(certificate serial number):为一整数,由同一 CA 发放的每一证书的序列号是唯一的。

(3) 签名算法标识:数字签名所用的算法及相应的参数,一般包括散列算法和签名算法两部分,例如 SHA1/RSA。

(4) 颁发者名字(issuer name):指建立和签署证书的 CA 名称。

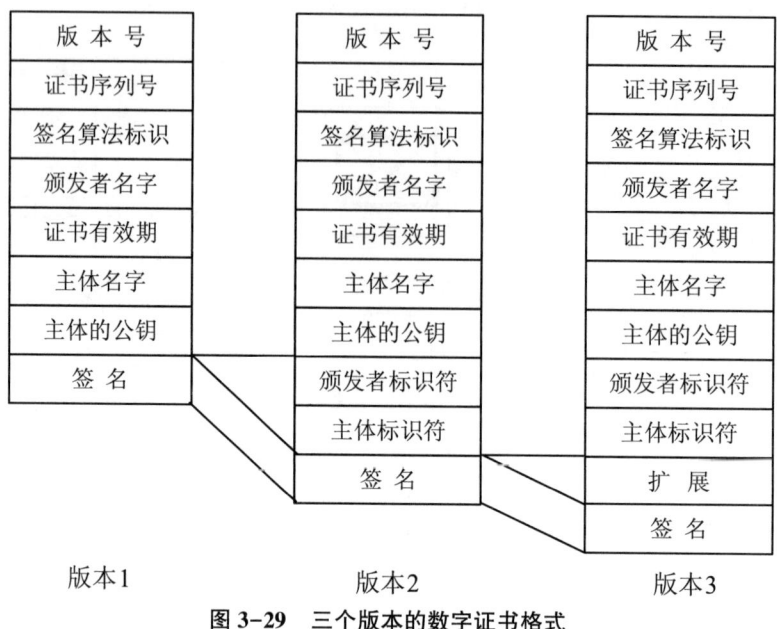

图 3-29 三个版本的数字证书格式

(5) 有效期：包括证书有效期的起始时间和终止时间两个数据项。

(6) 主体名(subject name)：指证书所属用户的名称，该用户持有证书中的公钥所对应的私钥。

(7) 主体公钥信息：包括主体的公钥、加密算法的标识符及算法的相关参数等。

(8) 颁发者标识符(issuer identifier)：版本 2 中增加的字段，当 CA 的名称被重新用于其他实体时，则用这一标识符来惟一标识颁发者。

(9) 主体标识符(subject identifier)：版本 2 中增加的字段，当主体的名称被重新用于其他实体时，则用这一标识符来惟一标识主体。

(10) 扩展(extensions)：其中包括若干个扩展字段，仅在第 3 版中使用，是为了提供更多的灵活性及特殊环境下所需的信息传送。

(11) 签名：CA 对除签名字段以外的整个证书其他字段的数字签名。该签名的生成过程示意图如图 3-30 所示。

4. 数字证书的特点

CA 签发的数字证书具有以下特点：

(1) 用户可用 CA 的公钥验证证书的有效性；

(2) 任何拥有 CA 公钥的用户都可以从证书中提取被该 CA 认证的用户的公钥；

(3) 除了 CA 外，任何用户都无法伪造证书或篡改证书的内容；

(4) 由于证书是不可伪造的，可将证书存放于数据库(即目录服务)中，而无需进行特殊的保护。

其缺点是：

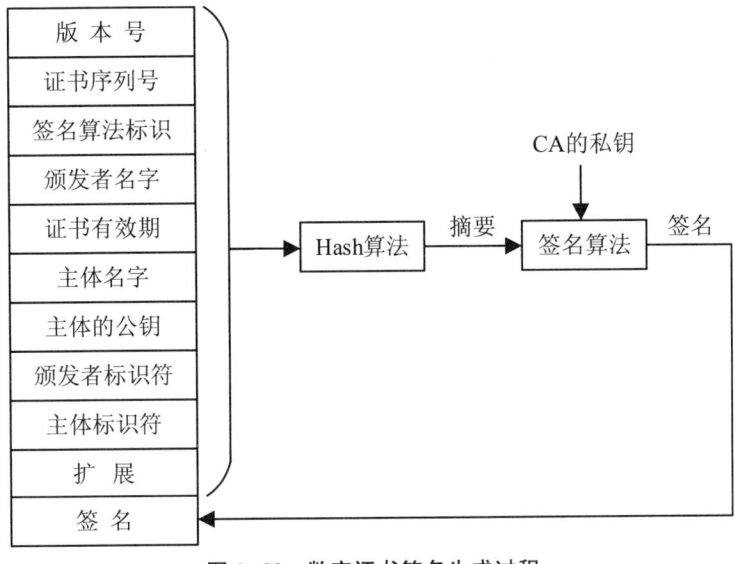

图 3-30　数字证书签名生成过程

（1）由于数字证书的安全性源于可信认证中心 CA 的签名，因此，这种方法的安全性集中在可信中心的私钥；

（2）数字证书的有效期一般较长，其间可能会被撤销，而撤销的证书是不能使用的，所以，验证数字证书时需要检查这个证书是否被撤销；这样，可信认证中心 CA 需要维护一个证书吊销列表，这会增加验证证书的复杂性、网络带宽负担和 CA 维护成本。

5.数字证书的撤销

每一份数字证书都是有有效期的，然而有些证书还未到截止日期就会被发证机构 CA 吊销，这可能是由于以下几种情况造成的：

（1）用户的私钥有可能已被泄露；

（2）该用户不再由该 CA 来认证；

（3）CA 为该用户签署证书的私钥有可能已泄露。

为保证安全性和完整性，每个 CA 还必须维护一个证书吊销列表 CRL（Certificate Revocation List），其中存放所有未到期而被提前吊销的证书，包括该 CA 发放给用户和其他 CA 的证书。

CRL 还必须经该 CA 签字，然后存放于目录以供他人查询。如图 3-31 所示。

每一个用户收到他人的数字证书时，都必须通过 CRL 检查这一证书是否已被吊销。为避免搜索 CA 目录引起的延迟以及由此而增加的费用，用户自己也可维护一个有效证书和被吊销证书的局部缓存区。

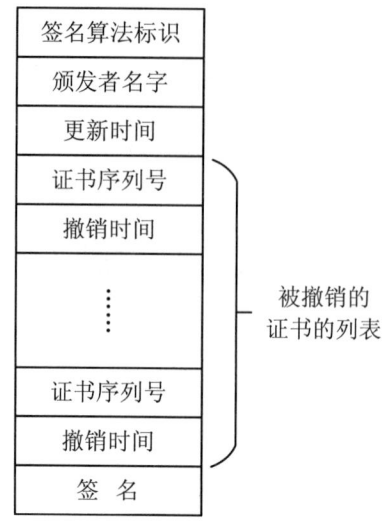

图 3-31 证书吊销列表 CRL

3.6.2 公钥基础设施 PKI

PKI 技术是利用公钥理论和技术建立的提供身份认证的基础设施,被广泛应用于电子政务、电子商务等大多数需要验证实体身份的领域。PKI 作为信息化的基础设施,是相关技术、应用、组织、规范和法律法规的总和,是目前公认的保障网络社会安全的最佳体系。PKI 通过认证机制,建立证书服务系统,通过证书绑定每个网络实体的公钥,使网络的每个实体均可识别,从而有效地解决了网络上"你是谁"的问题,把互联网在一定的安全域内变成了一个可控、可管、安全的网络。

PKI 是 20 世纪 80 年代由美国学者提出来的概念,目前我国金融、政府、电信等部门已经建立了很多 CA 认证中心。

1. PKI 构建模式

构建 PKI 有两种基本模式:

(1)自建模式(In-house Model):用户购买整套的 PKI 软件和所需的硬件设备,按照 PKI 的构建要求自行建立起一套完整的服务体系。

(2)托管模式(Outsourcing Model):用户利用现有的可信第三方(Trusted Third Part,TTP)提供的 PKI 服务,只需配置并全权管理一套集成的 PKI 平台,即可建立起一套完整的服务体系,对内、对外提供全部的 PKI 服务。

PKI 系统结构示意图如图 3-32 所示:

其中各部分的功能如下:

(1)CA(Certificate Authority):签发证书;

(2)RA(Registry Authority):验证用户信息的真实性;

(3)数据库:存放用户信息和证书,没有保密性要求;

(4)证书查询:从目录服务中得到,在通信过程中交换。

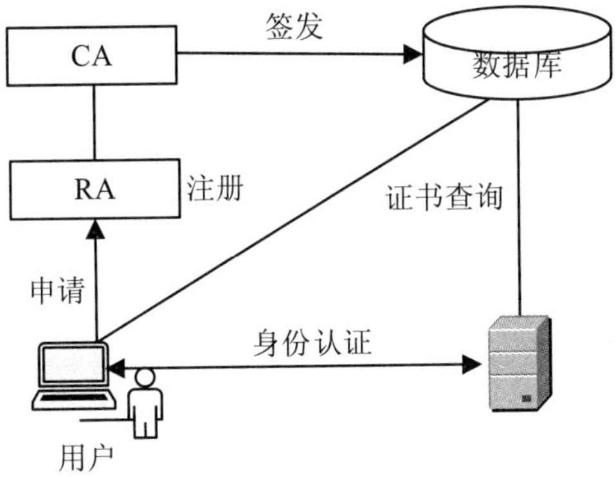

图 3-32 PKI 系统结构示意图

2.PKI 信任模型

如果用户的数目很大,或分属于不同群体时,由一个 CA 为所有用户签发数字证书是不合理的。当用户很多时,设立多个 CA 机构,每个 CA 机构可以管理一部分用户的数字证书,这样不仅安全性更高,而且符合不同的应用需求。

PKI 中 CA 与 CA、CA 与终端实体之间组成的结构构成 PKI 体系,称为 PKI 的信任模型。PKI 的信任模型是 PKI 整体架构的抽象表达,它决定了域内不同实体的组织结构,是建立 PKI 的首要问题。

PKI 的基本信任模型主要有以下五种。

(1) 单 CA 信任模型(图 3-33)

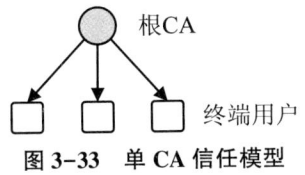

图 3-33 单 CA 信任模型

该信任模型的优点是容易实现、易于管理,只需建立一个根 CA,所有的终端实体都能实现相互认证。但缺点是不易扩展到支持大量的或者不同的群体用户,终端实体的群体越大,支持所有必要的应用就越困难。

(2) 模型(图 3-34)

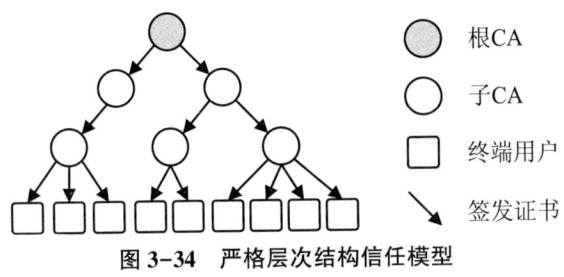

图 3-34 严格层次结构信任模型

根 CA 通常不直接为终端实体颁发证书,而只为子 CA 颁发证书。信任关系是单向的,上级 CA 可以而且必须认证下级 CA,反之不行。根 CA 是所有用户的信任中心,一旦根 CA 出现信任危机,则整个 PKI 体系出现信任危机。

严格层次结构信任模型不适合在 Internet 这样的开放环境中使用,但它适合于像军事、政府等上下等级森严的部门使用。

(3) 分布式信任模型

分布式信任模型是以对等 CA 关系建立的 PKI 系统,也称为网状结构的 PKI。如图 3-35 所示,其中所有 CA 都可能是可信任点,用户信任为他们发放证书的 CA;CA 之间也相互发放证书,证书对描述了它们双向的信任关系。由于 CA 之间具有对等关系,它们不能管理其他 CA 发放的各种类型的证书。

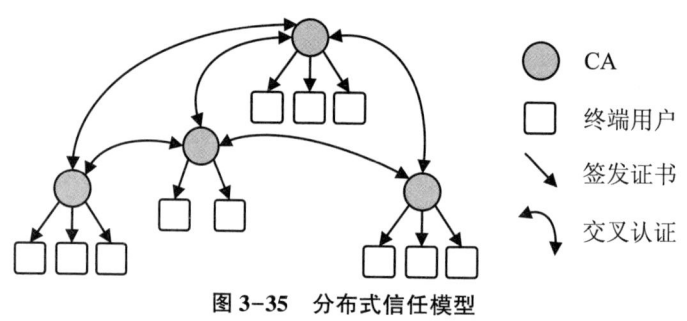

图 3-35 分布式信任模型

分布式信任模型的最大特点在于它的灵活性使得信任域的扩展非常方便,但也正是这种灵活性使整个系统的可管理性变差。随着 CA 数量的增加,认证路径的构建将是件麻烦事,可能会出现多条认证路径和死循环的现象,使证书验证变得困难,从而增加了用户的负担。

分布式的信任模型适用于规模不大、数量不多、地位平等的组织群体共同实施 PKI。

(4) Web 信任模型

这种模型表面上与分布式信任模型颇为相似,实际上它更接近严格层次结构模型。该模型建构在浏览器的基础上,浏览器厂商在浏览器中内置了多个根 CA,每个根 CA 相互间是平行的。由于各个根 CA 是浏览器厂商内置的,浏览器厂商隐含认证了这些根 CA,浏览器厂商因此成为事实上的隐含的根 CA。如图 3-36 所示。

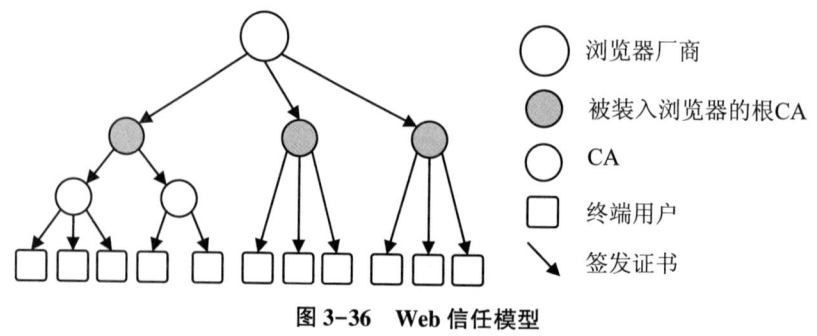

图 3-36 Web 信任模型

Web 信任模型在浏览器产品中物理地嵌入多个根 CA 证书,用户在验证证书时从被验证的证书开始向上查找,直到找到一个自签名的根证书即可完成验证过程。该信任模型的优点是简单、方便、易于操作使用,但易受到假冒攻击。因为多个根 CA 证书是预先安装在浏览器中的,用户无法判断所有的 CA 是否都是可信任的。如果假冒者将一个用于攻击的公钥装入用户的浏览器中,他与该用户的安全通信就可以得到许可,从而方便地取得用户的敏感信息,因为用户对通信对方的验证是由软件系统自动进行的。而且当其中某一个根 CA 失去信任时,没有一个有效的机制来废除已嵌入到浏览器中的根 CA 证书。

(5) 以用户为中心的信任模型

该模型中,每个用户都根据社会人际关系直接决定信任哪个证书和拒绝哪个证书。没有可信的第三方作为 CA,终端用户就是自己的根 CA。如图 3-37 所示。

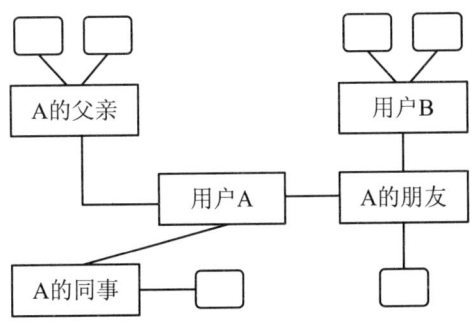

图 3-37 以用户为中心的信任模型

PGP 软件中便采用了这种信任模型。以图 3-37 为例,用户 A 信任其朋友,因此便信任"A 的朋友"的公钥;而用户 B 的公钥需要经过"A 的朋友"签名才能得到用户 A 的信任;依此类推。

该模型的优点是用户可控性很强,缺点是使用范围较窄。对于缺乏安全知识或 PKI 概念的一般群体,将发放和管理证书的任务交给用户不太现实。另外,该模型一般也不适合有严格组织机构的群体。

本章小结

本章介绍了密码学的基本概念和分类;两种密码体制的相关算法,包括对称密码体制中序列密码算法和分组密码算法,以及几种公钥密码体制算法;还介绍了散列函数与消息认证方案、数字签名方案;以及数字证书及其 PKI 认证体系。

以下是本章的知识要点概括:

1. 密码体制基本模型

在密码学中,一个密码体制或密码系统是指由明文、密文、密钥、加密算法和解密算法组成的五元组。

2.密码体制的分类

从密钥使用策略上,密码体制可分为对称密码体制和非对称密码体制两类(或称为公钥密码体制)。根据对明文的处理方式不同,对称密码体制又可分为序列密码和分组密码。

3.典型的密码算法

(1)序列密码算法:RC4;

(2)分组密码算法:DES、AES;

(3)公钥密码算法:RSA、ElGamal、ECC;

(4)散列算法:MD5、SHA1、SHA2;

(5)数字签名算法:RSA、DSA。

4.散列函数的性质

(1)单向性

(2)抗弱碰撞性

(3)抗强碰撞性

5.消息认证的两种方式

(1)消息认证码(MAC)方式;

(2)基于散列函数的消息认证方式。

6.X.509 数字证书的格式

三个版本的数字证书都包含的内容包括版本号、证书序列号、签名算法标识、颁发者名字、有效期、主体名、主体公钥信息和签名;

第 2 版增加了:颁发者标识符,主体标识符;

第 3 版增加了:扩展。

7.PKI 的构建模式

自建模式和托管模式。

8.PKI 的信任模型

单 CA 信任模型,严格层次结构信任模型,分布式信任模型,Web 信任模型,以用户为中心的信任模型。

练习思考

1.对称密码体制与非对称密码体制之间的区别是什么?

2.公钥密码体制解决了哪些对称密码体制的问题?如何解决的?

3.为了使序列密码算法更安全,关键要设计好什么?

4. 分组密码算法的设计原则是什么？DES 和 AES 算法设计时是如何实现这些原则的？

5. RSA、ElGamal、ECC 三种公钥密码算法的安全基础分别是什么？

6. 了解 RSA、ElGamal、ECC 三种公钥密码算法的具体实现。

7. 对散列函数的攻击是根据散列值恢复原始的明文消息吗？如果不是，那应该是什么？

8. 为什么数字签名方案中一般要先进行散列运算？

9. 公钥通常如何安全发放？为什么不能直接公开发放？

10. 数字证书中的签名字段是如何生成的？

11. 如何通过散列函数的碰撞攻击来伪造数字证书？

12. 数字证书撤销列表 CRL 为什么要签名存储？

13. 了解 PKI 各种信任模型的基本原理和使用场合。

14. 在 PKI 的严格层次结构信任模型中，属于不同 CA 的两个用户之间如何验证对方数字证书的有效性？

15. 分析 PKI 体系的应用存在什么弱点。

参考文献

[1] 谷利泽,郑世惠,杨义先.现代密码学教程.北京:北京邮电大学出版社,2009.

[2] Douglas R. Stinson.密码学原理与实践.北京:电子工业出版社,2012.

[3] 杨波.现代密码学.北京:清华大学出版社,2007 年.

第 4 章 信息隐藏与数字水印

■ **本章要点：**
1. 信息隐藏基本概念
2. 信息隐藏技术的性能评价
3. 信息隐藏技术的分类与应用
4. 数字水印基本理论
5. 数字水印技术的分类与要求
6. 鲁棒水印的原理与典型方法
7. 脆弱水印的原理与典型方法
8. 数字隐写的原理与典型方法

4.1 信息隐藏基本概念

4.1.1 信息隐藏的定义

信息隐藏(Information Hiding)，也称数据隐藏(Data Hiding)，是指利用人类感知系统的不敏感和宿主信号自身存在的冗余，将秘密信息以不被察觉的方式隐藏于公开的载体数据中。这里的载体也称载体数据或载体信号，可以是图像、音频、视频和文本，也可以是网格模型、软件和数据库等。秘密信息是用户期望通过隐蔽的方式所要传递的信息。

下面简要介绍与信息隐藏相关的技术术语。

嵌入：通常指通过修改载体数据的方式将秘密信息隐藏到公开载体中的行为或过程。

原始载体：专指待嵌入秘密信息的原始载体数据。

掩密载体：也称含密载体，专指嵌入秘密信息后的载体数据。

提取：指从掩密载体中提取事先所隐藏的秘密信息的行为或过程。

信息隐藏与传统密码学之间存在明显区别。一般而言，密码学是指研究加密和解密的技术科学,收发双方通过对秘密信息进行特殊编码形成密文进行传递,其目的是隐藏信息的涵义,并不是隐藏信息的存在。与此不同的是,信息隐藏主要研究如何以不被察觉的方式将秘密信息隐蔽地藏于公开的载体数据中,然后通过载体传输实现秘密信息的传递。

在传统密码学中,若密文被解密,则从此秘密信息变成明文,此后亦再无安全性可言;同时,密文通常是以乱码形式出现,此现象不能掩盖正在进行加密通信这一行为事实,易引起恶意攻击者和破译者的注意,从而影响加密通信的安全性。然而,在信息隐藏中,所要传递的秘密信息被隐藏于公开的载体数据中,且未改变载体的感知特性,因而传递秘密信息的行为事实不会被察觉和发现,从而达到了掩盖隐秘通信行为存在性的目的,进而保障了秘密信息传输的安全性和可靠性。这是信息隐藏相对传统密码学的本质区别。

4.1.2 信息隐藏的基本原理

从信息隐藏的定义描述可以看到,信息隐藏的可行性主要在于以下两方面:

(1) 载体数据或载体信号本身存在一定的冗余性。这种冗余性可以存在于载体的各个方面,如数据格式、信号表示和统计相关性等。存在冗余性的典型表现是,允许在一定幅度范围内修改载体数据而不影响载体对象的实际有效应用。例如,对一幅数字图像执行类似于叠加极弱噪声或轻度平滑滤波的改动时,图像的视觉质量和结构内容均未出现人眼所能察觉的失真,这就是由于图像载体数据自身存在冗余性的缘故。正是由于冗余性的存在,才使得将秘密信息嵌入到载体数据中进行传递是可行的,这种嵌入操作不会影响载体对象自身的正常使用和传输。

(2) 人类的感知系统具有掩蔽效应,可充分利用这种掩蔽性隐藏秘密信息而不被察觉。常见的掩蔽效应包括听觉掩蔽效应和视觉掩蔽效应。听觉掩蔽效应是指一种频率的声音阻碍听觉系统感受另一种频率的声音的现象,可分为频域掩蔽和时域掩蔽。通常,人的听觉系统仅对最明显的声音反应敏感,而对不明显的声音反应较不敏感。视觉屏蔽效应包括空间域、时间域和色彩的屏蔽效应,分别指人眼对几何空间上、时间维上和彩色空间上视觉变化的分辨力或灵敏度存在一定的限制。例如,人眼无法察觉图像像素灰度值的极细微变化,比如灰度值的改变限制在$[-2,+2]$范围内。人眼无法察觉视频中物体对象的极细微运动,比如物体的几何空间位置变化非常细微或变化的速度非常缓慢。

从信号处理的角度来理解,信息隐藏可视为在强背景信号(载体)中叠加一个弱信号(隐藏信息)。由于人的听觉系统和视觉系统的分辨能力受到一定限制,叠加的弱信号只要低于某一个阈值,人就无法感觉到隐藏信息的存在。由此引入典型的基于通信的信息隐藏模型,如图4-1所示。

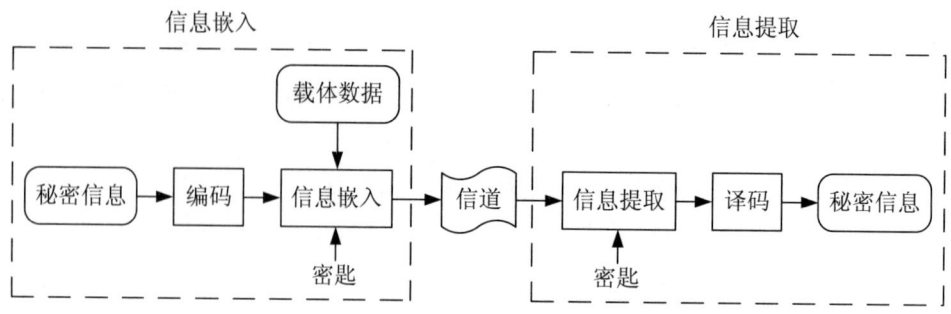

图 4-1 信息隐藏的基本模型

基于通信的信息隐藏模型主要描述一个典型的信息隐藏系统的结构组成。按秘密信息的传递过程一般可将信息隐藏系统分成两大模块,分别是信息嵌入和信息提取。

信息嵌入模块主要描述将秘密信息嵌入到载体数据中的过程。首先,为尽量减少待嵌入的数据,一般会预先对秘密信息进行信源编码;同时为提高秘密信息抵抗信道失真干扰的能力,也可对秘密信息进行信道编码。然后,在密钥的控制下,依照所设计的信息嵌入算法将编码后的秘密信息嵌入到公开的载体数据中,得到掩密载体,完成信息嵌入任务。掩密载体可通过公开的通信信道进行发布和传输,需注意到这里的信道是对整个传输过程的建模,可以是无失真信道也可以是失真信道,后者指掩密载体在传输过程中可能遭受到各种形式的失真或干扰,例如掩密图像经历几何变换、压缩或平滑滤波等信号处理。

信息提取模块主要描述从接收到的掩密载体中提取秘密信息的过程。一般而言,信息提取是信息嵌入的逆过程,首先在密钥的控制下提取出所嵌入的数据信息,然后依次进行信道译码和信源译码,最后得到整个信息隐藏系统所要传递的秘密信息。需要指出的是,在实际应用中,由于信道状态或条件的复杂性,掩密载体在传输过程中可能遭受各种类型的非恶意的普通后处理或恶意攻击,致使最终提取出的秘密信息与发送端所嵌入的秘密信息可能不会完全一致,即存在部分秘密信息被错误检测或提取的可能。

4.2 信息隐藏技术

一般地,将通过算法来实现信息隐藏功能和目标的信息处理技术统称为信息隐藏技术。本节将简要介绍信息隐藏技术的发展历程、性能评价、分类和应用。

4.2.1 信息隐藏技术的发展历程

信息隐藏技术的发展历程可以大致分为两个阶段,分别是古代信息隐藏和现代信息隐藏。

信息隐藏最早的应用可以追溯到远古时代,它来源于古老的隐写术。历史上出现过包括化学隐写、物理隐写和生物隐写等在内的各种形式的隐写术。例如,公元前 400 年左右,一个名叫 Histiaus 的古希腊人为了秘密通知朋友发动暴动来反抗波斯人,将行动信息刺在仆人的头皮上,待仆人长出头发后将其送到朋友处,朋友收到仆人后将其头发剃光即可获得秘密信息。化学隐写是古代使用最广泛的隐写术之一,石蜡、牛奶、果汁、墨水和化学药水等都曾被用作隐写材料。二战时期,德国间谍将信息存储在极小的微缩胶片上,让人眼察觉不出信息的存在,这也是一种信息隐藏行为。我国古代有大量的藏头诗,将要传达的秘密含义以隐蔽的方式藏在诗文的特定位置,若不知其中奥秘一般不会轻易被人识出。

现代信息隐藏技术的发展历史可以追溯到 20 世纪 50 年代,当时 Muzac 公司被授权获得了一项关于音乐作品版权保护方面的专利,它提出了一种向音乐作品中嵌入不可感知的信号来证明所有权的方法。直到 20 世纪 90 年代初,国际上才正式提出信息隐藏的概念。1996 年,第一届国际信息隐藏学术研讨会在英国剑桥大学举行,标志着现代信息隐藏学的正式建立。此后,包括美国的普林斯顿大学、麻省理工学院、英国的剑桥大学、NEC 和 IBM 等在内的众多科研机构积极开展了信息隐藏理论与技术研究。ICIP、ICME 和 ICASSP 等重要国际会议和 IEEE 部分期刊也陆续出版了关于信息隐藏和数字水印(信息隐藏的技术分支)的专辑。

与国外相比,我国的信息隐藏技术研究起步稍晚。1999 年,为了推动国内信息隐藏技术的研究与应用,我国信息安全领域的何德全院士、周仲义院士和蔡吉人院士与有关应用研究单位联合发起召开了我国第一届信息隐藏学术研讨会,至今已连续成功举办了十二届。国内的部分大学、科研院所和科技公司都积极开展了信息隐藏技术的研究与应用。国家自然科学基金委、国家重点基础发展计划项目和国家 863 计划项目等均资助了信息隐藏领域的相关课题研究。

随着理论与方法研究的深入,相关的应用软件和系统也不断开发出来。例如,美国 Digimarc 公司在 20 世纪 90 年代末开发了数字水印软件系统,以插件形式应用到 Adobe Photoshop 4.0 和 CoreDraw 7.0 中。1999 年,日立和索尼等日本公司与 IBM 公司联合开发了一套基于数字水印的 DVD 影碟防盗技术系统。近些年,我国的部分研究机构和公司成功设计开发出实用的数字水印印刷防伪系统,该系统已经成功应用于部分大型会展活动的门票防伪中。

信息隐藏技术发展到今天,已经取得了大量的研究成果,信息隐藏理论与方法体系日趋成熟。然而,信息隐藏技术的发展和应用仍面临诸多挑战。例如,现有信息隐藏技术的安全性和可靠性普遍不高,安全性被认为是阻碍信息隐藏技术走向实用的最后一道屏障。在信息隐藏技术今后的发展中,亟需深入开展安全性方面的理论研究和方法实践,为推广信息隐藏技术的大规模应用提供强有力的理论和技术支撑。

4.2.2 信息隐藏技术的性能评价

依照应用需求与应用目标,一般会相应地提出针对信息隐藏技术的基本要求,即信息隐藏技术应具备的基本特征,这也是用来测量信息隐藏技术性能的评价指标,通常主要包括以下五个方面:

1. 透明性

透明性,也称不可见性、不可感知性或保真度,是对掩密载体的感知质量失真的度量。这里的失真是相对原始载体而言。透明性要求信息隐藏行为不能被人所感知和察觉,即嵌入秘密信息前后的载体对象在感观上无差别,同时不能影响载体对象的正常使用。以数字图像信息隐藏为例,要求嵌入秘密信息前后的图像在视觉感知上无人眼可区分的差别,这就保证了嵌入信息后图像的视觉质量,从而不会影响图像载体的正常使用。以数字图像信息隐藏为例,常用的衡量透明性的评价指标包括以下三种:

(1) MSE(Mean-Square Error),均方误差。定义为:

$$\text{MSE} = \frac{1}{MN}\sum_{i=0}^{N-1}\sum_{j=0}^{M-1} |X'(i,j) - X(i,j)|^2 \tag{4-1}$$

其中:$X'(i,j)$ 和 $X(i,j)$ 分别表示原始图像和嵌入秘密信息后的图像信号,$i = 0,1,2,\ldots,N-1$,$j = 0,1,2,\ldots,M-1$,图像的分辨率为 $M \times N$ 像素。

(2) SNR(Signal-to-Noise Ratio),信噪比。定义为:

$$\text{SNR} = 10 \cdot \log_{10}\left(\sum_{i=0}^{N-1}\sum_{j=0}^{M-1} X'(i,j)^2 / (MN \cdot \text{MSE})\right) \tag{4-2}$$

(3) PSNR(Peak Signal-to-Noise Ratio),峰值信噪比。定义为:

$$\text{PSNR} = 10 \cdot \log_{10}\frac{X_{\max}^2}{\text{MSE}} \tag{4-3}$$

其中:$X_{\max}$ 表示载体信号值域的上界。例如,对于具有 256 个灰度级的 8 bit 灰度图像而言,通常取 $X_{\max} = 255$。常用的 PSNR 单位是分贝(dB)。

2. 鲁棒性

鲁棒性是指掩密载体在经历多种有意或无意的信号处理操作后,仍能完整或部分提取所隐藏秘密信息的能力。鲁棒性可理解为信息隐藏算法抵抗后处理的能力,通常称某信息隐藏算法或系统具有抵抗某种后处理的鲁棒性。例如,一般要求用于数字作品版权保护的信息隐藏系统应能抵抗各种恶意或非恶意的后处理或攻击,如 JPEG 压缩、滤波、加噪和几何变换等,这些后处理或攻击常被恶意用户用于去除作品的版权信息以达到盗版的目的。脆弱性是与鲁棒性紧密相关的一个概念,通常用来指所隐藏秘密信息对不同后处理或攻击呈现出的敏感性。

3. 容量

容量是指在满足透明性的前提下,数字载体中可以隐藏秘密信息的最大比特数。常用的隐藏容量度量单位包括:比特/非零系数(Bit/Non-zero Coefficient),表示载体中的每个非零系数所携带秘密信息的比特数;比特/像素(Bit/Pixel),表示每个像素所携带秘密信息量。

4. 安全性

安全性是指信息隐藏算法抵抗恶意攻击的能力。由于信息隐藏特殊的应用场景,如版权保护和内容认证,实际上常会遭受恶意用户发起的专门攻击。这些攻击通过各种手段和方法破坏或篡改秘密信息,使系统无法正确提取原始的秘密信息,以达到摧毁系统和欺骗用户的目的。更为严重的攻击是破解信息隐藏算法,包括估计所使用的嵌入方法与密匙、估计所嵌入秘密信息的长度或具体位置、提取秘密信息等。安全性就是用于衡量信息隐藏算法或系统抵抗这些专门攻击的能力,安全性指标可以反映信息隐藏系统在面对不同类型的恶意攻击时是否仍能正常工作。

5. 算法复杂度

算法复杂度是用于评估信息隐藏技术实用性的性能指标,通常包括时间复杂度和空间复杂度。在对算法复杂度要求较严格的应用场合,算法复杂度直接决定了信息隐藏系统的可行性与可靠性。例如,对应用于安全监控和嵌入式微型设备上的信息隐藏系统而言,由于实际应用的特点和需求,通常要求尽量降低算法的计算复杂度,使系统能进行实时信息处理;同时,由于可利用的硬件资源受限,要求尽量降低系统对存储空间的需求,从而控制信息隐藏算法和系统的复杂度在较低水平,增强系统的实用性。

4.2.3 信息隐藏技术的分类

现有的信息隐藏技术分类方法很多,分类结果因参考依据的不同而不同。下面介绍几种常见的分类方法。

1. 按应用目的与应用场合分类

根据应用目的和应用场合的不同要求,信息隐藏技术可以分为以下四个分支,其中隐写和数字水印是两个主要分支,受到学术界和工业界的广泛关注。

(1) 隐写(Steganography)。也称隐写术,主要用于隐蔽通信领域,是信息隐藏技术的重要分支之一。隐写是指将重要信息隐藏于公开载体中,以不引人注意或不被人察觉的隐蔽方式进行传送。隐写技术重点研究如何实现信息隐藏的隐蔽性,掩盖信息隐藏这一行为或事实。隐写技术的要求主要包括:透明性、统计意义上的不可检测性、较大的容量以及算法实现简单等。其中,不可检测性是指隐写系统抵抗隐写分析算法检测的能力,是衡量隐写算法安全性的重要技术指标。隐写一般可进一步分为语义隐写和技术隐写,前者强调利用语言或语言信息编码的形式进行信息隐藏,后者则借用专门的技术手段实现信息隐藏,本章主要关注技术隐写。

(2) 数字水印(Digital Watermarking)。作为信息隐藏技术的另一个重要分支,数字水印技术通过在载体数据中以不可感知的方式嵌入与载体内容相关的信息,即水印,来标识内容所有权或验证内容的真实性。通常,被嵌入的水印可以是一段文字、标识、序列号、验证码或其他认证信息等。作为一种专门的信息隐藏技术,数字水印技术系统一般应满足透明性、鲁棒性或脆弱性、安全性、算法实现简单等要求。值得注意的是,这里的鲁棒性要求水印信号在经历一些不破坏载体数据使用价值或商用价值的普通操作后仍能正确提取,脆弱性则要求水印对篡改载体内容的恶意操作具有敏感性和警示性,这正是数字水印技术系统需要重点考虑的地方。

(3)隐蔽信道。隐蔽信道是指允许进程以危害系统安全策略的方式传输信息的通信信道,通常可分为存储隐蔽信道和时间隐蔽信道两类。相关的信息安全评估准则对隐蔽信道分析提出了明确的规定,包括信道识别、度量和处置等。

(4)阈下信道。阈下信道是指在基于公匙加密的消息认证和数字签名等应用密码体制的输出码流中建立起来的一种隐蔽信道。在阈下信道中,仅有指定的接收者知道密码数据中是否携带阈下消息,其他人则并不知道。例如,一个简单的阈下信道是对每句话所包含文字的数量的奇偶性进行二进制编码来传递秘密信息,令包含奇数个文字的句子对应1,包含偶数个文字的句子对应0。如此,在保证语句通顺和语义清晰的前提下,通过控制每句话所用字数,在不引起读者注意的情形下可将秘密信息比特序列传递给特定接收人。此外,可引入密钥控制选取参与编码的句子的位置,进一步提高该阈下信道的安全性。

2. 按载体类型分类

根据载体类型的不同,信息隐藏可以分为文本信息隐藏、图像信息隐藏、音频信息隐藏、视频信息隐藏、用于二维矢量图的图形信息隐藏、用于三维网格模型的网格信息隐藏、软件信息隐藏以及数据库信息隐藏等。

3. 按秘密信息隐藏位置分类

根据秘密信息隐藏位置的不同,信息隐藏可以分为空域信息隐藏和频域信息隐藏。空域信息隐藏技术直接在图像、视频和音频等载体信号的空间域上进行信息隐藏,通常通过修改载体信号的空域采样值来嵌入秘密信息。频域信息隐藏技术通常在对载体信号进行 DCT(Discrete Cosine Transform,离散余弦变换)、DFT(Discrete Fourier Transform,离散傅里叶变换)或 DWT(Discrete Wavelet Transform,离散小波变换)等变换后所得到的频域系数上嵌入秘密信息。频域信息隐藏技术借助了信号进行正交变换后能量分布的特点,可以较好地解决透明性和鲁棒性之间的矛盾。

4. 按信息隐藏协议分类

根据隐藏协议,信息隐藏可以分为无密钥信息隐藏、私钥信息隐藏和公钥信息隐藏。

4.2.4 信息隐藏技术的应用

信息隐藏技术的应用领域广阔。下面简要介绍七种常见的信息隐藏技术应用。

(1)版权保护。利用信息隐藏技术将作品版权相关的信息嵌入到作品自身,然后再公开发布。在需要验证作品的所有权时,仅需提取隐藏在作品中的版权信息即可。在发生所有权纠纷时,可采用提取出的版权水印信息作为仲裁依据。通常要求用于版权保护的信息隐藏技术具有较好的鲁棒性,即嵌入的版权信息必须能够抵抗各种形式的普通操作和恶意攻击,如压缩、噪声和几何变形等。

(2)内容认证。利用数字水印技术将数字作品的内容认证信息嵌入到内容中,当需要认证内容的真实性和完整性时,提取这些认证信息与重新生成的认证信息进行比较验证,检查内容是否被篡改。主要用于保护多媒体内容的真实性和完整性,防止非法用户对媒体内容的结构形式进行恶意篡改或非法操作。

(3)隐秘通信。利用隐写术实现发送者与接收者之间的秘密通信,主要应用于军事通信和国防安全领域。在隐秘通信应用情境下,为保障通信内容的安全传递,要求通信过程不能被第三方发现,即通信行为本身不能被敌方监测到,从而通过掩盖通信事实的方式达到安全保密通信的目的。

(4)数字指纹。也称叛逆者跟踪、操作跟踪或事务追踪。在数字指纹应用中,所嵌入的水印是为用户量身定做的,以用户的身份信息作为水印,每个用户所购买的产品中都有唯一识别其身份的序列号。如若有恶意用户进行非法拷贝,版权拥有者可从检测出的水印信息中找到进行非授权拷贝的用户,追究其侵权责任。叛逆者跟踪之所以能实现,是因为代表用户身份的水印信息已嵌入到发布的产品载体中,水印会随着产品的拷贝而得到相应的复制。在验证产品版权时,首先读取待检产品中的水印信息,获取合法用户的身份信息,然后将其与产品实际拥有者的身份进行比对,即可实现叛逆者跟踪。数字指纹技术已经成功应用于针对数字影片和音视频节目内容的版权保护领域。

(5)广播监控。广播监控是指通过识别预先已嵌入到作品中的水印来监控作品实际播放的时间、时长和地点等相关广播信息。广播监控的一个典型应用方向是广告播放监控。通常,厂商在利用包括传统媒体和新媒体在内的广播媒介为名下产品做广告时,希望能清楚知道所投广告的实际播出时间和时长是否符合事先协议规定、是否值所付高额广告费。传统人工监测或设备监控方式的成本高且效率低,容易形成误判漏检,准确率无法保证。一种简单有效的监控方式是利用信息隐藏技术在广告片中加入水印来监测和监视播放过程,从检测出的水印信息中判断广告播放的时间、时长和地点是否符合预先协定。

(6)设备控制。也称拷贝控制。利用隐藏在作品载体中的水印信号控制作品读取设备或播放设备的运行和某些功能。在这种应用情境下,播放设备通常需要具有检测和识别水印信息的装置或软件系统。在实际工作时,若播放设备不能检测出合法的水印信息,则判定待播放内容是非法的,进而拒绝播放。

(7)注释。除版权和认证信息外,用户可以利用信息隐藏技术在载体作品中嵌入其他诸如标注、解释或辅助类信息,以提高作品在流通和应用环节的附加值。例如,在作品中嵌入制作商的主页网址,使播放器在需要时可以自动连接到制作商的网站。在拍摄数码照片时,可以利用数字水印技术将拍摄时间、地点、场景描述和标题等信息隐藏在照片图像中。注释还可用于标记载体对象的分类信息。例如,家里的孩子上网时可能会碰到诸如色情图片和视频之类不健康的数字媒体内容,假如能提前在这些不健康的图像或视频中嵌入分类标识信息,使浏览器或图片浏览工具在打开它们时,计算机系统可以按照家长设置的过滤规则不显示这类不适合儿童观看的图像或视频。

4.3 数字水印基本理论

数字水印是信息隐藏的主要分支之一。数字水印通常指嵌入在数字作品中的数字信号，可以是图像、文字、符号或数字等一切可作为标识或标记的信息，主要应用于数字作品版权保护、数字内容认证以及注释和监控等增值型服务。在信息安全领域，数字水印也常用于泛指数字水印技术或系统。通常就嵌入对象而言，在论述信息隐藏时称之为秘密信息，在数字水印中则称之为水印、水印信息、水印序列或水印信号。

本节主要介绍数字水印的相关理论。4.3.1 小节介绍数字水印的理论框架，4.3.2 小节介绍数字水印技术的分类与要求，4.3.3 小节介绍数字水印攻击方法。

4.3.1 数字水印理论框架

数字水印是将携带版权标识或内容认证码的水印信息嵌入到数字作品中，待需要时水印能够被检测或提取出来的一个过程，达到验证载体作品的所有权和内容完整性的目的。图 4-2 为典型数字水印系统的基本框架。一般而言，一个完整的数字水印系统主要包括水印嵌入和水印提取两个过程或组成部分。在设计具体的数字水印技术方案时，针对水印嵌入过程通常需重点考虑水印生成和水印嵌入两方面的算法设计工作，针对水印提取过程需重点考虑水印提取和水印判决两方面的算法设计工作。水印提取过程通常也称为水印检测过程。

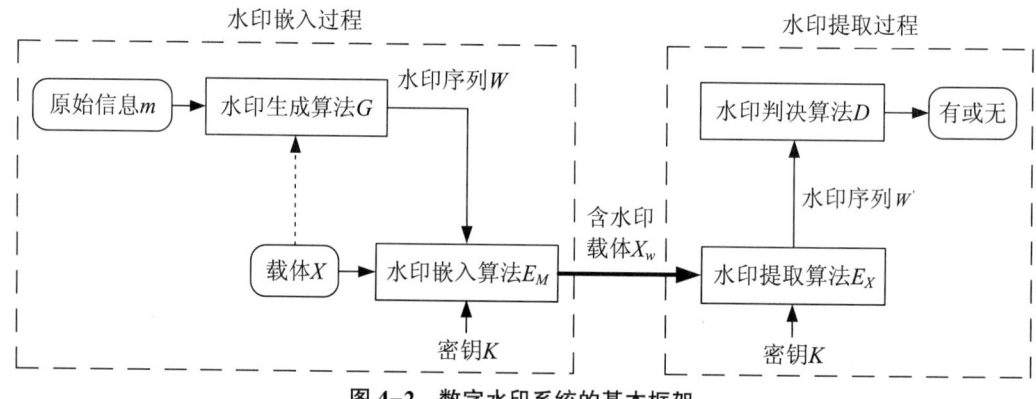

图 4-2 数字水印系统的基本框架

下面分别详细介绍数字水印系统的四个核心步骤，包括水印生成、水印嵌入、水印提取和水印判决。

1. 水印生成

基于鲁棒性和安全性考虑，在水印嵌入前通常需对原始水印信息进行置乱或加密预处理。如图 4-2 所示，用 G 表示代表水印生成过程的系统函数，水印生成是指将原始水印信息 m 变换成适合嵌入到原始载体 X 中的水印序列 W。整个水印生成系统可公式化描述为：

$$W = G(X, m) \tag{4-4}$$

在实际应用中,载体 X 也可不直接参与水印信号生成过程。

生成的待嵌入水印信号一般采用二进制比特序列或其他编码形式表示,即:

$$W = \{w_i \mid w_i \in \Omega, i = 0, 1, 2, \ldots, M - 1\} \tag{4-5}$$

其中,i 表示序列元素的位置序号,M 为水印序列的长度。Ω 为水印信号的值域,可以是二值形式,如 $\Omega = \{0,1\}$ 或 $\{-1,1\}$,也可以是其他形式的数集。

待嵌入的水印信号可以是一维序列,也可以是高维数字阵列。例如在静止图像中可以嵌入一维水印比特序列,也可以嵌入二维水印图像。当水印发布方期望只有授权者才能检测或提取水印信息时,可采用受控的非可逆函数 G,如经典的公钥加密算法。

2. 水印嵌入

水印嵌入过程是指按照设计的水印嵌入算法 E_M,在密钥 K 的控制下,将已生成的水印信号 W 嵌入到载体 X 中,生成含水印载体 X_w。一般地,水印嵌入过程可公式化描述为:

$$X_w = E_M(X, W, K) \tag{4-6}$$

不难看出,水印嵌入算法在整个水印系统中的作用与地位至关重要,是整个数字水印技术方案的核心所在。因此水印嵌入算法的设计非常重要,直接关系到水印系统是否能很好地满足应用需求,是否能在透明性、鲁棒性、水印容量、安全性和算法复杂度等重要性能指标上达到预定要求,需要综合考虑数字水印系统在这些方面的性能均衡。

水印嵌入的本质是通过对载体进行有控制的和精细化的修改,以不可感知的方式携带水印信息。水印信息之所以能够嵌入,关键在于成功构建与水印信号值域相对应且与载体信号紧密相关的状态空间,利用状态空间的多态性承载和表征水印信息。总结现有的各类数字水印算法,依据载体修改方式的不同,可将常见的水印嵌入方法大致分为以下六种。

(1)基于替换的嵌入方法。在不影响载体感知质量和使用价值的前提下,直接用水印信号替换原始载体信号中的冗余部分。例如,针对整数型载体数据,首先将其转化成二进制表示,然后用水印比特替换载体数据的 LSB(Least Significant Bit,最低有效位),从而生成含水印载体信号。这就是经典的基于 LSB 替换的信息隐藏方法。

(2)基于变换的嵌入方法。对原始载体信号进行 DCT、DFT 或 DWT 等变换,在变换后得到的频域系数上嵌入水印信号,最后经过逆变换生成含水印载体。变换域数字水印技术都是采用基于变换的水印嵌入方法,其优点在于可充分利用变换后信号能量进行有规律的重新分布的特点,更好地实现不同性能指标之间的平衡与协同优化,满足水印系统的应用需求。例如,经过 DCT 变换后载体信号能量集中在中低频区域,若在此范围的 DCT 系数上嵌入水印信息,既能避免引起可感知的载体变化,又能增强水印抵抗 JPEG 压缩、加噪和滤波等普通后处理的能力,使数字水印算法具有较好的透明性和鲁棒性。

(3)基于关系的嵌入方法。在保证透明性的前提下,通过修改载体改变其底层数据单元的取值大小,进而利用不同数据单元之间的相对大小关系表示水印信息。例如在数字图像水印算法中,可选取指定位置上灰度值大小接近的像素对,通过加减灰度级操作改变对内两个像素值之间的大小关系,分别利用大于和小于关系表示 0 和 1,从而实现水印信息的嵌入。

(4)基于统计的嵌入方法。在满足透明性的前提下,通过操作和处理载体信号来改变其统计特性,利用载体信号统计参数或统计特征的不同取值来表示水印信息。例如,通过修改一定数量像素的灰度值可改变图像灰度直方图的统计分布特征。

(5)基于叠加的嵌入方法。通过扩频编码将水印信息调制成如同噪声一样的伪随机信号,其能量散布在整个频带上,乘以一个缩放因子后通过加性或乘性方式叠加到载体信号上,实现水印信息的嵌入。这类基于叠加的水印嵌入方法也称扩频水印,是早期由 I. J.Cox 等人提出的经典数字水印方法之一。该方法利用扩频码的随机性和扩频信号的宽带性形成了系统突出的抗干扰能力、低截获率和保密性,从而提高了整个水印系统的鲁棒性和安全性。水印信号散布在载体信道的全频带上,能量微弱且授权方能检出。通过控制水印信号能量强度保障水印的不可感知性,利用人类感官的掩蔽效应可以增加水印信号的能量。水印检测过程需知道水印的位置和内容,一般由密钥控制;将微弱水印信号集中可获得具有较高信噪比的输出值,然后采用相关检测方法判决水印信息。恶意的水印算法攻击者如果想要破坏水印,则需在载体上添加强噪声,如此在破坏水印的同时也会严重降低载体对象的感知质量,使其失去使用价值。因此,基于叠加方法的扩频水印技术具有较高的鲁棒性和安全性。

(6)基于量化的嵌入方法。根据水印信息选择量化器对载体数据进行规则的量化调整,实现水印嵌入。该类方法主要包括基于 QIM(Quantization Index Modulation,量化索引调制)和基于 DM(Dithering Modulation,抖动调制)的量化水印。QIM 方法的基本策略是根据待嵌入的水印信息单元,选择使用两个或多个均匀量化器中的一个对载体信号进行量化。DM 被认为是一种特殊的 QIM 方法,就量化单元与重建点而言,给定量化器是其他量化器的平移。DM 的原理和结构简单,算法实现效率高。在无水印的情况下,DM 的平移量是随机的,因而成为一种抖动量;按照待嵌入的水印信息对该抖动量进行调制即可实现水印嵌入。与扩频方法将载体视为噪声干扰不同,量化方法将载体当做边信息,可以对水印信息进行更加高效的编码,进而提高水印嵌入效率。

3. 水印提取

在水印检测与验证阶段,应首先按照水印提取算法 E_X 从接收到的含水印载体 X_w 中重新提取出水印信号,记为 $W' = \{w'_i | w'_i \in \Omega, i = 0,1,2,\ldots,M-1\}$,即

$$W' = E_X(X_w, K) \tag{4-7}$$

这里的水印提取算法 E_X 与之前的水印嵌入算法 E_M 是相互对应的,控制密钥 K 可以采用与嵌入密钥相同的对称密钥,也可采用非对称密钥。水印提取可理解为水印嵌入的逆过程,但在水印提取过程中不需修改载体信号,只需依照水印信息的嵌入和表达规则进行

读取。

4. 水印判决

需要注意的是，由于含水印载体在传输过程中可能会遭受各种失真或攻击，因而实际提取出的水印 W' 与原始水印 W 可能不完全一致，可能存在一定的误检错误。在提取水印后，通过进一步的水印判决算法 D 得出水印检测结果，例如通过验证 $W' = W$ 是否成立，可以判断 X_w 中是否含有完整的原始水印信息。更为合理且常见的是基于相似度的水印判决方法，主要步骤包括：

(1) 计算实际提取出的水印信号 W' 与原始水印信号 W 之间的相关性，如下：

$$\rho(W',W) = \sum_{i=0}^{M-1} w'_i w_i \Big/ \sqrt{\sum_{i=0}^{M-1} (w'_i)^2} \tag{4-8}$$

(2) 采用阈值化方法判断水印是否存在，判定准则为：若 $\rho(W',W) > T$，则判定掩密载体 X_w 含有水印，否则无水印。在此，T 为预先设定阈值，可结合所期望的水印正检率和误检率来确定。正检率和误检率是常用于评估水印检测性能的基本指标。

需要特别指出的是，在实际设计数字水印技术方案时还需综合考虑多种因素，包括载体与水印的类型、水印生成和嵌入过程中采用的加密机制、水印算法的计算复杂度与可靠性以及与具体应用相关的约束条件等。密码学中著名的 Kerckhoff 原则表明密码的安全必须完全寓于密钥之中。类似地，数字水印系统最终的安全性应取决于所采用加密算法的强度和密钥管理机制，而不依赖于数字水印算法本身的保密性。

4.3.2 数字水印技术的分类与要求

由于数字水印技术是信息隐藏技术的分支之一，因而针对信息隐藏技术的评价指标和部分分类方法也适用于数字水印技术。

数字水印技术的评价指标主要包括透明性、鲁棒性、水印容量、安全性和算法复杂度等五个方面，其定义与 4.2.2 小节中针对信息隐藏技术评价指标的定义一致。对这五种水印性能评估指标而言，它们彼此之间相互影响、相互制约。在设计水印算法时，应综合考虑这些指标，针对不同的应用场合与应用需求制定相应的指标值。数字水印技术一般要求在保证透明性、水印容量、安全性、低算法复杂度的前提下，重点关注鲁棒性，不同应用领域对数字水印算法的鲁棒性要求也不相同。

现有的数字水印算法众多，可从不同角度对这些算法进行分类。下面介绍几种常见的数字水印分类方法。

(1) 根据载体类型的不同，可分为数字图像水印、数字音频水印、数字视频水印、图形水印、网格水印、软件水印和文档水印等。

(2) 根据水印嵌入位置的不同，可分为空域数字水印和频域数字水印。

(3) 依据对数字水印算法鲁棒性的不同要求，可分为鲁棒水印和脆弱水印，其各自特点和用途介绍如下。

① 鲁棒水印。重点要求嵌入的水印信息能够经受各种常见的普通信号处理操作,包括无意或恶意的处理,如有损压缩、滤波、加噪、重采样和几何形变等,数字水印算法具有抵抗这些普通操作或失真的鲁棒性;同时在透明性、安全性以及算法实现简单等方面有要求。鲁棒水印主要用于数字作品版权保护,利用水印标识数字作品的著作权信息,可在数字媒体内容中嵌入作者、版权所有者或购买者的标示信息。当发生版权纠纷时,可通过提取水印方式获取这类版权信息,通过与作品实际流通情形的比对鉴别是否存在包括发布虚假版权信息、非法盗版等在内的侵权行为,实现数字作品的版权保护功能。

② 脆弱水印。除透明性、安全性、算法实现简单等基本要求外,脆弱水印重点强调水印对信号处理操作的敏感性,即必须对载体信号改动呈现出相应的状态变化,以提示操作信息。在水印检测阶段,正是利用这种状态变化来判断原始载体是否被篡改,以及定位篡改位置,进而验证出载体数据的完整性或载体内容的真实性,实现数字内容完整性和真实性认证功能。

按照敏感操作范围的不同,脆弱水印可进一步细分为完全脆弱水印和半脆弱水印。完全脆弱水印要求对包括比特级变化在内的任何信号改动都敏感,可检测出载体信号的任何变化,因而没有任何鲁棒性,适用于数字内容的原始性和完整性认证。与完全脆弱水印不同,半脆弱水印要求对诸如压缩、滤波和加噪等非恶意的普通信号处理有较强的鲁棒性,而对诸如剪切、复制粘贴、拼接和合成等改变了载体语义内容的恶意篡改有较强的敏感性。因而半脆弱水印算法兼具对恶意篡改的脆弱性和对普通信号处理的鲁棒性,可检测出语义上的数字内容篡改,同时对常见的普通操作具有鲁棒性,因而适用于数字内容的真实性认证。

(4)依据水印判决过程是否需要原始载体,数字水印可分为明文水印和盲水印。明文水印在判决过程中需要原始载体数据,而盲水印不需要。由于原始载体数据的存储和传输都需要额外的成本,故明文水印应用比较受限。当前,盲水印得到学术界和工业界更多的关注和研究。

(5)按数字水印系统所需密钥,可分为无密钥水印、私钥水印和公钥水印。无密钥水印表示水印系统没有采用加密机制。私钥水印和公钥水印分别表示系统采用了私钥密码和公钥密码机制。私钥水印方案在嵌入和提取水印时采用相同的密钥,只有水印嵌入者才能提取和检测水印,验证水印信息。公钥水印方案在嵌入水印时使用私钥,提取水印时使用公钥,由作品的所布者使用仅他自己知道的密钥嵌入水印,然后发布含水印作品;任何知道公钥的用户均可提取和检测水印,验证作品的版权信息、完整性或真实性。私钥水印和公钥水印也常对应称为对称水印和非对称水印。

(6)基于外观的分类。从外观上数字水印可以分为可见水印和不可见水印两类。

① 可见水印。将水印信号以一种特殊的可察觉方式加载在数字作品上,主要用于标示版权或提示信息。通常虽然水印可见,但对知觉的影响不大。例如,数字电视节目视频中特有的半透明标识(如台标)、印在文档上半透明浮雕型或带较淡颜色的文字图形标记等,这些都是可见水印的应用。可见水印是一种特殊的数字水印技术,在感知性方面

有特别的要求,可理解为在水印与载体信号间实现诸如图像处理中的"透明度调节"功能。

② 不可见水印。要求水印信号是不可感知、不可察觉的,即数字水印算法具有较强的透明性。由于含水印载体仍可保持与原始载体一致的感知质量,不会出现可察觉的降质现象,因而不可见水印具有更广泛的实用价值,尤其应用于高质量数字媒体作品保护。现有的大部分水印算法都是不可见水印。

(7) 基于可逆性的分类。依据在提取水印后是否能恢复原始载体,现有数字水印技术可分为可逆水印和不可逆水印两类。一种数字水印方法如果在提取水印的同时,能够无失真地恢复出原始载体数据,则称之为可逆水印,否则为不可逆水印。可逆水印又称无损水印或可擦除水印,具有自认证和无失真恢复载体两个重要功能,属于一种具有特殊用途的脆弱水印技术,主要应用领域包括医学影像与司法取证领域的证据、军事地图与军用图像的管理授权、行政与商业部门的数字印章、多媒体资料管理中的标注与检索以及珍贵艺术图像保存等。它们的共同特点是要求原始载体数据在必要时可以无失真地恢复出来,这些数据一般不允许有任何修改,否则可能会引起误诊、司法争议、重要情报或珍贵资料的破坏等不良后果。该类数据的保护可以通过可逆水印技术来实现。

4.3.3 数字水印的攻击方法

信息安全技术研究的一个重要特点是,任何时候都需要考虑系统是否能够抵抗恶意攻击,即在实际应用中可能存在的算法安全性问题,数字水印技术也不例外。在评估数字水印的安全性时,通常会检验数字水印算法抵抗恶意攻击的能力。在此,总结现有针对数字水印的技术性攻击方法,可将它们分为以下三类。

1. 解释攻击

解释攻击也称为 IBM 攻击或协议攻击,是由 IBM 公司 Watson 中心的研究人员首先提出的。不同于移去攻击和表达攻击,解释攻击的目的不是使水印检测失败,而是通过伪造原始载体或伪造含水印载体使水印系统变得不可靠,导致检出水印的所有权混淆不清,或存在对检出水印的多个不同解释。例如,攻击者可以在含水印载体中二次嵌入自己的水印信息,而宣称对该载体对象的所有权,这就是一种典型的解释攻击示例,可通过引入时间戳机制防御这种基于二次水印嵌入的解释攻击。

2. 移去攻击

移去攻击是指在不降低数字作品感知质量的前提下去除作品中的水印信息,使水印检测失败。移去攻击一般包括无意移去攻击和恶意移去攻击两类。无意移去攻击是指在传输和使用含水印作品的过程中所遭受的普通信号处理操作,如有损压缩、对比度调节、滤波和加噪等。恶意移去攻击是指采用专门的技术手段有意地减弱或去除作品中的水印信息,因而恶意移去攻击的方法众多。例如,共谋攻击就是一种典型的恶意移去攻击,其将同一作品在嵌入不同水印后的多个版本组合产生一个接近于原始作品的新作品,以此来减弱水印的强度,甚至抹掉水印。

3. 表达攻击

表达攻击是通过操纵含水印作品的内容使水印检测器无法检测到水印的存在,而不需要直接除去数字作品中嵌入的水印。常见的表达攻击包括去同步攻击和 Oracle 攻击。

去同步攻击是指在不降低数字作品质量的前提下破坏水印信息与水印检测器的同步性,从而使水印提取失败。经历去同步攻击后水印本身依然存在且强度不变,而移去攻击会去除或减弱水印,这正是去同步攻击和移去攻击之间的区别所在。去同步攻击可进一步分为时间上的和空间上的去同步攻击。例如,针对音视频信号的帧删除和帧插入均属于时间上的去同步攻击;数字图像和视频的几何变换,如剪切、仿射变换和局部扭曲等,属于空间上的去同步攻击。目前常用的几何攻击工具是 Stirmark,可对图像进行全局几何变换和局部扭曲。

Oracle 攻击是指在不借助算法知识的情形下,仅根据水印检测器的输出不断地对载体做细微的修改,直到水印不能被检测到为止。在这种攻击模式下,要求允许攻击者可以无限制地访问被用作黑盒子的水印检测器,不断试探性地修改载体作品内容并观察检测结果,直到检测器输出一个错误的结果,就认为这种攻击获得成功。Oracle 攻击算法的计算复杂度较大,其在实际应用中通常不易实现。

4.4 鲁棒水印技术

鲁棒水印主要用于数字作品版权保护,将作品的版权信息作为水印嵌入到作品,然后发布含水印作品。当发生版权纠纷时,可从当前有争议的受保护作品中提取版权水印,验证作品的版权归属。

4.4.1 鲁棒水印技术概述

鲁棒水印技术一般要求嵌入到载体中的水印信号能够经受一定的信号处理操作或攻击而不被清除,即具有较强的鲁棒性。这是因为在实际应用中,公开发布和传输的含水印载体可能会受到各种未知的自然失真或攻击,比如信道衰落导致的信号失真、有损信源编码引起的数据失真和恶意用户发起的表达攻击等。鲁棒水印技术可以保证含水印载体作品在经受这些自然失真或攻击后,仍能提取出版权水印,正确鉴别出失真作品的版权归属,从而有效地保护了数字内容版权。

在过去的近二十年间,伴随着数字水印技术的发展以及针对所抵抗信号处理操作要求的不断提高,鲁棒水印算法的设计也在不断发展。以数字图像水印为例,先后出现了各种能抵抗不同后处理操作的鲁棒水印算法。早期考虑的普通图像处理操作主要包括 JPEG 压缩、各类滤波、图像增强、添加噪声和打印扫描等,比如很多频域水印方法都能够抵抗图像压缩后处理。随后,几何变换被认为是一种具有挑战性的图像处理,针对抵抗图像几何变换攻击的鲁棒水印算法研究成为近十年来的研究热点和难点之一,受到国内外学术界和工业界的广泛关注。研究者们先后重点关注了图像全局仿射变换(包括图像旋转、缩放和平移)、剪切、图像局部几何变换以及非线性几何变换攻击(例如 Stirmark 中的随机扭曲攻击、全局扭曲攻击和随机抖动攻击)等。一般而言,普通图像处理仅会降低水印的能量而不会引起水印同步错误;而图像几何变换攻击会造成同步错误,使检测器无法找到水印嵌入的位置与顺序。

数字水印经过近二十年的发展,产生了大量的新方法和新技术,加深了人们对水印技术的理解。在大量的鲁棒水印方法中,扩频水印和量化水印被认为是最具影响的两种技术。在水印嵌入方式上,扩频水印方法直接将加性或乘性水印信号嵌入到载体信号中,量化水印方法通过选择不同的量化器对载体信号进行量化处理而嵌入水印信息。下面详细介绍这两种经典的鲁棒水印方法。

4.4.2 扩频水印算法

基于扩频通信原理,扩频水印技术采用叠加伪随机序列的方式嵌入水印。具体地,在原始数据的空域或变换域上叠加经水印信息调制后的伪随机序列,检测时计算待检信号与伪随机序列之间的互相关系数,然后与阈值比较以提取隐藏信息。

在此,设载体信号 X 是一个长度为 N 的一维数字序列,$X = [x(0), x(1), x(2), \cdots, x(N-1)]$,待嵌入的水印序列用 $W = [w_0, w_1, w_2, \cdots, w_{M-1}]$ 表示,其元素 $w_j \in \{+1, -1\}$。M 个长度为 N 的一维伪随机序列表示为 $S_j = [s_j(0), s_j(1), s_j(2), \cdots, s_j(N-1)]$,$j = 0, 1, 2, \cdots, M-1$,其元素 $s_j(i) \in \{+1, -1\}$ 是随机数。嵌入水印后的载体信号记为 $X' = [x'(0), x'(1), x'(2), \cdots, x'(N-1)]$。

1. 水印嵌入

嵌入水印的基本操作是,在原始载体上以加性或乘性的方式叠加一个经水印信息调制后的扩频序列。因此,扩频水印方法的嵌入规则可统一地公式化描述为

$$x'(i) = x(i) + \alpha \cdot \sum_{j=0}^{M-1} S_j(i) \cdot w_j \tag{4-9}$$

其中,$i = 0, 1, 2, \cdots, N-1$;α 是嵌入强度。(4-9)式也可写成

$$X' = X + \alpha \cdot \sum_{j=0}^{M-1} S_j \cdot w_j \tag{4-10}$$

如果嵌入水印时进一步使用感知模型来控制水印强度,设各位置上的载体元素所需嵌入强度对应为 $H = [h_0, h_1, h_2, \cdots, h_{N-1}]$,则扩频水印算法的嵌入规则变为

$$x'(i) = x(i) + \alpha \cdot h_i \cdot \sum_{j=0}^{M-1} S_j(i) \cdot w_j \tag{4-11}$$

其中,$i = 0, 1, 2, \cdots, N-1$。h_i 表示基于感知屏蔽效应所确定的在载体元素 $x(i)$ 上的水印嵌入强度。(4-11)式也可写成

$$X' = X + \alpha \cdot H \circ \sum_{j}^{M-1} S_j \cdot w_j \tag{4-12}$$

其中，∘ 表示矩阵 Hadamard 乘积。H 可理解为感知模型对嵌入强度的贡献。

2. 水印提取

提取水印采用基于相关性检测的水印判决方法。含水印载体 X' 在传输过程中可能受到各种干扰引起失真，记水印检测端收到的载体信号为 $X'' = [x''(0), x''(1), x''(2), \cdots, x''(N-1)]$。首先，计算相关系数

$$\rho_j(X'', S_j) = \frac{1}{N} \sum_{i=0}^{N-1} [(x''(i) - \overline{X''}) \cdot S_j(i)] \quad (4\text{-}13)$$

其中，$j = 0, 1, 2, \cdots, M-1$。$\overline{X''}$ 表示 X'' 中全部元素集合的平均值。然后，利用阈值化方法判决水印信息，具体的判决规则为

$$w'_j = \begin{cases} +1, & \rho_j(X'', S_j) > 0 \\ -1, & \rho_j(X'', S_j) < 0 \end{cases} \quad (4\text{-}14)$$

其中，$j = 0, 1, 2, \cdots, M-1$。由此可以提取出水印序列 $W' = [w'_0, w'_1, w'_2, \ldots, w'_{M-1}]$。

通过统计比较原始水印 W 与检出水印 W' 的对应元素，可得出水印检测算法的正检率和误检率，分别是正确检出和错误检出的水印比特数所占比率。

4.4.3 QIM 水印算法

二值量化索引调制（QIM）是一种常用的数字水印算法，其基本原理是按照待嵌入的二进制水印比特 $b \in \{+1, -1\}$，选择使用两个均匀量化器中的一个对载体信号 x 进行量化处理。通常采用抖动量化（DM）方法，设均匀量化器 $Q_{-1}(\cdot)$ 和 $Q_{+1}(\cdot)$ 的质心分别为

$$\begin{aligned} \Lambda_{-1} &= 2\Delta \cdot Z + d \\ \Lambda_{+1} &= 2\Delta \cdot Z + d + \Delta \end{aligned} \quad (4\text{-}15)$$

其中，Z 为整数，d 是依赖于密钥的任意值。为表示方便，一般可选择 $d=0$。图 4-3 为均匀抖动量化器的结构示意图。

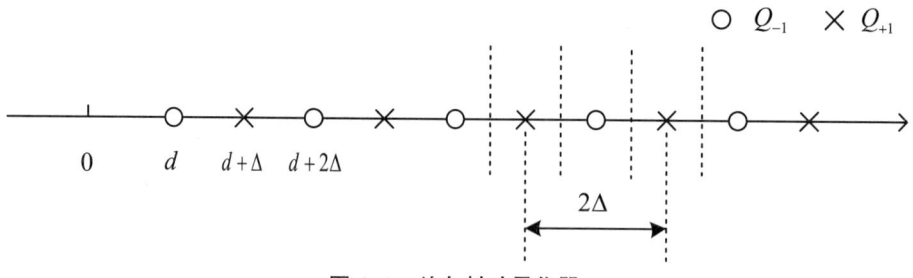

图 4-3 均匀抖动量化器

由此，记嵌入水印后的载体信号为 $y = Q_b(x)$，依照均匀量化的计算原则应有

$$Q_b(x) = \begin{cases} \left[\dfrac{x-d}{2\Delta}\right] \cdot 2\Delta + d, & b = -1 \\ \left[\dfrac{x-d-\Delta}{2\Delta}\right] \cdot 2\Delta + d + \Delta, & b = +1 \end{cases} \quad (4\text{-}16)$$

其中，$[\cdot]$ 表示四舍五入取整处理。欲嵌入秘密信息比特 -1 和 +1，需分别采用对应的量化器 Q_{-1} 和 Q_{+1} 对载体信号进行量化。

水印提取是利用最小欧氏距离解码器实现，即

$$\hat{b} = \underset{-1,+1}{\arg\min} \| y' - Q_b(y') \| \quad (4\text{-}17)$$

其中，y' 表示解码端接收到的可能经历过某些干扰的含水印信号，$\hat{b}$ 表示提取出的水印比特，$\|\cdot\|$ 表示欧氏距离。不难理解，当信号失真满足 $\|y'-y\|<\Delta/2$ 时即能提取出正确的水印比特信息，因而 QIM 水印方法具有较强的鲁棒性。

4.5 脆弱水印技术

4.5.1 脆弱水印技术概述

基于数字水印的内容认证技术的基本原理是，预先在原始载体中通过水印嵌入器隐藏某种认证信号，在需要验证时，通过水印检测器识别这些认证信号的变动，以鉴别待测载体数据的完整性和真实性。通常，这里的水印信号可以是人为叠加的辅助信号或模板信号，也可以是依据载体内容或内容特征生成的校验信息。

与数字签名技术不同，认证水印技术将认证信息隐藏于原始数据之中，这样就增加了认证信息的隐蔽性和安全性，提高了认证算法的透明度。在面对具有庞大体量的数字媒体信息时，数字签名仍存在效率和准确度不高、缺少篡改定位能力等缺陷，认证水印技术则可弥补这些不足。认证水印除了具有数字水印的一般特征(如透明性和安全性)外，水印本身对修改或篡改操作必须具有一定的敏感性，即脆弱性。认证水印可分为脆弱水印和半脆弱水印两类，前者实现的是完全认证与精确认证，对任何数据变动都会给出提示；而后者实现的是内容认证，仅敏感于引起内容结构和语义变化的恶意篡改。

一个完整的数字水印认证系统通常分为水印嵌入和水印检测两个部分，分别如图 4-4 和图 4-5 所示。在水印嵌入过程中，首先对原始载体数据进行特征提取，一般要求这些特征能描述载体数据的基本结构或语义内容，且敏感于期望检测出的内容改动操作；然后对所提取特征进行编码，生成水印信息 W；最后将水印嵌入到载体数据中，得到受保护的含水印载体。在实际应用中，需根据系统对水印算法脆弱性的具体要求来设计和提取特征，这是认证水印算法设计的关键环节。

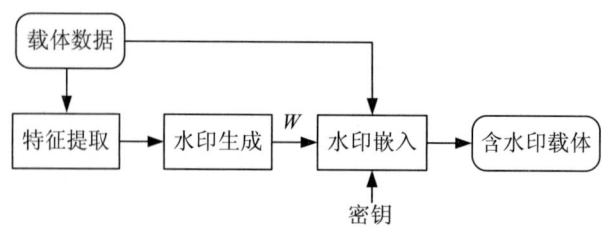

图 4-4 认证水印的嵌入过程

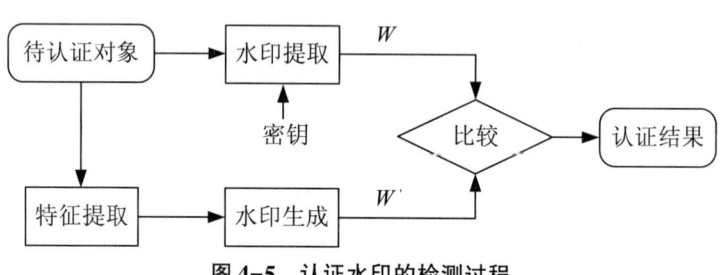

图 4-5 认证水印的检测过程

认证水印的检测过程,即内容认证过程如图 4-5 所示。当收到待认证的数据对象时,首先利用密钥提取待认证对象自身所携带的水印信息 W;同时,与嵌入过程一样,对该认证对象重新进行特征提取和水印生成,得到二次生成的认证水印 W';最后,通过比较 W 和 W' 是否一致来判断认证对象是否被改动过。如二者一致,则判定未被改动;否则判定已被改动过,并视系统要求进一步给出有关改动的更多细节信息,如指出篡改操作发生的具体位置,即篡改定位。

通常认为,一个理想的普通图像认证系统应满足以下四项基本准则:

(1) 敏感性:系统应敏感于改变了图像语义的恶意操作,如复制粘贴、拼接和剪切等;

(2) 容忍性:系统应能忍受普通的信息损失和非恶意操作,如有损压缩、加噪和滤波等;

(3) 定位能力:系统应能准确定位恶意篡改发生的具体位置,如判断图像的哪块区域被恶意改动过;

(4) 恢复能力:针对所检测定位出的篡改区域,有时可能要求系统具备进一步恢复其原先真实内容的能力;这种恢复可以是粗略的或高精度的,视具体应用要求而定。

4.5.2 典型的脆弱水印算法

早期提出的认证水印方案基本都属于完全脆弱水印技术,用于检测任何程度的信号扰动。1997 年,M. M. Yeung 和 F. Mintzer 在文献[14]中提出了著名的 Yeung-Mintzer 脆弱水印方案,利用秘密的查找表把一个二进制模板嵌入到原始图像中。验证时,依据查表结果和模板信息是否匹配,判断图像是否被改动。随后,P. W. Wong 在文献[15]中提出利用哈希函数生成图像摘要,由空域图像、图像尺寸和密钥产生的哈希值,结合二值水印被嵌入到像素灰度值的最低有效位。

本节将首先介绍 Wong 脆弱水印方法,然后介绍由 C.-Y. Lin 等人在文献[16]中提出的一种可抵抗 JPEG 压缩的半脆弱水印方案,最后讲述基于直方图修改的可逆水印方法。

1. Wong 脆弱水印算法

Wong 方案设定待嵌入的水印信号为二进制图像。通过对该原始水印图像进行复制平铺,构建一幅与载体图像 X 的分辨率(记为 $M×N$ 像素)相同的二值水印比特面 B。然后,对 X 和 B 分别进行相同的分块处理,分成 $M_b×N_b$ 像素的互不重叠的块,将每个块级水印比特面 B_r 分别嵌入到对应的图像块 X_r 中,$r=1,2,3,\cdots,R$,其中 R 表示总块数。块级水印嵌入流程如图 4-6 所示,具体步骤如下:

(1)将图像块 X_r 所有像素值的最低有效位设为 0,得到新图像块 $\tilde{X}_r$。

(2)计算哈希摘要 $H(M,N,\tilde{X}_r)$,其中 H 表示 Hash 函数,如常用的 MD5 Hash 算法,从哈希摘要生成的比特序列中选取前 $M_b \cdot N_b$ 个比特值,并转换成分辨率为 $M_b×N_b$ 的二维比特块 P_r。

(4)计算 $W_r=P_r \oplus B_r$,其中 $\oplus$ 表示异或运算。

(5)基于公钥加密技术,利用私钥 K 对 W_r 进行加密,即 $C_r=E_K(W_r)$。

(6)将 $\tilde{X}_r$ 的 LSB 位平面替换成 C_r,生成含水印的图像块 Y_r。

依次完成对所有图像块的水印嵌入,最终得到经认证后含水印的图像 Y,将其与相应的公钥 K' 一起发布后进入流通或应用环节。

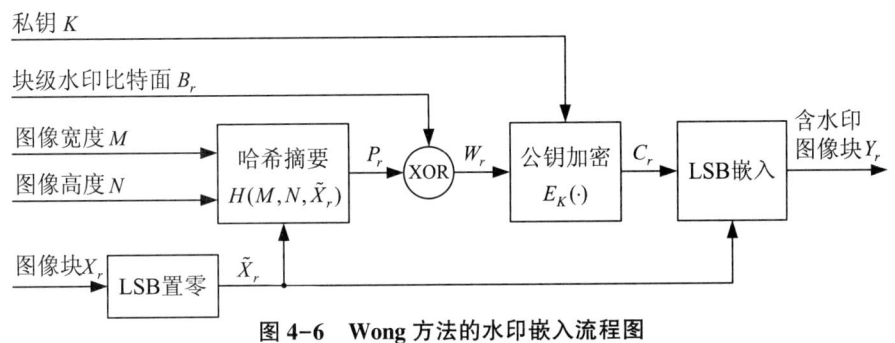

图 4-6 Wong 方法的水印嵌入流程图

当用户接收到待检测的含水印图像 Y' 时,为验证其数据的原始性和真实性,鉴别其是否已被修改过,需对 Y' 执行水印提取与验证操作。与嵌入过程中的预处理相对应,首先将 Y' 分成 $M_b×N_b$ 像素的互不重叠的图像块 Y'_r,然后依次对每个块进行水印验证。图 4-7 为块级水印的提取与验证流程,具体步骤如下:

(1)提取 Y'_r 的 LSB 位平面,记为 C'_r;再将 Y'_r 的 LSB 位平面置零,得到新图像块 $\tilde{Y}'_r$。

(2)计算哈希摘要 $P'_r=H(M,N,\tilde{Y}'_r)$,其中 M 和 N 表示待测图像 Y' 的宽度和高度。

(3)基于公钥加密技术,利用公钥 K' 对 C'_r 进行解密,即 $W'_r=D_{K'}(C'_r)$。

(4) 计算 $B'_r = P'_r \oplus W'_r$。

(5) 比较 B'_r 与 B_r，如果 $B'_r = B_r$，则判定图像块 Y'_r 未被改动；否则标记 Y'_r 为篡改块。

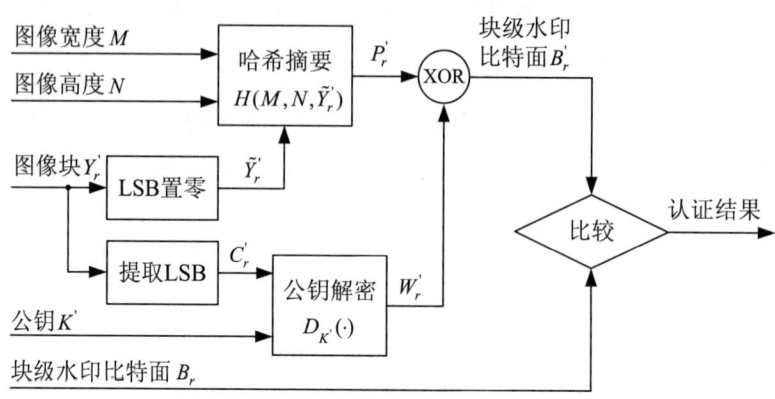

图 4-7 Wong 方案的水印验证流程图

当对所有图像块完成认证后，如果未发现任何篡改块，则判定待测图像 Y' 未经历过任何改动；否则判定经历过改动，并通过所标记篡改块的分布结果显示出图像改动发生的具体位置，实现篡改定位。

需要指出的是，Wong 脆弱水印方案利用了异或运算的如下特性：如果 $c = a \oplus b$，那么应有 $a = b \oplus c$ 和 $b = a \oplus c$。不难看出，对于待测图像未经历过任何改动的情形，即 $Y'_r = Y_r$，在验证阶段计算 $B'_r = P'_r \oplus W'_r$ 时，由于 $W'_r = W_r$，$P'_r = P_r$，因此 $B'_r = P_r \oplus W_r = B_r$，故该算法能做出正确的认证结果。如果待测图像经历过改动，则无法保证 $W'_r = W_r$，$P'_r = P_r$ 同时成立，从而使得 $B'_r \neq B_r$，算法也能做出正确判决。

2. 可抵抗 JPEG 压缩的半脆弱水印算法

比较经典的半脆弱型认证水印方案之一，是由 Ching-Yung Lin 等人提出的自认证恢复（SARI）系统，主要利用 DCT 系数量化中的不变特性来设计认证算法，可抵抗一定程度 JPEG 压缩。下面详细介绍这种典型的半脆弱型认证水印方案，主要包括认证水印生成、嵌入和提取三个子算法。

(1) 认证水印生成算法

①将原始图像分成 8×8 像素互不重叠的图像块；

②利用预定义好的秘密映射 T_1 选择指定数量的块对；

③对每个块对 (X_p, X_q)，执行：

第一步：按预定义规则选取 N_B 个块内元素位置作为水印生成区，记为

$$B_p = \{v_k \mid k = 1, 2, 3, \ldots, N_B; v_k \in \{1, 2, 3, \ldots, 64\}\} \tag{4-18}$$

其中，v_k 为依照 Zigzag 顺序扫描块内元素所形成的一维位置坐标。

第二步：生成该块对的二进制认证信息 S_p 为

$$S_p(k) = \begin{cases} 1, & \text{if } F_p(v_k) - F_q(v_k) \geq 0 \\ 0, & \text{otherwise} \end{cases} \tag{4-19}$$

其中，$k = 1,2,3,\ldots,N_B$；$F_p(k)$，$F_q(k)$，$k = 1,2,3,\ldots,64$ 分别表示图像块 X_p 和 X_q 的 DCT 变换系数经 Zigzag 扫描转换成一维序列。

（2）水印嵌入算法

针对任一块对 (X_p, X_q) 生成的认证水印序列 S_p，分别执行：

①按预定义好的秘密映射 T_2 确定用于嵌入水印的块对，记为 (X_m, X_n)。

②按预定义好的水印嵌入区 E_m，从 X_m 和 X_n 的 DCT 变换结果中分别选取 $N_B/2$ 个 DCT 系数，用于嵌入水印比特序列 S_p。这里要求 $E_m \cap B_p = \varnothing$，即水印生成区和水印嵌入区应相互独立。

③欲在某一具体的 DCT 系数 $F_m(v)$ 上嵌入对应的认证水印比特 $b \in S_p$，需首先计算 $f_m(v) = [F_m(v)/Q'_a(v)]$，其中 $Q'_a(v) \triangleq Q_a(v) + 1$，$Q_a$ 为预定义的 DCT 系数量化表，对应于算法预期能抵抗 JPEG 压缩强度的下限；$[\cdot]$ 表示四舍五入取整处理。然后按如下规则，将 $F_m(v)$ 修改为 $\tilde{F}_m(v)$，实现水印比特的嵌入。

$$\tilde{F}_m(v) = \begin{cases} f_m(v) \cdot Q'_a(v), & if\ LSB(f_m(v)) = b \\ \left(f_m(v) + \mathrm{sgn}\left(\dfrac{F_m(v)}{Q'_a(v)} - f_m(v)\right)\right) \cdot Q'_a(v), & otherwise \end{cases} \quad (4\text{-}20)$$

其中，$\mathrm{sgn}(x) \triangleq \begin{cases} 1, & if\ x \geq 0 \\ -1, & otherwise \end{cases}$，$LSB(\cdot)$ 表示取最低有效位比特。

（3）水印验证算法

①按照映射 T_1 和 T_2 重新找到用于生成认证水印的所有块对 (X_p, X_q)，以及对应的水印嵌入位置块对 (X_m, X_n)。

②然后，依照嵌入阶段水印生成方法，从 (X_p, X_q) 的水印生成区中重新生成认证水印序列，记为 S_{pg}；

③同时从 (X_m, X_n) 的水印嵌入区中提取之前已嵌入的水印序列，记为 S_{pe}；

④如果 $S_{pg} = S_{pe}$，则判定所涉及的四个图像块 X_p, X_q, X_m, X_n 未经过改动；否则，判定它们被改动过。依据具体不匹配的水印比特的分布情况，同时利用每个块水印生成区和嵌入区的认证信息匹配结果，可进一步对每个块是否被改动做出粗略估计。

3. 基于直方图修改的可逆水印算法

近年研究比较活跃的可逆水印技术也是一种脆弱型认证水印，其特点是在提取出水印信息之后，可以无失真地恢复出原始载体。下面详细介绍一种基于直方图修改的可逆水印方案。

（1）水印嵌入算法

①统计单通道载体图像 X 的灰度直方图，记为 $h(k)$，$k = 0,1,2,\cdots,255$。计算直方图的零点 z，指 $h(k) = 0$ 所对应的灰度级；计算直方图的峰值点 p，指取值最大的直方图单元 $h(k)$ 所对应的灰度级。不失一般性，设 $p < z$。参数 (p, z) 以密钥形式保存。

②对图像 X 中每一个像素的灰度值 x_{ij}，按如下方式进行修改：

$$x'_{ij} = \begin{cases} x_{ij} + 1, & if\ p < x_{ij} < z \\ x_{ij}, & otherwise \end{cases} \quad (4-21)$$

相应的修改后图像记为 $X' = \{x'_{ij}\}$。

③利用 X' 中灰度值等于峰值点 p 的像素嵌入水印，按如下方式进行修改：

$$x^w_{ij} = \begin{cases} x'_{ij} + b_w, & if\ x'_{ij} = p \\ x'_{ij}, & otherwise \end{cases} \quad (4-22)$$

其中，$b_w \in \{0,1\}$ 表示在像素 x'_{ij} 上待嵌入的水印比特。嵌入水印后的图像记为 $X^w = \{x^w_{ij}\}$。

（2）水印提取算法

①对于接收到的含水印图像 $Y = \{y_{ij}\}$，读取相应的密钥 (p,z)。

②从像素值为 p 和 $p+1$ 的像素中提取水印比特如下：

$$b_w = \begin{cases} 0, & if\ y_{ij} = p \\ 1, & if\ y_{ij} = p+1 \end{cases} \quad (4-23)$$

然后将 Y 中所有灰度值为 $p+1$ 的像素修改为 p，得到图像 $Y' = \{y'_{ij}\}$。

③按如下方式修改 Y' 的每一个像素：

$$x^r_{ij} = \begin{cases} y'_{ij} - 1, & if\ p + 1 < y_{ij} \leq z \\ y'_{ij}, & otherwise \end{cases} \quad (4-24)$$

即得到恢复后的原始图像 $X^r = \{x^r_{ij}\}$。

基于直方图修改的可逆水印方法具有透明性高的显著优点。从水印嵌入阶段修改像素的方式不难看出，该方法对每个像素的修改量最大为 1。故对于任何载体图像，其嵌入水印前后版本之间的均方误差 MSE ≤1，由 PSNR 定义应有：PSNR ≥ $10\log(255^2/1)$ = 48.13 dB。该可逆水印算法的容量是由图像峰值点像素的个数决定，不同载体图像的灰度直方图一般具有不同的分布形状，峰值点单元高度也不一致，故可嵌入的水印容量会因载体而异。

4.6 数字隐写技术

本节首先介绍数字隐写的原理与分类，然后简要介绍四种典型的数字图像隐写算法。

4.6.1 数字隐写的原理与分类

数字隐写（Digital Steganography）是指将秘密消息隐藏于其他载体数据当中，在不引起任何怀疑的情况下秘密地传送消息，强调信息隐藏行为的隐秘性与不可察觉性。因此，数字隐写技术在要求保证透明性的前提下，重点强调不可检测性和高容量。这里的不可检测性是指数字隐写算法抵抗隐写分析（Steganalysis）的能力。

隐写分析是指在已知或未知信息隐藏算法的情况下,通过专门的技术分析手段,从观察到的数据中检测判断其是否含有秘密信息,分析秘密信息数据量的大小和嵌入位置,并最终还原数据嵌入的过程。隐写分析促进了隐写技术的进步。随着隐写分析技术的进步,为抵御新的更高级的隐写分析算法,隐写技术将变得更加复杂、更难被检测出。

隐写算法通常需要利用某种嵌入方法,通过修改载体系数达到嵌入秘密信息的目的。需要特别指出的是,就数据嵌入操作本身而言,数字隐写与数字水印没有本质上的差别,只因二者应用场景和目标的不同,致使相应的技术要求不尽相同。在综合考虑透明性、不可检测性、鲁棒性/脆弱性和容量等四方面性能指标时,数字隐写特别要求所采用的信息隐藏算法应具有良好的不可检测性和高容量,而数字水印则更多地关注和强调鲁棒性/脆弱性。

通常,设计一种实用的隐写方法一般需要遵从以下四个准则:

(1) 保持载体源的统计模型;

(2) 使嵌入过程类似于某些自然的处理过程;

(3) 设计能够抵抗现有隐写分析攻击的隐写方法;

(4) 将嵌入秘密信息的影响最小化。

依据这四条准则形成对应的四类隐写方案。第一类隐写方案是基于载体信号的一种统计模型,在嵌入秘密信息的过程中尽量保持该模型,从而保证隐写的不可检测性。第二类方案的目标是将嵌入过程伪装成自然过程,如图像获取中的噪声干扰和图像压缩引起的图像质量失真等。第三类方案以现有的隐写分析方法为标靶,旨在设计出可抵抗它们的隐写方法。第四类方案首先对每一个载体元素上的嵌入改变分配一个代价函数,然后寻求使总体代价最小化的嵌入策略。后面三类隐写方案的设计准则是启发性的。在实际设计一种隐写方法时,也可以同时考虑这四种准则。

具体以数字图像载体为例,根据嵌入操作所发生域的不同,图像隐写技术可大致分为以下两类:

(1) 空间域图像隐写。空间域隐写方法一般是在图像的像素域或其相关的特征域上嵌入秘密信息。典型的空域隐写算法包括空域 LSB 替换、LSB Match、BPCS(Bit-Plane Complexity Segmentation,位平面复杂度分割)等。空域隐写技术无需对原始载体信号进行变换,计算效率较高。

(2) 变换域图像隐写。变换域隐写方法一般是在图像的变换域(如 DCT、DFT 和 DWT)中进行数据隐藏,主要包括面向 JPEG 图像的 DCT 域隐写和面向 JPEG2000 图像的 DWT 域隐写。由于 JPEG 图像的应用广泛,数量巨大的图像空间可为 JPEG 图像隐写提供良好的掩护,因而 JPEG 图像隐写技术受到研究者和信息安全应用部门的广泛关注,近年发展迅速。典型的变换域隐写算法包括 JStego、Outguess、F3、F5、MB(Model-based)等。

应该注意到,数字隐写的不可检测性和高容量这两个技术指标在概念描述或定义上都具有明显的相对性,这是因为不可检测性通常是指抵抗某一种或多种隐写分析算法的能力,容量通常与载体和嵌入方法本身有关。本章之前介绍的部分数字水印算法,例如扩频水印和 QIM 水印算法,也具有一定的不可检测性和容量,因而也可用作数字隐写技术,要求相应的技术指标符合数字隐写的实际应用需求。

4.6.2 典型的数字图像隐写算法

1. LSB 替换隐写

设载体信号 $X=[x(0),x(1),x(2),\cdots,x(N-1)]$ 为从原始图像中所选取 N 个像素的灰度值集合,其中 $x(i) \in \{0,1,2,\ldots,255\}$。待嵌入的秘密信息比特序列用 $W=[w_0,w_1,w_2,\cdots,w_{N-1}]$ 表示,这里 $w_i \in \{1,0\}$。在基于 LSB(Least Significant Bits)替换的图像空域隐写中,首先将 $x(i)$ 转换成 8 比特长度的二进制数,记为 $[x(i)]_2$;然后用对应的秘密信息比特 w_i 替换 $[x(i)]_2$ 的最低位比特值,将替换了 LSB 后的二进制数转换成十进制形式,作为嵌入秘密信息后的载体系数。例如,对于一个灰度值为 25 的像素,由于 $[25]_2$ = 0001 1001,通过 LSB 替换方法嵌入秘密信息比特 0 后其灰度值变为 24($[24]_2$ = 0001 1000);如果嵌入秘密信息比特 1 则其灰度值保持不变。

LSB 替换方法可扩展到对多个低权重比特位同时进行替换。例如在一个像素的最低比特位和倒数第 2 个比特位上同时执行替换操作,可一次嵌入两个秘密信息比特。例如,对于一个灰度值为 25($[25]_2$ = 0001 1001)的像素,通过多比特位替换方法在倒数第 2 个比特位和最低比特位上分别嵌入秘密信息比特 b_2 和 b_1 后,其灰度值的变化如表 4-1 所示。

表 4-1 基于多比特位替换的数字隐写示例

原始灰度值	二进制表示	待嵌入的秘密信息比特 (b_2b_1)	嵌入后二进制表示	嵌入后灰度值
25	0001 1001	00	0001 1000	24
		01	0001 1001	25
		10	0001 1010	26
		11	0001 1011	27

LSB 替换方法也可用于图像变换域隐写,比如在量化后 DCT 系数上嵌入秘密信息。为增强 LSB 替换方法的安全性,通常可结合加密技术应用,如利用密钥随机选取用于嵌入秘密信息的载体系数。

基于 LSB 替换的隐写方法具有信息隐藏容量大(可达到 1~3 比特/像素)、透明性好和计算效率高等显著优点;但由于嵌入操作简单,且未考虑载体图像的自然统计特性或模型,LSB 替换方法的不可检测性比较差,需要通过改进嵌入方法予以提高。

2. LSB 匹配隐写

为进一步考察 LSB 替换算法的安全性,我们首先分析基于 LSB 替换的空域隐写对图像灰度直方图的影响。这里考虑完全嵌入的情形,即载体图像的每个像素都分别嵌入 1

比特的秘密信息。依据 LSB 替换隐写的嵌入规则,一个像素值对 $\{2k, 2k+1\}$ ($k = 0, 1, 2,$ $\cdots, 127$) 内的像素值相互变化,而不会变为其他值,故恒有: $h'(2k) + h'(2k+1) =$ $h(2k) + h(2k+1)$,这里 h 和 h' 分别表示嵌入秘密信息前后图像的灰度直方图。在嵌入过程中,由于待嵌入的秘密信息比特(0 或 1)与像素值之间对应关系的随机性,因此每个值为 $2k$ 的原始像素在概率上有 1/2 的可能性保持不变,同时有 1/2 的可能性被改为 $2k+1$;同样,每个值为 $2k+1$ 的原始像素在概率上有 1/2 的可能性保持不变,也有 1/2 的可能性被改为 $2k$。相应地,对全部值为 $2k$ 的原始像素集合而言,其中近 1/2 的像素保持不变,剩余 1/2 的像素变为 $2k+1$;对全部值为 $2k+1$ 的原始像素集合而言,其中近 1/2 的像素保持不变,剩余 1/2 的像素变为 $2k$。因此,有

$$\begin{aligned} h'(2k) &\approx \frac{1}{2} \cdot h(2k) + \frac{1}{2} \cdot h(2k+1) \\ h'(2k+1) &\approx \frac{1}{2} \cdot h(2k) + \frac{1}{2} \cdot h(2k+1) \end{aligned} \qquad (4\text{-}25)$$

不难看出,应有 $h'(2k) \approx h'(2k+1)$,即在含密图像的灰度直方图中,相邻值对 $\{2k, 2k+1\}$ 处的直方图单元高度接近;而在原始图像的灰度直方图中,通常不存在确定的 $h(2k) \approx h(2k+1)$ 关系,统计表明存在以下事实:

$$\frac{h(2k) - h(2k+1)}{\sqrt{2} \cdot \sqrt{h(2k) + h(2k+1)}} \sim N(0,1) \qquad (4\text{-}26)$$

其中 $N(0,1)$ 表示标准正态分布。

由此,通过统计判断灰度直方图中每组相邻值对 $\{2k, 2k+1\}$ ($k = 0, 1, 2, \cdots, 127$) 内单元高度是否近似一致,可鉴别图像是否经历过 LSB 替换隐写操作。这就是基于卡方检验的 LSB 隐写分析方法的基本思想。

为提高 LSB 替换算法抵抗隐写分析的能力,学者们提出了 LSB 匹配隐写方法,也称 ±1 隐写方法。它的基本思想是,当待嵌入的秘密信息比特与像素值的 LSB 不同时,对像素值进行随机加 1 或减 1 操作,使所得像素值的 LSB 等于秘密信息比特。

LSB 匹配隐写的具体嵌入过程如下:

(1) 由隐写密钥 k_1 选取图像像素集 $\{x(0), x(1), x(2), \cdots, x(N-1)\}$;对应待嵌入的秘密信息比特序列为 $\{w_0, w_1, w_2, \cdots, w_{N-1}\}$,其中 $x(i) \in \{0, 1, 2, \ldots, 255\}$,$w_i \in \{1, 0\}$。对选取的每一个像素 $x(i)$,$i = 0, 1, 2, \cdots, N-1$,分别执行后面的处理。

(2) 若 $x(i)$ 的 LSB 与待嵌入的秘密信息比特 w_i 相同,则不做改动;否则,执行下一步。

(3) 由隐写密钥 k_2 产生一个伪随机数 $r_i \in N(0,1)$,若 $r_i > 0$,则将 $x(i)$ 改为 $x'(i) = x(i) + 1$;否则,$x'(i) = x(i) - 1$。

(4) 若 $x'(i) = 256$,则取 $x'(i) = 254$;若 $x'(i) = -1$,则取 $x'(i) = 1$。

LSB 匹配隐写的提取过程与 LSB 替换隐写相同。通过直接读取对应像素值的 LSB 即可获得秘密信息。

3. JSteg 隐写

JPEG 是实际应用中最为常见的图像格式,DCT 变换是 JPEG 压缩编码的主要步骤之一,DCT 变换系数,通常又称为 DCT 域,是 JPEG 图像进行信源编码的数据对象。因此,在 DCT 域隐藏信息是常见的数字隐写方式之一。JSteg 是最早的 JPEG 图像隐写方法之一,但由于其导致量化后 DCT 系数直方图出现明显变化,随后相继出现了 F3、F4、F5、Outguess 和 MB 等数字图像隐写方法。这里我们简要介绍 JSteg 隐写方法。

JSteg 是一种以 JPEG 图像为载体的隐写算法,其实质是将空域 LSB 替换隐写应用到 JPEG 图像中量化后 DCT 系数上。该算法的基本思想是,针对值不为 0 或 1 的量化后 DCT 系数,用秘密信息比特替换其最低有效比特位。提取秘密信息时,仅需重新读取值不为 0 或 1 的量化后 DCT 系数的 LSB 即可。图 4-8 为 JSteg 隐写示意图。注意对值为负数的量化 DCT 系数,其 LSB 与对应绝对值的 LSB 一致。

图 4-9 为 JSteg 隐写前后图像的灰度直方图示意图。如图 4-9(a)所示,统计表明普通 JPEG 图像的量化后 DCT 系数直方图一般具有如下特性:

(1)绝对值越大的 DCT 系数出现的频数越低,对应直方图单元的值越小;
(2)随着 DCT 系数绝对值的增加,其频数下降的幅度减小。

图 4-9(b)为 JSteg 隐写后图像的灰度直方图示意图。不难看出,JSteg 算法具有与空域 LSB 替换隐写算法一样的安全性缺陷,会引起量化后 DCT 系数直方图出现值对趋于相等的现象。因此,JSteg 隐写也无法抵抗卡方检验分析。

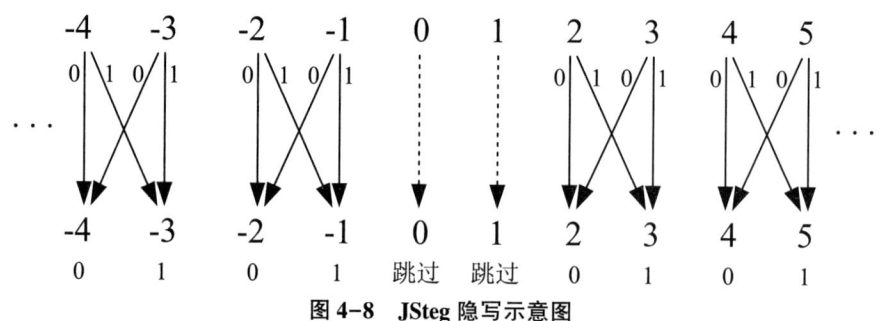

图 4-8 JSteg 隐写示意图

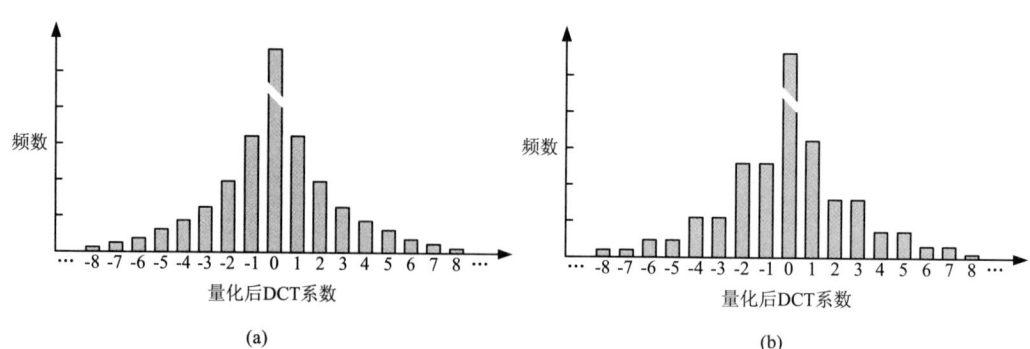

图 4-9 JSteg 隐写前后图像的灰度直方图示意图。(a)隐写前;(b)隐写后

4. F5 隐写

F5 隐写是由 Westfeld 在 2001 年提出的一种更加安全的隐写方法。该方法是在 F3 隐写和 F4 隐写的基础上发展出来的。F5 隐写具有较高的安全性，可保持 JPEG 图像 DCT 系数直方图的特性，具有较高的嵌入效率。下面分别简要介绍 F3、F4 和 F5 隐写。

(1) F3 隐写

为了克服 JSteg 隐写不能抵抗卡方分析的不足，F3 隐写对 JSteg 隐写进行了改进，提出如下嵌入策略：

① 若 DCT 系数的 LSB 与要嵌入的秘密信息比特相同，则不做改动；否则将该 DCT 系数的绝对值减 1。

② 用非零的 DCT 系数做载体，为 0 的 DCT 系数不嵌入任何信息。

③ 在绝对值为 1 的 DCT 系数上嵌入秘密信息比特 0 时，会产生新的 0 系数，则此次嵌入无效，在下一个 DCT 系数中重新嵌入。

提取 F3 隐写的秘密信息时，只需读取非零的量化后 DCT 系数的 LSB 即可。图 4-10 为 F3 隐写示意图。

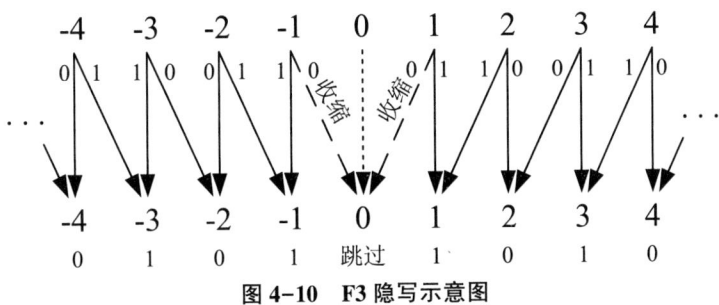

图 4-10 F3 隐写示意图

图 4-11 为 F3 隐写后图像的 DCT 系数直方图。从 F3 隐写的嵌入策略可以看出，由于采用了绝对值减 1 的修改方法，便不会形成固定的值对内部相互转换，于是在 DCT 系数直方图中不会出现值对趋于相等的现象，因而 F3 隐写可以抵抗卡方分析，在一定程度上弥补了 JSteg 隐写的不足。

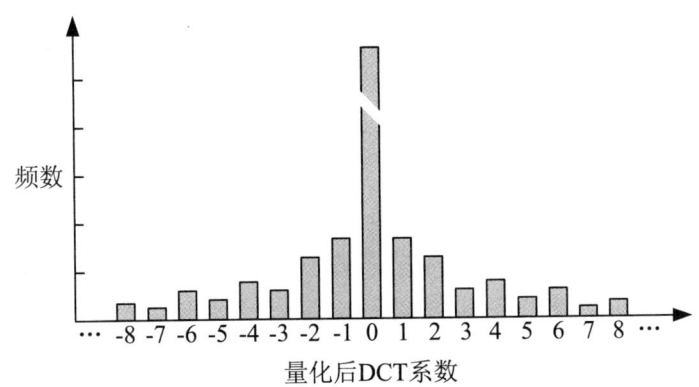

图 4-11 F3 隐写后 DCT 系数直方图示意图

然而,F3 隐写却引起了新的直方图异常现象,即偶数值处单元的高度可能高于比其绝对值小 1 的奇数单元。这是由于在值为 ±1 的量化后 DCT 系数上嵌入秘密信息比特 0 时,会形成无效的嵌入,继而将这些待嵌入的秘密信息比特 0 分摊到其他系数上,且最终由修改后为偶数的 DCT 系数来表征。这就导致产生额外的偶数型 DCT 系数,从而使最终的 DCT 系数直方图表现出偶数单元高于相邻近零端奇数单元的异常现象。

(2) F4 隐写

为进一步改进 F3 隐写,F4 隐写采用了新的信息表征规则:对于负 DCT 系数,偶数代表 1,奇数代表 0;对于正 DCT 系数,如 F3 隐写一致,奇数代表 1,偶数代表 0。图 4-12 为 F4 隐写嵌入规则的示意图,可以看到 F4 隐写的嵌入操作与 F3 一致。

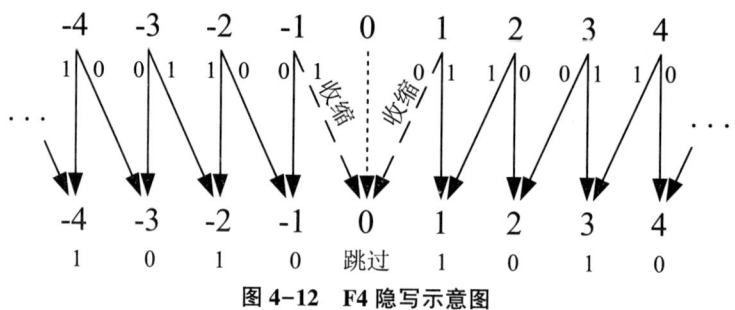

图 4-12 F4 隐写示意图

由于 F4 采用了新的信息表征规则,使得在值为 1 的系数上嵌入秘密信息比特 0 以及在 -1 的系数上嵌入 1 时,均会形成无效的嵌入,从而使隐写后 DCT 系数直方图不会呈现出偶数单元高于相邻近零端奇数单元的异常现象。如图 4-13 所示,F4 隐写后图像的量化后 DCT 系数直方图较好地保持了原始 JPEG 图像对应直方图的统计特性。

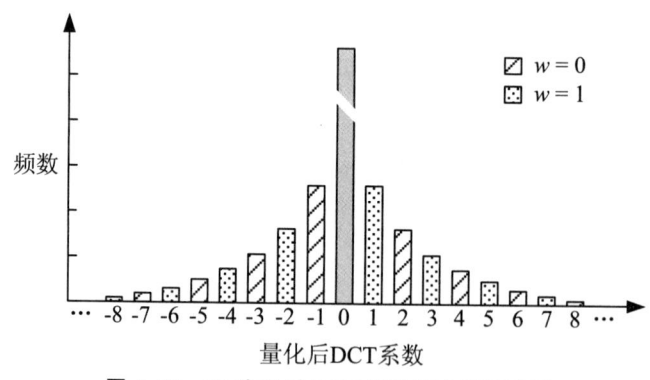

图 4-13 F4 隐写后 DCT 系数直方图示意图

(3) F5 隐写

尽管 F4 隐写可以保持 DCT 系数直方图特性,但仍存在嵌入效率较低、隐写后图像质量无法保证等不足之处。为解决这些问题,F5 隐写创新性地引入混洗和矩阵编码技术。

混洗,也称置乱,指通过类似加密的方式打乱 DCT 系数的排列位置或顺序,得到新的 DCT 系数序列,然后进行秘密信息的顺序嵌入。这与 JSteg、F3 和 F4 等隐写直接在原始排列的 DCT 系数上进行顺序嵌入不同。混洗可以避免因集中修改某一局部 DCT 系数导致图像质量不均匀。

矩阵编码的目的是以最少的改动嵌入更多的秘密信息,即提高隐写的嵌入效率。嵌入效率定义为每个改动所能负载的秘密信息的比特数。在 LSB 替换隐写中,为嵌入 1 比特秘密信息对载体系数的 LSB 进行改动的概率是 1/2,那么每个改动平均可以嵌入 2 比特的秘密信息,所以嵌入效率是 2 比特/改动。F3 和 F4 隐写中由于存在无效嵌入情况,其嵌入效率会低于 2 比特/改动。

矩阵编码的通用形式通常记为一个三元组 $(1,n,k)$,表示用 n 个载体数据的 LSB 负载 k 比特秘密信息,其中 $n=2^k-1$,对数据的改动最多只有 1 比特。在这种情形下,载体的嵌入效率为

$$E = \frac{2^k}{2^k - 1} \cdot k \tag{4-27}$$

载体数据的利用率为

$$R = \frac{k}{2^k - 1} \tag{4-28}$$

表 4-2 为不同 k 值下的矩阵编码性能。可以看到,随着 k 的增加,嵌入效率 E 不断提高,但数据利用率 R 却不断降低。$k=1$ 对应于传统的 LSB 替换隐写,其数据利用率达到最高,即 100%。可以认为,数据利用率的降低正是矩阵编码提高嵌入效率所付出的代价。

表 4-2 不同 k 值下的矩阵编码性能

k	n	嵌入效率 E	数据利用率 $R(\%)$
1	1	2.00	100.00
2	3	2.67	66.67
3	7	3.43	42.86
4	15	4.27	26.67
5	31	5.16	16.13
6	63	6.09	9.52
7	127	7.06	5.51
8	255	8.03	3.14
9	511	9.02	1.76
10	1023	10.01	0.98

下面具体以 $k=2$ 为例考察矩阵编码的作用。记待嵌入的秘密信息比特位 w_1,w_2,此时需 $n=2^2-1=3$ 个载体系数,记其 LSB 分别为 a_1,a_2,a_3,存在以下四种情形:

①若 $w_1 = a_1 \oplus a_3$, $w_2 = a_2 \oplus a_3$,则不做改动;

②若 $w_1 \neq a_1 \oplus a_3$, $w_2 = a_2 \oplus a_3$,则改变 a_1;

③若 $w_1 = a_1 \oplus a_3$，$w_2 \neq a_2 \oplus a_3$，则改变 a_2；

④若 $w_1 \neq a_1 \oplus a_3$，$w_2 \neq a_2 \oplus a_3$，则改变 a_3；

其中，$\oplus$ 表示异或运算。

在提取端，通过计算 $w_1 = a_1 \oplus a_3$，$w_2 = a_2 \oplus a_3$ 即可获得秘密信息。

从这个 $(1,3,2)$ 矩阵编码例子可以看到，嵌入 2 比特秘密信息平均需要 3/4 次 LSB 改动，相应的嵌入效率应为 $E = 2/(3/4) = 8/3 = 2.67$ 比特/改动，相比传统 LSB 替换隐写的嵌入效率 $E = 2$ 有明显提高。但该矩阵编码的数据利用率 $R = 2/3 = 66.67\%$，要低于 LSB 替换隐写的数据利用率 $R = 100\%$。

F5 隐写利用矩阵编码 $(1,n,k)$ 修改载体系数的通用方法简介如下。设载体系数的 LSB 和待嵌入的秘密信息比特分别为 $a = a_1 a_2 \cdots a_n$ 和 $w = w_1 w_2 \cdots w_n$，定义一个散列函数为

$$f(a) = \bigoplus_{i=1}^{n} a_i \cdot i \tag{4-29}$$

其中，i 在运算过程中采用二进制表示。具体修改系数的方法包括以下主要步骤：

①定位需要改动的载体系数，计算 $p = w \oplus f(a)$，将 p 表示成十进制。

②依照如下规则修改 a，得到嵌入后载体系数 LSB 系列为

$$a' = \begin{cases} a, & \text{if } p = 0 \\ a_1 a_2 \cdots a'_p \cdots a_n, & \text{otherwise} \end{cases} \tag{4-30}$$

其中，a'_p 表示对 a_p 进行改动，即由 0 改为 1 或由 1 改为 0。

在提取端，通过计算 $w = f(a')$ 即可获得所嵌入的秘密信息。这是因为存在如下关系：

$$f(a') = \bigoplus_{i \neq p} a_i i \oplus a'_p p = \bigoplus_{i \neq p} a_i i \oplus (1 \oplus a_p) p = \bigoplus_{i \neq p} a_i i \oplus p \oplus a_p p = f(a) \oplus p = f(a) \oplus w \oplus f(a) = w$$

综上，F5 隐写的秘密信息嵌入主要包括以下步骤：

①读取 JPEG 图像的量化后 DCT 系数，对这些 DCT 系数进行混洗。

②统计可用的 DCT 系数，依据待嵌入的秘密信息长度计算矩阵编码三元组 $(1,n,k)$。

③依序取 n 个非零的 AC 系数和 k 个秘密信息比特，利用矩阵编码进行嵌入。计算判断载体系数是否需要改动：若不需要，则继续下一组的嵌入；若需要，则改变相应系数的 LSB。若改动后有新的载体系数变为 0，则此次嵌入无效，需重新确定 n 个可用系数进行矩阵编码嵌入。

④重复执行③，直到秘密信息嵌入完毕。

⑤对修改后 DCT 系数进行逆混洗，恢复 DCT 系数原始排列顺序，保存隐写后 JPEG 图像。

F5 隐写的秘密信息提取是嵌入的逆过程，其核心步骤是依照矩阵编码分组，利用公式(4-29)所定义的散列函数对含密载体系数进行计算得到分组秘密信息，将它们依序连接起来即可获得完整的秘密信息。

本章小结

本章的主要内容是信息隐藏与数字水印的基本理论和方法。首先简要介绍了信息隐藏的基本概念、技术原理、技术分类与应用。然后,讲述了数字水印基本理论、鲁棒水印技术和脆弱水印技术,详细介绍了五种典型的数字图像水印算法。最后讨论了数字隐写,简要总结了数字隐写的概念、原理和技术分类,详细介绍了四种典型的数字图像隐写算法。

本章的主要知识点包括:

1. 信息隐藏基本概念

(1) 信息隐藏的定义与相关术语。
(2) 信息隐藏的可行性。
(3) 信息隐藏的基本模型。

2. 信息隐藏技术

(1) 信息隐藏技术的性能评价指标。
(2) 信息隐藏技术的不同分类方法。
(3) 信息隐藏技术的典型应用领域。

3. 数字水印基本理论

(1) 数字水印系统的基本框架。
(2) 典型的水印嵌入方法。
(3) 基于相似性测量的水印判决方法。
(4) 数字水印技术的不同分类方法。
(5) 数字水印的攻击方法。

4. 鲁棒水印技术

(1) 鲁棒水印技术的实现原理与发展现状。
(2) 典型的数字图像鲁棒水印算法:
- 扩频水印算法
- QIM 水印算法

5. 脆弱水印技术

(1) 脆弱水印技术的实现原理与特点。
(2) 典型的数字图像脆弱水印算法:
- Wong 脆弱水印算法
- 可抵抗 JPEG 压缩的半脆弱水印算法
- 基于直方图修改的可逆水印算法

6. 数字隐写

(1) 数字隐写技术的实现原理与分类。

(2) 典型的数字图像隐写算法:

- LSB 替换隐写
- LSB 匹配隐写
- JSteg 隐写
- F5 隐写

练习思考

1. 简述信息隐藏的定义。

2. 信息隐藏与传统密码学之间的区别是什么?

3. 信息隐藏的可行性取决于哪些方面?要求分别进行阐述。

4. 常用的信息隐藏技术性能评价指标是哪些?简述各指标的含义与度量方法。

5. 给出 3 种以上信息隐藏技术的分类方法。

6. 给出 5 种以上信息隐藏技术的应用场景。

7. 一个典型数字水印系统的构成是什么?要求画出数字水印系统的基本框架图。

8. 依据对鲁棒性的不同要求,数字水印可分为哪些类?简述各类技术的特点和应用场合。

9. 解释攻击和表达攻击的含义分别是什么?对应的防范措施有哪些?

10. 简述扩频水印方法的基本原理。

11. 简述 QIM 水印方法的基本原理。

12. 简述 Wong 脆弱水印算法的主要步骤。

13. 简述基于直方图修改的可逆水印算法的主要步骤。

14. 比较数字隐写与数字水印之间的异同。

15. 图像空域 LSB 替换隐写方法有哪些优缺点?可采用哪些措施改进其不可检测性?

16. F3 隐写和 F4 隐写方法之间的区别是什么?

17. 简述 F5 隐写算法的主要步骤。

参考文献

[1] 刘粉林,刘九芬,罗向阳.数字图像隐写分析.北京:机械工业出版社,2010.

[2] 彭飞,龙敏,刘玉玲.数字内容安全原理与应用.北京:清华大学出版社,2012.

[3] J. Fridrich 著,张涛等译.数字媒体中的隐写术——原理、算法和应用.北京:国防工业出版社,2014.

[4] 钮心忻.信息隐藏与数字水印.北京:北京邮电大学出版社,2004.

[5] 蒋铭. 多媒体数字版权保护水印算法研究及应用. 北京邮电大学博士学位论文, 2012.

[6] 翁韶伟. 数字图像的高容量可逆水印的研究. 北京交通大学博士学位论文, 2009.

[7] 张新鹏. 信息隐藏安全性研究. 上海大学博士学位论文, 2004.

[8] 钟计东. 水印嵌入和检测. 上海交通大学博士学位论文, 2006.

[9] 王津申. 基于量化的水印研究. 南京理工大学博士学位论文, 2007.

[10] 田华伟. 抵抗去同步攻击的鲁棒水印技术研究. 北京交通大学博士学位论文, 2013.

[11] 于丽芳. JPEG图像隐写技术研究. 北京交通大学博士学位论文, 2013.

[12] I. J. Cox, J. Kilian, F. T. Leighton and T. Shamoon. Secure spread spectrum watermarking for multimedia. *IEEE Trans. on Image Processing*, 1997, 6(12): 1673−1687.

[13] B. Chen and G. W. Wornell. Quantization index modulation: A class of provably good methods for digital watermarking and information embedding. *IEEE Trans. on Info. Theory*, 2001, 47(4): 1423−1443.

[14] M. M. Yeung and F. Mintzer. An invisible watermarking technique for image verification. *Proc. of IEEE Intl. Conf. on Image Processing*, 1997: 680−683.

[15] P. W. Wong. A public key watermark for image verification and authentication. *Proc. of IEEE Intl. Conf. on Image Processing*, 1998: 455−459.

[16] C.-Y. Lin and S.-F. Chang. Semi-fragile watermarking for authenticating JPEG visual content. *Proc. of SPIE 3971, Security & Watermarking of Multimedia Contents II*, 2000: 140−151.

[17] J. Hwang, J. Kim and J. Choi. A reversible watermarking based on histogram shifting. *Proc. of 5th Intl. Workshop on Digital Watermarking*, 2006: 348−361.

[18] J. Fridrich, M. Goljan and R. Du. Reliable detection of LSB steganography in color and grayscale images. *Proc. of ACM Workshop on Multimedia and Security*, 2001: 27−30.

[19] J. Mielikainen. LSB matching revisited. *IEEE Signal Processing Letters*, 2006, 13(5): 285−287.

[20] A. Westfeld. High capacity despite better steganalysis (F5-A steganographic algorithm). *Proc. of 4th Intl. Workshop on Info. Hiding*, LNCS, 2001, 2137: 289−302.

第 5 章　数字取证技术

■ **本章要点:**

1. 数字取证基本概念
2. 数字图像操作的分类
3. 图像操作取证原理与方法
4. 典型图像操作取证算法示例
5. 图像来源取证原理与方法
6. 反取证原理与方法
7. 典型反取证算法示例

5.1 数字取证基本理论

本节主要介绍数字取证相关的基本理论,包括基本概念、技术原理、技术分类及应用等。

5.1.1 数字取证概念

证据是一种法律用语,是指据以认定案情的材料,是法官在司法裁判中认定过去发生事实存在的重要依据。我国《行政诉讼法》第三十一条规定,证据可分为七类,即书证、物证、视听资料、证人证言、当事人的陈述、鉴定结论、勘验笔录和现场笔录。在日常生活中,证据也通常泛指能够证明某事物的真实性的有关事实或材料。

数字证据专指任何使用数字设备存储和传输的数字信息材料,经常与电子证据交替使用。数字证据或电子证据,也可理解成以电子的、数字的、电磁的、光学的或类似性能的相关技术形式保存记录于计算机、数字设备、磁性物、光学设备或类似设备及介质中,或通过以上设备生成、发送、接收的能够证明过去事实存在的一切数据或信息。法律对数字证据主要关注两个问题:完整性和真实性。在法庭上,如同其他形式的证据一样,数字证据也需要符合相同的法律准则。各国都有各自的相关法规,例如美国采用《Federal

Rules of Evidence》评估数字证据的容许性,英国 PACE and Civil Evidence Acts 规定了相似的法律准则。

取证(Forensics),即寻取或求取证据之意,当前围绕取证的相关知识与技术体系已形成一门独立的科学,即取证科学。

数字取证(Digital Forensics)是数字化域内取证科学的统称,主要指恢复和调查在数字硬件或软件系统中所发现的数据文件材料,即为验证某推论,通过技术手段寻取相关数字证据的过程或行为。数字取证常与计算机犯罪和数字犯罪相关联,数字取证也可理解成对数字证据的识别、保存、收集、分析和呈堂,从而揭示与数字产品相关的犯罪行为或过失。

数字取证涉及法学、刑事侦查学和计算机与信息技术等学科,是一个复杂的综合科学系统,主要包括数字取证技术、数字取证程序及规范、数字取证法律等。本章重点关注和讨论数字取证技术。

数字取证技术一般泛指在实施数字取证的过程中所采用的系列技术与解决方案。不难看出,由于取证对象与场景的多样性和不确定性,数字取证问题和任务会呈现出高度的复杂性,通常仅依靠某一种或一类技术很难单独完成取证任务,这就决定了数字取证技术的两种重要特性:

(1)盲分析性。取证问题自身定义决定了数字取证的事后分析特点,即对已经发生的事件利用数字取证技术开展后续的分析与认证。通常,这种取证分析可利用的对象仅有事件发生后所遗留下的历史痕迹信息。在实际应用中,由于节省生产成本、缺少可靠的安全机制等因素,一般并无额外的取证辅助信息生成与留存装置可利用。因而,数字取证技术只能采取被动的盲分析、盲估计方式对事件的历史遗留信息进行分析认证,这就是数字取证技术的基本特征,即盲分析性。所以数字取证技术又常被称为被动认证技术,与数字水印、数字指纹等主动认证技术相区别,后者需要人为地预先嵌入辅助信息,以在认证阶段重新提取出并借助其实现认证目的。

(2)多视角性。数字取证是以寻取未知证据为目标,而寻取的方式即盲分析痕迹信息的方法可以多种多样,这就是数字取证技术在方法层次上的多视角性。具体而言,可以是不同专业学科领域的宏观方法,如生物化学方法、信号与信息处理方法、模式识别与机器学习方法等;也可以是同一知识领域不同求解算法,如基于不同原理和策略而设计出来的多种数字图像篡改取证算法,详细介绍参见本章后续内容。

5.1.2 数字取证实践

从本质上看,数字取证是一个寻取证据的行为过程。如图 5-1 所示,一个典型的数字取证实践过程一般包括三个重要步骤:采集、分析和报告。

(1)采集,数字取证的准备阶段。对给定的取证对象进行信息采样,收集一切与事件发生相关的历史数据与信息,包括可获取的历史数据、系统状态、运行记录、输入输出、环境变化等各类原始信息。

(2)分析,数字取证的关键阶段。利用基于先进的数字取证算法设计而成的专业软件工具,对所采集的样本数据进行精准的取证分析,形成取证分析结果。

(3)报告,数字取证结果的呈现阶段。依据前一阶段的取证分析结果,形成专门的数字取证结论报告。借助包括数据可视化在内的表达技术,以通俗易懂的方式向法庭、公众或验收机构全面报告并展示数字取证的过程、方法和结论等。

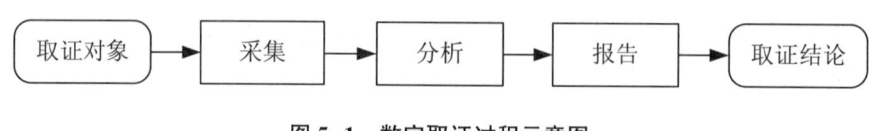

图 5-1 数字取证过程示意图

5.1.3 数字取证的分类

由于涉及的领域广泛且对象众多,数字取证通常没有固定统一的分类,所依据的分类标准不同,分类结果迥异。在此,根据作者自身理解给出相应的分类参考。

依据所涉及数字设备的类型,数字取证可分为以下三类:

(1)计算机取证。也被称为计算机法医学,是指把计算机系统看作犯罪现场,运用先进的辨析技术对利用计算机进行犯罪的行为进行法医式的解剖,搜寻确认罪犯及其犯罪证据。计算机取证主要方法有对文件的复制、被删除文件的恢复、缓冲区内容获取、系统日志分析等等,是一种被动式的事后措施,不特定于网络环境。

(2)网络取证。更强调对网络安全的主动防御功能,主要通过对网络数据流、审计、主机系统日志等的实时监控和分析,发现对网络系统的入侵行为,记录犯罪证据,并阻止对网络系统的进一步入侵。

(3)电子取证。主要研究除计算机和网络以外的电子产品中的数字证据获取、分析和展示,如录音笔、数码相机、复印机、传真机,甚至有记忆存储功能的家电产品等。

不难看到,在数字软硬件技术高度发展的今天,数字取证已不单指传统的计算机取证,而扩展为针对所有数字设备和数据系统的取证。从另一个角度看,本书所关注的数字内容与这些数字设备和数据系统有着紧密联系,前者是后者的输出结果,后者是前者的创建来源。

从数字内容视角来看,依照应用需求与取证目标的不同,数字取证可分为以下三类:

(1)数字内容篡改取证。主要针对篡改、伪造等非法恶意的数字内容更改行为,进行盲认证分析,以鉴别数字内容的完整性和真实性,保护数字内容安全,阻止版权纠纷。

(2)数字内容来源取证。针对未知来源的数字内容样本数据,盲鉴别其来源属性,还原数字内容的生成通道。常用于实现数字内容的来源认证。

(3)数字内容隐写分析。对可能隐藏在数字内容中的秘密信息进行盲检测分析,揭露并阻截可能带有恶意目的的隐秘信息,保障信息网络空间安全。

当前,随着数码成像、数字摄像、计算机图形图像绘制和数字录音等数字媒体技术系统的广泛普及和应用,以数字图形图像、数字音视频为代表的多媒体数据已成为数字内容的重要表现形式。与此同时,基于数字媒体内容的篡改、伪造、来源存疑和隐写等威胁也时常发生,因而开展针对数字媒体的取证工作已变得十分迫切和必要。

按照取证分析对象数据形式的不同,常见的数字取证技术可以分为:数字图像取证、数字视频取证、数字音频取证以及数字文档取证等。

由于多媒体数据形式广泛丰富,不失一般性,本章将以数字图像为具体讨论对象,详细介绍数字图像取证技术,其相关方法可移植应用于数字视频取证。如要了解数字视频、数字音频和数字文档等其他形式数字内容的取证技术,可参考相关文献资料。

5.1.4 数字取证的应用

随着与数字证据相关问题的大量出现,数字取证技术有了越来越广泛的应用。

首先,数字取证技术在司法和刑侦系统中扮演着越来越重要的角色,可为我国公检法等国家机构的执法监督提供强有力的技术支撑,对于确保公共信任秩序、打击经济刑事犯罪、维护司法公正等都具有十分重要的社会和政治意义。最常见的应用是为法庭辩证提供依据,恢复数字犯罪活动的客观证据,从而有效地震慑和抑制计算机与数字犯罪的发生,维护网络与信息系统安全。

其次,数字取证技术也可用于解决新闻纪实、科技报道、安全监控、知识产权服务和数字版权保护等应用领域中的信息来源与完整性/真实性盲认证问题,保障数字内容安全。

最后,需要特别指出的是,数字取证是一门通过盲分析推理方式从给定的数据对象中寻找和获取某种证据信息的技术科学。由于其本质上的盲分析特点,因此可以广泛应用于数据分析、数据挖掘、信息处理历史的估计、推理与验证以及安全诊断等众多领域。这也是数字取证技术自身功能与特点的体现。

5.2 数字图像操作取证

5.2.1 数字图像操作

1. 数字图像操作的应用

在当今飞速发展的信息时代,数字图像已经渗透到社会生活和工业应用的每一个角落。随着数码相机、智能手机、扫描仪、视频监控、遥感成像和图形绘制等诸多图像获取手段的普及,大量内容丰富、形式多样的数字图像出现在各种信息平台,如互联网、个人计算机和工业智能控制等。人类80%以上的信息是通过视觉获取的,而数字图像正是以直观和形象生动的方式传递大量的视觉信息,成为当今社会网络时代使用最为广泛的信息媒介之一。作为一种可视媒体,数字图像也已广泛应用于多媒体、移动互联网和人工智能等技术领域。

随着数字化信号处理技术的发展,数字图像的存储、传输和编辑处理变得方便快捷。例如,通过调节像素的灰度级分布,人们可根据个人喜好任意地修改或调整图像的内容与视觉效果。为方便进行图像处理,技术公司已开发出大量的数字图像编辑工具,如成熟的 Adobe Photoshop、Corel DRAW、Windows 操作系统自带的画板软件和跨平台的图像处理程序 GIMP(GNU Image Manipulation Program)等。这些软件因操作简单方便、图像处理效果佳而受到广大用户欢迎,成为日常生活中广泛使用的图像编辑工具。与此同时,经常可见一些先进的智能图像编辑算法发表在 SIGGRAPH、ICCV 和 CVPR 等著名国际会议上,并进一步由 Adobe、Microsoft 等公司开发成软件产品。利用这些高级编辑工具可自动快捷地制作出精美的编辑效果,如自动合成和自适应缩放(Retargeting)等。

2. 数字图像操作的分类

数字图像操作可分为内容改变型操作和内容保持型操作两大类。前者包括拼接和区域复制粘贴等;后者指不改变图像内容结构的普通操作,包括模糊、锐化、中值滤波、对比度增强、重采样和压缩编码等常用的普通图像处理。这两类操作都常用于数字图像篡改。常用的数字图像操作方式主要包括以下六类:

(1)拼接。数字图像拼接是指将两幅以上的数字图像,通过剪切各自的一部分区域拼接成一幅新的合成图像。作为一种常用的图像篡改方式,拼接操作通常被用来恶意修改原始照片内容。为了消除在拼接边界产生的视觉畸变,通常采用羽化、局部模糊等后处理操作来平滑拼接边界,或利用各种滤波、对比度增强和几何变换等调节篡改区域内外各感知特征的一致性,从而使拼接图像看起来更加逼真。图 5-2 为一幅拼接图像示例,其中(a)(b)为未经历任何修改的原始图像,(c)为拼接后的合成图像,其中源图像(a)中的楼房区域被复制粘贴到源图像(b)。为使合成图像看起来更加逼真,利用 Adobe Photoshop 软件对来自(a)(b)的源区域分别施加了不同的对比度增强操作,从而使其对比度和亮度更加协调一致。

(a) (b) (c)

图 5-2 基于对比度增强的图像拼接示例

(a)(b)原始图像;(c)合成图像。其中,利用 Adobe Photoshop 软件的"曲线"工具对两块源图像区域分别施加过不同程度的对比度增强操作

(2)区域复制粘贴。如果用于合成的源图像区域均来自同一幅数字图像,此特殊情形下的图像拼接也常被称为区域复制粘贴型篡改,其将一幅图像中的一块或多块区域进

行拷贝移动、复制粘贴到本图像内的另一位置。该类图像操作属于内容改变型操作,一般会改变图像的语义内容,是一种常见的图像篡改手段。图 5-3(a)所示虚假图像即经历过区域复制粘贴型篡改操作,其中被复制粘贴的三组对象(鸽子)区域已用数字标记出。

图 5-3　国内的新闻照片造假案例

(a)《人民日报》2009 年 6 月 26 日刊登广西南宁人与自然和谐共处的新闻时所配发的虚假照片,(b) 2013 年 12 月安徽淮南城乡建设委员会网站发布的虚假图片。

(3)对比度增强。对比度增强操作的本质是像素值映射,即依照一种指定的映射函数或映射曲线,对每个原始像素值做相应的映射,达到调节图像全局对比度的目的。常用的对比度增强方法包括伽玛校正(Gamma Correction)和直方图均衡化。按照操作区域的范围不同,对比度增强有全局和局部两种实施方式,前者针对图像的所有像素实施同一映射,后者则仅对某一图像区域实施映射或对不同区域实施不同映射。为使合成图像看起来更加逼真,有时需对不同源图像对应的合成区域实施对比度增强处理。

(4)滤波。滤波是一种广泛使用的数字图像处理方式,主要包括低通滤波、锐化滤波和中值滤波等三种常见的滤波算子。其中,低通滤波具有平滑图像和去噪的功能,常用的有高斯低通滤波和均值滤波等。锐化滤波常用于增强图像的局部对比度,使边缘和纹理等细节变得更加清晰锐利。经典的 USM(Unsharp Masking)锐化滤波方法以其计算简易、锐化效果佳而得到最为广泛的应用。中值滤波是一种次序统计滤波,以邻域内系列元素的中间值作为其滤波单元的输出。中值滤波的特性是在平滑图像的同时能较好地保持边缘,其独特的应用是去椒盐噪声。

(5)重采样。重采样常用于实现数字图像的几何变换,如旋转、缩放和平移等。例如,当用户将数码相机所拍摄照片上传到共享网络时,经常碰到数码照片原始分辨率过大的情况,此时就需要对全局图像进行缩放处理。当进行图像拼接时,为使合成图像在空间结构上看起来更加匹配和更具有真实感,经常需要对被拼接的对象区域进行局部的几何变换。实际的数字图像重采样过程主要包括几何坐标映射和像素值内插两个步骤,其中常用的内插算子包括最近邻、双线性和双立方等。图 5-4 为基于重采样的图像拼接原理图,为使合成图像在视觉效果上更加逼真,利用上采样对来自图像 1 的源区域进行了放大处理,来自图像2的源区域则保持原尺寸不变。图5-5为基于重采样的图像拼接示例,(a)(b)为原始图像,(c)为拼接后的合成图像,其中来自图像(a)中的源区域在拼接前经历了按等比例放大1.2倍的重采样处理。

(6)压缩编码。由于数字图像本身具有数据量大的特点,而当前的通信带宽与计算资源仍较为有限,为有效存取和传输图像信息,需要预先对数字图像进行压缩处理。图像压缩编码的本质就是减少图像描述数据的冗余,包括数据空间冗余、信息熵冗余和视觉冗余等,从而用尽量少的数据量表示和传输图像,且保证复原图像有较好的视觉质量。常用的数字图像压缩编码方法包括JPEG、JPEG2000和小波图像压缩等,现实中绝大多数数字图像都以JPEG格式存在。数字图像在经历篡改或润饰后常仍以JPEG格式保存,这就涉及图像的二次压缩问题。

需要特别说明的是,本章主要讨论对象是数字图像,在不引起误解的情况下,本章常将数字图像简称为图像,例如将数字图像操作简称为图像操作。

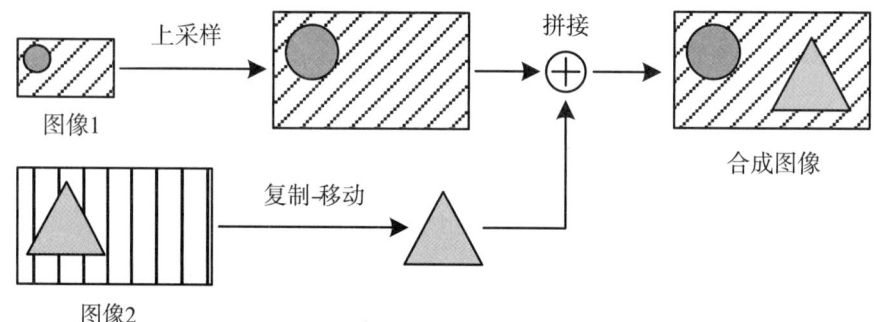

图 5-4　基于局部重采样操作的图像拼接原理图

图 5-5　基于重采样的图像拼接示例

(a)(b)原始图像;(c)合成图像,其中来自图像(a)的源区域经历了×1.2的放大处理

3. 图像操作引起的问题

随着大量先进智能的图像编辑工具的普及,越来越多的用户开始对数字照片图像进行自由随意地修改,以达到润饰照片和增强视觉效果的目的。然而,图像编辑给人们生

活带来方便的同时,也使得对图像数据及内容的更改和编辑变得更加容易且不留痕迹。由此给一些带有非法目的的恶意用户以可乘之机,他们在未经授权的情形下对图像数据与内容进行非法操作,如违规编辑、合成虚假图像、篡改可视化证据等。从而造成虚假图像在人们的社会生活中泛滥成灾,对司法取证、刑事取证等图像信息取证与安全应用构成重大威胁。

图 5-3 为国内近年新闻照片造假的两个案例。图 5-3(a)为 2009 年 6 月 26 日《人民日报》刊登的一幅署名李辉的造假照片。为反映人类与鸽子的和谐相处,作者在同一幅照片中复制粘贴了许多相同的鸽子以增加鸽子的数量。图 5-3(b)为 2013 年 12 月淮南城乡建设委员会官网发布信息时所配发的图片,条幅处有明显的拼接痕迹且悬浮感突出,被网民质疑造假。事后,当事企业承认照片确系合成,主管部门承认工作疏忽并向公众致歉,但由此给地方政府形象造成了不良的负面影响。

图 5-6 为国外的照片造假案例。图 5-6(a)讲述的是当今美国国务卿约翰·克里在 2004 年参加美国总统竞选时,一张记录他以民主党候选人身份跟女明星简·方达在反越战集会上同台出现的图像在网络上广泛流传,引发的政治联想不言而喻;虽然此照片后来被证实是由两张不同出处的原始照片拼接而成,但当时对候选人的政治命运已产生重大影响。图 5-6(b)为司法取证场景下的图像拼接案例。此外,第 2 章的图 2-1 也描述了一则国外新闻照片造假丑闻,一位美国新闻记者在报道 2003 年伊拉克战争时使用了一幅合成的虚假新闻照片。

(a)

(b)

图 5-6　国外的图像篡改实例

(a)(b)两个不同实例,每行左两为原始图像,最右为合成图像

从以上图像违规操作实例可以看到,恶意用户非法更改图像破坏了原始信息记录,进而将虚假图像信息传递给特定受众,达到制造虚假新闻、提供司法伪证、破坏刑侦证据

等不可告人的目的,严重损害了图像信息的可信性与安全性,破坏了正常的社会秩序并引发信任危机,给社会稳定、司法公正、个人隐私等带来很大的隐患。

5.2.2 图像操作取证

1. 数字图像取证

数字图像数据与内容认证是构成可信、可控、可管媒体内容安全的重要组成部分,在保障网络多媒体信息内容安全、维护司法公正、提高刑侦科技水平与司法鉴定业务能力等方面都具有十分重要的意义。因此,如何从技术上可靠地鉴别出数字图像的完整性、真实性以及操作历史变得越来越迫切。

与此同时,包括数字签名和数字水印在内的传统图像认证技术已难以满足图像内容认证的实际需求。这些技术在应用中需要人为地进行一些预处理操作,如嵌入数字水印、生成签名等。然而,在实际的信息认证应用场合,大多数的待分析图像都不含水印和签名等辅助信息,这些传统的主动认证技术变得无能为力。

数字图像取证(Digital Image Forensics)技术正是在这样的背景下被提出的,旨在通过被动的盲分析手段来辨识图像来源和真伪,检测图像所经历的篡改操作,以及估计图像处理历史。该技术的特点是仅以图像数据本身为分析对象,不需对图像进行额外的预处理,可用于认证包括网络照片、监控视频和文档图像等在内的各类数字图像。图像取证也常被称为图像被动认证,以区别于传统的图像主动认证技术。

通常,数字图像取证是对数字图像操作取证和数字图像来源取证的统称。在不引起误解的情况下,本章常将二者简称为图像操作取证和图像来源取证。

按照对图像采集设备或生成软件可访问程度的不同,图像取证通常存在以下三种工作模式:

(1)完全侵入式取证,即可访问、分解、检测、反汇编硬件系统或软件算法的源代码。

(2)半侵入式取证,指允许以黑盒方式访问待测软件,可设计合适的输入,通过收集、观测和分析系统或软件的相应输出获取关于成像通道、软件功能选项及其内核算法的特征。

(3)非侵入式取证,在不访问设备或软件本身的条件下,仅依赖于非可控条件下获得的部分输出样本,通过机器学习或被动盲分析提取关于采集设备或操作处理的指纹性特征,进而鉴别出测试图像的操作历史或来源。现有的绝大多数图像取证技术都属于这一类。

数字图像取证技术可解决图像在传播、共享和应用过程中的内容安全问题,实现图像信息真实性的可靠认证,研究成果具有重要的学术价值和应用前景。需要特别指出的是,由于司法体系中对于数字图像证据的合法性、准确性、真实性和可靠性的高要求,数字图像取证技术在司法和刑侦系统中扮演越来越重要的角色,可为我国公检法等国家机构的执法监督提供强有力的技术支撑。此外,数字图像取证技术可用于解决新闻摄影、科技报道、监控和版权保护等应用领域中的图像盲认证问题。

2. 图像操作取证技术

（1）原理与研究意义

数字图像操作取证技术的实现原理是，基于对数字成像和操作处理的理论建模，利用信号分析、计算机视觉和模式识别等技术手段，判断受质疑图像是否为原始照片图像，是否经历过某种操作或改动；如确实经历过操作，需进一步准确地重构并恢复出图像操作历史，盲估计出操作类型、强度、参数和次序等。图 5-7 为数字图像操作取证系统框图。

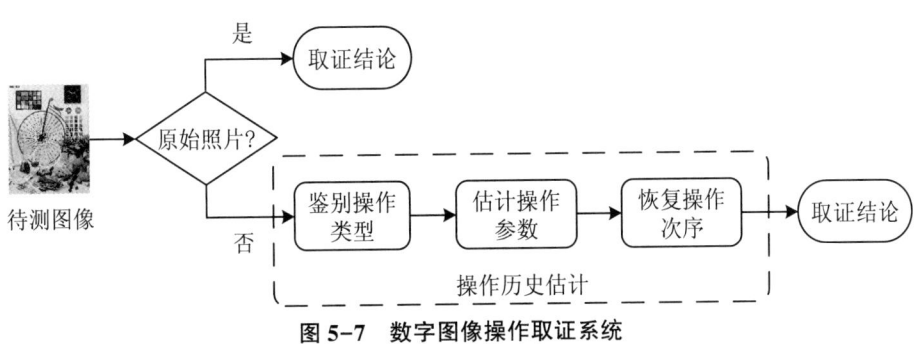

图 5-7　数字图像操作取证系统

在制作虚假合成图像时，通常都会用到拼接和区域复制粘贴等内容改变型操作，因此不难理解，内容改变型操作取证技术的研究意义重大，其可直接应用于图像恶意篡改检测。另一方面，开展内容保持型操作取证技术研究也很重要，主要表现在以下四个方面：

① 鉴别数字图像的原始性。数字图像普通操作本身也是对原始数字图像的一种改动，虽然轻度普通操作一般不会改变图像的语义内容，但破坏了图像数据的原始性。重度普通操作有时也会严重影响图像质量或改变图像的视觉、语义信息，如对比度调节可改变场景的光照信息。因此，普通操作取证可用来鉴别图像的原始性，适用于对图像原始性有严格要求的司法文检等应用场合。

② 估计数字图像处理历史。一幅数字图像的历史信息包括相机内成像信息和相机外处理信息，对这些历史信息的掌握有助于对当前图像信息和状态的深度理解，有助于用户合理使用当前图像。然而，图像数据文件中并未显示具体的操作历史信息，于是数字图像操作取证技术应运而生。对各类操作分别进行取证，可为用户提供更多更精细的图像处理历史信息。

③ 检测涉及局部操作的拼接图像。在制作拼接图像的过程中，由于用来拼接的多块源图像区域可能具有不一致的亮度、对比度、锐度、平滑度或尺寸等视觉因素，伪造者常会利用普通操作对其中的一块或多块源区域进行润饰，如调节对比度、实施锐化或平滑滤波以及调节几何尺寸等。在这种情形下，通过数字图像局部操作取证可实现对恶意拼接的间接检测，可提供具体的拼接细节信息，如定位拼接边界和恢复源图像操作历史。

普通操作通常都以后处理的形式实施,会在最终生成的拼接图像上遗留比较鲜明的操作痕迹,这为实现可靠的局部操作取证提供了有利的客观条件。

④ 揭露反取证行为。为达到欺骗取证系统的目的,恶意用户常会利用普通操作对经过恶意篡改的图像做润饰后处理,从而达到掩盖拼接合成等内容篡改型操作痕迹的目的,这就是利用普通操作实施反取证的行为。在此情形下,通过对这些后处理操作的检测,可有效鉴别反取证算法的实施,从而揭露对原取证算法的恶意攻击行为。

(2) 研究机构

由于被动盲认证条件的苛刻,数字图像取证成为具有挑战性的学术课题,吸引了国内外众多院校、研究机构及公司投入到该研究领域中来。美国的 Dartmouth 学院、SUNY Binghamton 大学、Maryland 大学、Columbia 大学等从 2003 年起就开展了这方面研究,成立了专门的研究团队。近几年,来自意大利 University of Siena、西班牙 University of Vigo、德国 Technische Universität Dresden 的欧洲研究团体也开始投入到多媒体取证领域的研究中,并在反取证和取证基础理论方面做出了积极贡献。国内的中山大学、大连理工大学、北京邮电大学、上海大学、中科院信息工程研究所、天津大学、北京大学、国防科技大学、湖南大学、南京理工大学、南京信息工程大学、深圳大学、北京交通大学和北京电子技术应用研究所等从 2006 年后陆续开展了数字取证技术的研究,在具体的图像篡改检测和操作取证方面取得了一定的成果。国内外学术界已经取得大量的研究成果,详见相关综述文献。

(3) 国内外公司和商业领域

Fourandsix Technologies, Inc.是美国新成立的一家专门从事图像取证分析软件研发的公司,最近推出了一款可作为 Adobe Photoshop CS5/6 插件使用的 FourMatch 软件,可有效鉴别一幅 JPEG 格式照片图像是否为原始的相机输出文件,即从相机输出后是否经历过任何改动或处理,实现了验证照片证据原始性的功能。由于照片图像从相机输出时即携有大量的指纹性成像通道特征,利用任何现有的编辑工具,如 Adobe Photoshop,进行图像操作都会破坏这些原始的指纹性特征,通过检测它们是否遭到破坏或将它们与事先建立的指纹库进行匹配,即可鉴别图像文件是否为原始输出,或为原始输出的概率有多大。Fourandsix 公司已创建了一个包含 77000 份指纹样本的数据库,采样自 2700 种相机和移动设备,以及多种图像编辑软件和在线服务。

国内的公安部物证鉴定中心及其他各级各类司法鉴定机构,都很重视并已开展了针对声像资料取证分析技术的研究、开发或应用,在刑侦和司法实践中积累了大量的实际应用案例。同时,一些专业从事图像处理技术的公司开发出专门用于公安刑侦领域的图像取证分析软件系统,如北京多维视通技术有限公司和公安部物证鉴定中心携手合作为公安系统视听技术行业研制系列化的专业图像和视频分析系统,包括警视通影像分析平台、图像篡改鉴定系统以及犯罪工具痕迹系统等系列产品。

(4) 政府和国际机构

在国外,美国自然科学基金会、美国空军科学研究局、欧盟 FP7、欧洲航天研究与发展办公室等政府部门,以及 Microsoft 和 Adobe 等国际公司的研究机构对多媒体取证技术研究提供了大量的经费资助。在国内,国家自然科学基金委、国家重点基础发展计划(973)项目和教育部博士点基金等均资助了相关研究课题。国际学术机构 IEEE 和 ACM 也对数字取证研究领域予以特别的关注,ICME、ICASSP、ACM IH&MMSec 等知名国际会议都已举办过数字取证专场交流会。中国电子学会举办的全国信息隐藏暨多媒体信息安全学术大会也持续关注数字取证研究方向。IEEE 信号处理协会一群专门从事多媒体取证和信息安全研究的学者于 2006 专门创立了国际期刊 IEEE Trans.on Info.Forensics and Security,现已发展成为信息取证与安全领域的权威期刊。信号处理领域顶级期刊 IEEE Signal Processing Magazine 在 2009 年推出了一期数字取证专辑。

5.2.3 图像操作取证技术分类

按照所利用取证依据的不同,现有的数字图像操作取证方法可分为三类:基于场景几何类、基于成像特性类和基于操作痕迹类,如图 5-8 所示。前两类方法主要是依据图像自身的内在一致性是否遭到破坏来检测图像拼接或区域复制粘贴型篡改操作;当这两类方法用于检测普通图像操作时,并不能鉴别出图像经历过何种具体类型的操作。第三类方法则根据不同操作遗留下的指纹性痕迹鉴别出图像可能经历过操作的类型及其参数信息。由于成像特性和操作痕迹类特征都与原始图像输出紧密关联,因此基于这两类特征的操作取证技术也适应于图像的完整性认证和原始性认证。下面分别简要介绍这三类图像操作取证技术。

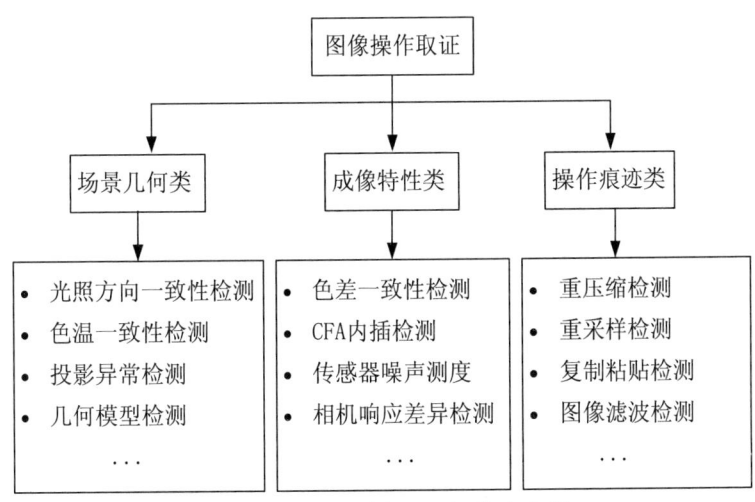

图 5-8 数字图像操作取证技术分类

1. 基于场景几何类

基于场景几何的操作检测技术,主要借助对光源方向、镜面反射高亮区、色温、阴影、投影等场景视觉和空间几何信息的估计与测度,利用其在不同图像区域之间的不一致性来判断数字照片图像是否被拼接过。具有代表性的工作之一是 H.Farid 的研究小组利用单幅图像估计 2D 和 3D 光源方向技术,依据不同目标区域间光源方向差异来识别图像拼接。图 5-9 给出了对一幅合成图像的取证检测结果,可以看出从不同对象区域估计出的光源方向并不一致,由此可以判定其属于造假行为。一种常见的虚假图像生成方式是真实感的图形绘制,其输出的计算机生成图像通常具有如同真实照片一般的真实感,非法用户可能用其代替真实照片使用以达到某种恶意目的。为区分数字照片图像和计算机生成图像,可以参考借鉴计算机视觉和场景理解分析等技术领域的相关方法,估计出图像拍摄时真实场景的物理视觉特性,利用这些特征的自然属性和内部一致性来设计取证方法。

图 5-9　针对图 5-6(b)虚假图像的拼接检测结果[23]。在不同区域估计出的光源方向不一致

2. 基于成像特性类

基于成像特性的操作检测技术主要借助对图像自身所携带成像通道痕迹的完整性分析。一般而言,大部分常见的数字图像都是通过专门的成像设备来生成的,会先后经历光学成像、光电信号转换、CMOS(Complementary Metal Oxide Semiconductor)或 CCD(Charge Coupled Device)传感器记录、CFA(Color Filter Array)内插、数字图像处理(如去噪、伽玛较正和白平衡)等设备内处理流程,如图 5-10 所示。成像通道中的每一步信号处理都可能在最终输出的照片图像中留下痕迹,因此利用信号分析、模式识别等专业学科领域的理论和方法可以挖掘和提取指纹性成像通道特征。这些特征具有设备标签性,可直接用于图像来源取证。同时,许多成像通道特征也具有严格的内在一致性,通过分析图像自身所携带成像特征的完整性是否遭受到破坏,可以实现图像操作取证。

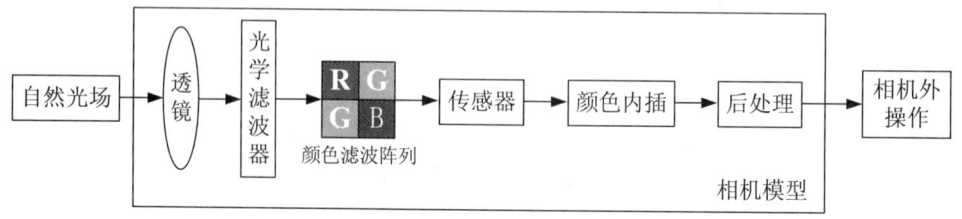

图 5-10　数字图像的获取与处理模型

色差是成像过程中一种常见的光学畸变,是由光学镜头消色偏差引起的,呈规则的中心对称分布。在相机输出的数字照片图像上,色差表现为以图像的光学中心为原点,不同颜色通道图像之间出现细微的偏移,该偏移量随着离原点距离的增大而增大,且呈中心对称分布。实际应用中,可以利用通道图像间相关性分析盲估计出每个像素位置上的色差偏移量大小。若一幅图像被改动,那么原本规则的色差偏移量分布就可能会遭到破坏,检测色差偏移量在同一幅图像不同区域间的不一致性,可以作为认定图像被改动的取证依据。

CFA 内插是大多数数码相机都包含的一种处理,主要是以插值的方式生成未被记录下来的颜色分量。这种内插运算会引起严格的周期性像素间相关性,其具有明确的 CFA 内插算法标签属性和内部一致性,可分别用于设计图像来源取证和图像操作取证技术。

数码相机传感器固有的噪声分布特性也可以用于图像操作取证。此外,深度利用相机响应函数估计、镜头光晕效应分析以及针对相机内数字图像处理算法(如白平衡和 JPEG 压缩)的分析等线索与方法,也可以进行包括图像拼接和区域复制检测在内的图像操作取证。

3. 基于操作痕迹类

基于操作痕迹的数字图像操作取证技术常用于鉴别各类具体的图像操作,主要包括模糊滤波、锐化滤波、中值滤波、对比度增强、重采样和 JPEG 压缩等普通图像处理,也可对图像拼接和区域复制的操作痕迹直接进行取证分析。当前,针对各种不同类型的图像操作都已开展了专门的取证研究,提出了大量的图像内容保持型操作取证技术和图像内容改变型操作取证技术。

依据是否能鉴别出具体的操作类型,现有的图像内容保持型操作取证技术可分为两类:基于特征分类的盲检测方法和面向具体类型操作的盲鉴别方法。

在基于特征分类的盲检测方法中,已利用包括二进制相似度、图像质量测度和小波域统计特性等在内的三类特征设计了分类器,可有效检测缩放、旋转、对比度调节、模糊和锐化等普通操作。基于对 CFA 内插统计特性的深入分析可以提取差分域相关特征,利用特征融合的方法提出一种局部图像块上的操作检测算法。这类方法可检测图像操作的发生,可鉴别图像的原始性,但无法鉴别出具体的操作类型。

另一类内容保持型操作取证方法主要针对具体类型操作进行盲检测和盲鉴别,其核心策略是鉴别不同处理遗留在图像上独特的操作痕迹。例如,利用计算机视觉研究领域中的运动模糊估计方法来检测异常模糊痕迹,实现对拼接合成的间接检测。通过信号分析方法分别提取过冲效应和一阶差分直方图特征来统计检测出对应的图像滤波操作。通过识别灰度直方图中特殊的峰谷效应,可有效鉴别不同情形下的对比度增强操作。利用线性模型估计法和差分域频谱分析法实现重采样检测。在使用多媒体编辑软件制作虚假图像时,一幅 JPEG 格式图像在伪造结束后仍常以 JPEG 格式保存,从而使得图像数据有重压缩的痕迹,对重压缩历史的估计可提供一种判决图像伪造的间接依据。通过对

JPEG 压缩过程中各步骤所产生的数字误差进行统计分析来寻找用于鉴别 JPEG 压缩历史的取证特征;非对齐情形下二次压缩所引起的块 DCT 系数的整数周期特性可以用来鉴别图像重压缩操作。

需特别指出的是,这些针对内容保持型操作的检测方法常应用于检测涉及局部操作的合成图像。在制作合成图像的过程中,由于图像获取来源不同,用于拼接的多块源图像区域往往具有不一致的亮度、对比度、锐度、平滑度或尺寸等视觉因素,伪造者常会利用普通操作对其中的一块或多块源区域进行润饰,如调节对比度、实施锐化/平滑滤波以及调节几何尺寸等。在这种情景下,通过数字图像局部操作取证可实现对恶意拼接的间接检测,从而揭示出某些具体的篡改细节,如定位拼接边界。

此外,在专门的图像内容改变型操作取证技术方面,常利用特征匹配方法检测区域复制粘贴型图像篡改。例如,借助 Zernike 矩的几何不变特性可以检测并定位图像中的复制区域。针对现有区域复制检测算法进行统一测试评估的结果表明,基于 SIFT/Surf 特征点、块 DCT/DWT/PCA、Zernike 矩以及 PatchMatch 的检测方法效果较好,具有抵抗噪声干扰和降采样后处理的鲁棒性。

这里展示针对两幅实际的虚假图像[图 5-2(c)和图 5-5(c)所示]进行操作取证的结果,如图 5-11 所示。所采用的拼接检测原理是基于预提取的图像块级操作痕迹特征鉴别不同图像区域间操作痕迹的不一致性。具体地,图 5-11(a)为由文献[24]所提算法计算出的块级源隶属度,其值越接近 1 表示该块更可能经历与某一源图像关联的对比度增强,越接近 0 则表示更可能经历另一种不同的(即与另一源图像关联的)对比度增强操作。可以看到,所提算法可以比较准确地检测合成并定位拼接边界。图 5-11(b)为由文献[25]所提供的检测结果,黑色和白色分别表示检测出未经历和经历过重采样操作,结果表明原重采样取证算法可以正确检测出拼接痕迹。

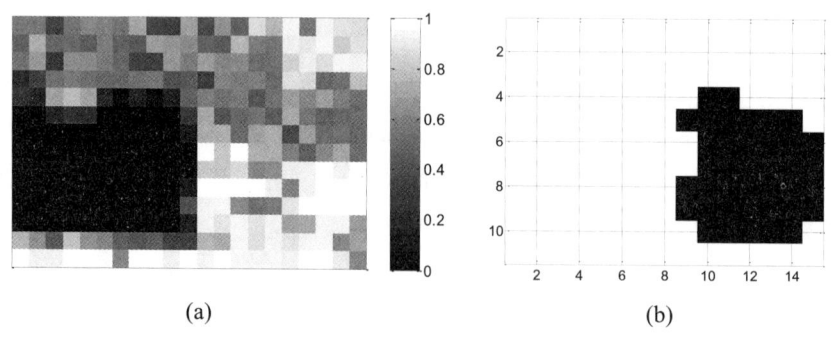

图 5-11　图像拼接检测结果

(a)(b)分别为针对图 5-2(c)、图 5-5(c)所示合成图像的检测结果。这里,(a)中检测块尺寸为 200×200 像素,灰度值(0~1)表示检测出经历不同对比度增强的概率;(b)中块检测尺寸为 256×256 像素,黑色和白色分别表示检测出未经历和经历过重采样处理。

5.3 图像操作取证算法示例

5.3.1 区域复制粘贴型篡改检测

区域复制粘贴是一种常见的图像篡改方式,将图像中的某一区域进行复制,粘贴到同一幅图像内另一不相交的区域上,通常会进行一定的后处理以掩盖操作痕迹,以达到去除或增加图像中重要目标对象的目的。图5-3(a)所示为图像区域复制粘贴篡改的一个实例。

从区域复制粘贴篡改的操作过程不难看出,篡改后图像中通常至少存在两块具有一定面积的相似区域。骆伟祺等人基于大量实验发现,从颜色、形状和纹理等特征看,除大片平坦区域和重复性结构场景外,在自然图像中存在大面积相似区域的可能性很低。这里,基于对图像库的统计结果,大面积区域假定为不小于原始图像尺寸的0.85%。若检测到在一幅图像中存在大面积的相似区域,则判断其经历过区域复制粘贴型篡改。这就是当前大部分区域复制粘贴型篡改检测技术采用的基本方法,核心在于如何快速、准确地检测出相似区域。

衡量区域复制检测算法性能的评价指标主要包括准确率(P)和完整度(R),分别定义为:P=(篡改区域 ∩ 检出区域)/检出区域,R=(篡改区域 ∩ 检出区域)/篡改区域。其中,篡改区域是指实际篡改过程中真实的复制区域面积,检出区域是指取证算法判定为复制区域的面积。

下面简要介绍两种具体的数字图像区域复制粘贴型篡改检测算法,分别是由 J. Fridrich 等人提出的 DCT 域字典排序法和由骆伟祺等人提出的空域分块结构特征法。

1. DCT 域字典排序法

记待检测图像 X 的分辨率为 $M \times N$ 像素,检测所采用的图像分块大小为 $B \times B$ 像素。基于 DCT 域字典排序的区域复制检测算法包括以下主要步骤:

(1) 如同 JPEG 压缩编码,对图像 X 进行分块 DCT 变换,然后按照用户给定参数 Q(用作 JPEG 压缩质量因子)所确定的量化表,对变换后 DCT 系数进行量化处理。

(2) 以 $B \times B$ 像素大小的模板窗口,按照从左到右、从上到下且每次移动一个像素位置的方式扫描待测图像,共扫描得到 $(M-B+1) \times (N-B+1)$ 个图像块。记含有 $(M-B+1) \times (N-B+1)$ 行、B^2 列的矩阵 A,其每一行分别存储对应图像块量化后 DCT 系数(按 Zigzag 扫描成一维序列)。

(3) 对 A 的行进行字典序全排列,共需执行 B^2 重排序、$MN\log_2(MN)$ 步计算。排序后得到的矩阵记为 A'。

(4) 遍历 A' 的行,寻找所有具有相同的相邻两行情形,判定其对应的图像块为匹配块对。对寻找到每一个匹配块对,记图像块的(左上角第一个像素)位置分别为 (i_1,j_1)、(i_2,j_2),计算偏移向量为 $s=(s_1,s_2)=(|i_1-i_2|,|j_1-j_2|)$。

(5)针对所有匹配块对,生成 s 的统计直方图 $h(s)$。利用阈值化判决方法计算主转移向量集合 $S^T=\{s|h(s)>T\}$,其中 T 为预定阈值。

(6)对 S^T 中的每一个主转移向量,分别找到其对应的匹配块对,用一种共同的颜色标示出来,以可视化的方式显示区域复制检测结果。

应该注意的两点是:参数 Q 控制算法对于块间匹配程度的敏感性;B 和 T 控制可检测的最小区域单元尺寸,即检测精度。为避免产生过多的虚假匹配情形,B 一般取值偏大更合适,如 $B=16$,此时的量化步长表应为一个 16×16 的矩阵。

基于 DCT 域字典排序的复制粘贴检测方法具有一定的鲁棒性,比如可以抵抗一定程度的 JPEG 压缩后处理,这对于复制粘贴型篡改检测非常有意义,因为实际应用中经过合成的虚假图像一般都会以 JPEG 格式保存。DCT 域字典排序法是最早提出的、正式的区域复制粘贴篡改检测算法,仍存在一些不足之处,如抵抗其他类型后处理的鲁棒性有待进一步提高,算法的计算效率尚有提升空间。

2. 空域分块结构特征法

基于空域分块结构特征的区域复制检测算法包括以下主要步骤:

(1)以 $B\times B$ 像素大小的模板窗口,按照从左到右、从上到下且每次移动一个像素位置的方式扫描待测图像,共扫描得到 $(M-B+1)\times(N-B+1)$ 个图像块。

(2)依序对每个图像块分别提取一个 7 维特征向量,记为 $v_i=(c_1,c_2,c_3,c_4,c_5,c_6,c_7)$,$i=1,2,3,\cdots,(M-B+1)\times(N-B+1)$。其中:$c_1,c_2,c_3$ 分别是彩色图像块 R,G,B 三个通道的平均值(对于灰度图像仅需记录亮度分量的平均值);c_4,c_5,c_6,c_7 分别记录亮度通道如图 5-12 所示四种情形下的结构特征,定义为 $c_k=\text{sum}[\text{part}(1)]/\text{sum}[\text{part}(1)+\text{part}(2)]$,$k=4,5,6,7$,其中 $\text{sum}[\cdot]$ 表示相应区域内像素的数量。

(3)设定衡量相似块的阈值向量 $\tau=(\tau_1,\tau_2,\tau_3,\tau_4,\tau_5,\tau_6,\tau_7)$,针对图像中存在的所有块对 (v_i,v_j),$i,j=1,2,3,\cdots,(M-B+1)\times(N-B+1)$,$i\neq j$,将 $|v_i-v_j|$ 与 τ 进行阈值化比较寻找出所有的相似块对,记为集合 S,记录所有相似块的位置坐标。

(4)如同 DCT 域字典排序法的步骤(4)~(6)一样,由相似块对集合 S 计算出主转移向量,得出最终的区域复制检测结果。

基于空域分块结构特征的区域复制检测算法具有较强的鲁棒性,可抵抗多种不同类型的后处理,包括高斯模糊、加性白高斯噪声、JPEG 压缩以及它们的混合操作等;但该算法在抵抗几何变换后处理方面的能力较弱,有待进一步加强。相比于 DCT 域字典排序法,该算法仅需要在图像空域上进行相似块搜寻,而无需变换到其他空间,因而算法实现比较简单;但基于分块匹配的区域复制检测技术都面临一个共同的挑战,即如何加快寻找相似块的进程,提高算法的计算效率。

此外,还存在一类基于特征点匹配的区域复制检测方法,其基本思想是首先检测出图像的特征点或特征区域,然后利用它们之间的匹配关系寻找相似区域,进而定位出可疑的复制区域。这类方法的优点是计算效率高、运行速度快,但在某些情形下其检测精度低于块匹配类方法,二者各具优势,可以形成互补。

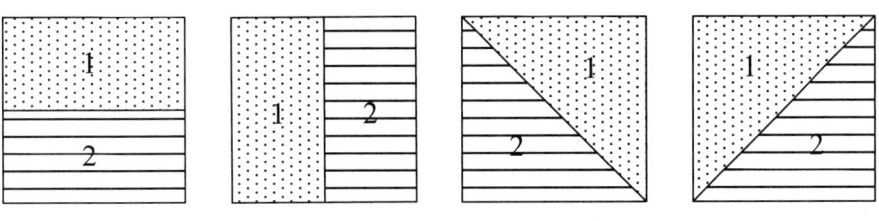

图 5-12　图像块结构分解的四种方式

5.3.2　对比度增强取证

本节主要介绍由 M. C. Stamm 等人提出的一种图像对比度增强操作取证算法,其基本思想是基于对灰度直方图峰谷效应的分析与测度,提取相应的操作痕迹特征,基于阈值化判决方法构建检测器。

1. 灰度直方图峰谷效应

一般而言,图像对比度增强操作可公式化描述为 $y=m(x)$,其中 $m(\cdot)$ 表示像素值映射函数,x 和 y 分别为映射前后的像素值。如无特别说明,以下分析均针对 8 比特深度的灰度图像,即 $x,y=0,1,2,\cdots,255$。

对比度增强操作对图像灰度直方图所带来的影响可公式化描述为

$$h_Y(y) = \sum_x h_X(x)\ell(m(x) == y) \tag{5-1}$$

其中,$h_X(x)$ 和 $h_Y(y)$ 分别表示增强前后的直方图,表达式 $m(x)==y$ 用于判断 $m(x)$ 与 y 是否相等。指示函数 $\ell(\cdot)$ 定义为

$$\ell(u) = \begin{cases} 1, & if\ u = 1 \\ 0, & if\ u = 0 \end{cases} \tag{5-2}$$

其中,u 是实数或逻辑关系式。从式(5-1)可以发现,直方图 h_Y 的每一个值或等于单个 h_X 的值,或等于多个 h_X 的值之和,或等于 0。这是由于映射 $x\rightarrow y$ 相应地存在一对一、多对一或轮空三种情形,如图 5-13 所示,在 $y=4$ 和 $y=255$ 位置上分别发生了轮空和多对一映射现象。

同时,由于成像通道中 CCD 传感器单元的分辨率有限和低通滤波效应的存在,除图像被重压缩存储的情形之外,原始照片图像的灰度直方图轮廓通常较平滑,如图 5-14(a)(c)所示。然而,在增强后图像的灰度直方图中,峰单元将出现在多对一映射发生的位置,谷单元将出现在轮空发生的位置,这就是由对比度增强操作引起的图像灰度直方图峰谷效应,如图 5-14(b)(d)所示。

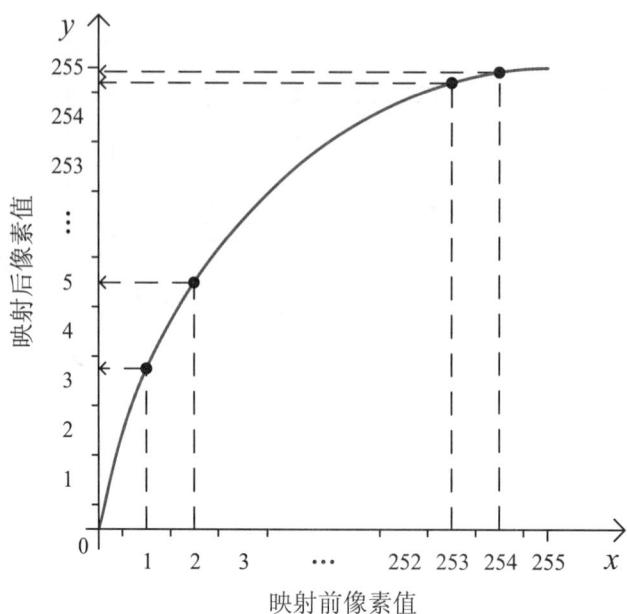

图 5-13 像素值映射导致峰/谷单元产生的原理示意图

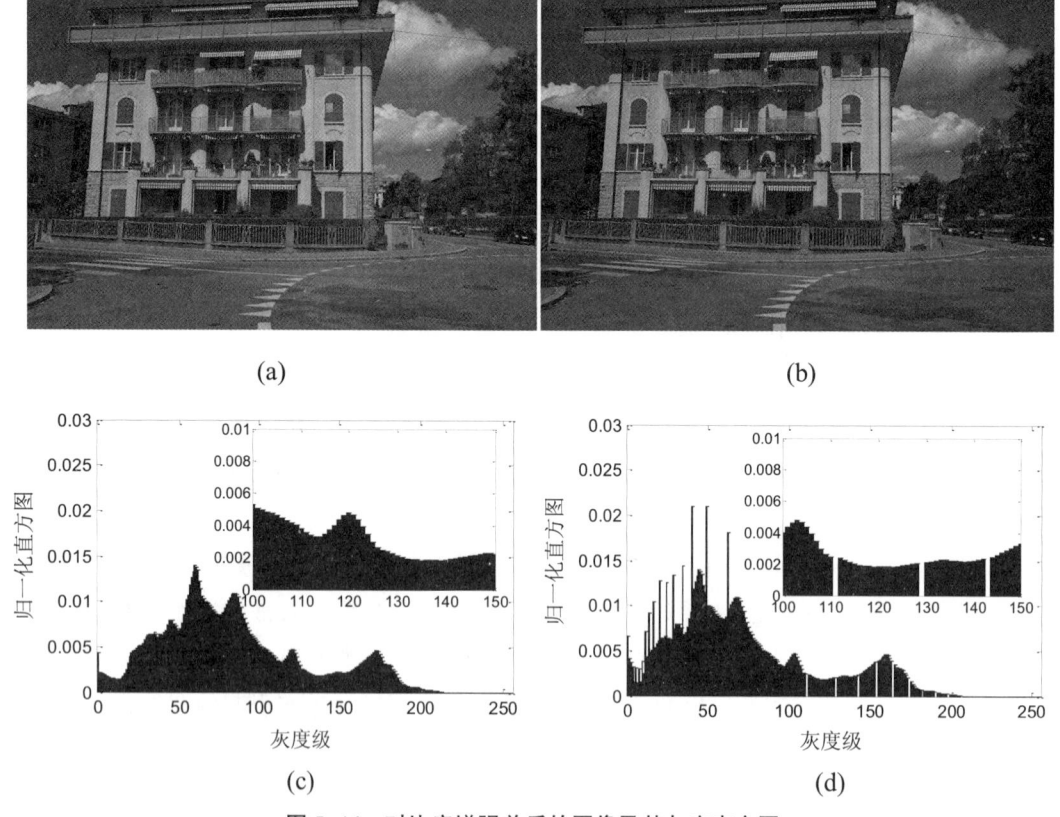

图 5-14 对比度增强前后的图像及其灰度直方图

(a)(c) 对比度增强前；(c)(d) 对比度增强后。其中采用了伽玛校正 ($r=1.2$)，子图显示局部放大版本。

2. 全局对比度增强检测

利用对比度增强引起直方图峰谷效应这一显著特征,可以鉴别一幅图像是否经历过对比度增强操作。基于此,M. C. Stamm 等人提出了一种有效的图像全局对比度增强检测算法,主要步骤如下:

(1) 计算待测图像的灰度直方图,记为 $h(x)$。

(2) 计算截断直方图 $g(x)=p(x)h(x)$。这里,为除去因饱和区域引起的虚假高频能量效应,引入截断函数 $p(x)$ 定义为

$$p(x) = \begin{cases} 0.5 - 0.5\cos(\pi x/N_p), & x \leq N_p \\ 0.5 + 0.5\cos[\pi(x-255+N_p)/N_p], & x \geq 255-N_p \\ 1, & else \end{cases} \quad (5-3)$$

其中,N_p 表示截断区间的宽度。

(3) 计算高频能量测度值 F 为

$$F = \frac{1}{N}\sum_w |b(w)G(w)| \quad (5-4)$$

其中,w 表示傅里叶频率,$G(w)$ 为 $g(x)$ 的离散傅里叶变换结果,$b(w)$ 为矩形窗函数且定义为:当 $|w| \geq c$ 时,$b(w)=1$;当 $|w|<c$ 时,$b(w)=0$。在此,c 为用户指定的截止频率。N 表示待测图像的像素总数。

(4) 通过阈值化分类方法判定对比度增强操作是否发生过。如果 F 大于决策阈值,就认为检测到对比度增强;否则,未检测到相应操作。

3. 局部对比度增强检测

上述图像全局对比度增强检测算法可以扩展用于检测局部对比度增强操作,即以同样的方法在图像局部区域上检测对比度增强操作。

在实际制作拼接图像时,经常遇见源图像具有不同的色彩或亮度对比度的情况,为了制作出更具真实感的合成图像,用户通常会先对其中一幅图像进行对比度调节操作,使拼接边界两边区域的对比度更加匹配。针对这种类型的合成图像,可以利用对比度增强操作是否在每个局部区域都实施过这一线索来鉴别合成区域。

在合成图像中,不同区域可能经历过不同的操作历史,遗留下不同的操作痕迹,检测此类不一致性可鉴别拼接图像。基于模式匹配与分类的思路设计针对操作痕迹不一致性的精确测度方法,可以实现对拼接与复制粘贴等恶意操作的检测。

5.3.3 锐化滤波取证

滤波是一种广泛使用的数字图像处理工具,一般用于图像增强,如局部对比度增强、去噪、平滑、模糊和润饰等。常用的数字图像滤波技术包括 USM 锐化、中值滤波和低通滤波等。相机外滤波操作本身就破坏了数字照片图像的原始性,同时也构成图像处理历史的一部分;作为复杂图像拼接过程中的一步,滤波也常被用来增强拼接图像的真实感

和掩饰拼接痕迹。因此,滤波操作检测研究对于数字照片图像的原始性鉴别、图像处理历史取证和拼接检测都具有十分重要的理论意义和应用价值。

2011年,曹刚等人在国际上首次指出数字图像锐化取证问题,并提出了一种基于过冲效应(Overshoot Artifacts)分析的图像 USM 锐化滤波操作取证算法。具体地,首先对图像 USM 锐化过程进行信号建模且给出了相应的数学描述,从理论上分析了过冲效应的产生机理,设计了相应的特征测度方法并基于此提出了完整的图像 USM 锐化检测方案。

1. 图像边缘锐化建模

作为图像的基元之一,边缘构成了图像处理和图像理解中的重要信息。物体的边缘是由灰度不连续性所反映的,边际平坦型边缘信号是其中最常见的一种,如图 5-15 所示。在此,边际平坦型边缘特指至少有一侧是平坦的边缘。对于理想的边际平坦型边缘 $t(n)$,其数学模型可表示为

$$t(n) = \begin{cases} C, & n = -M_l, -M_l + 1, \ldots, -1 \\ C - n\tan(\alpha), & n = 0, 1, \ldots, M_r \end{cases} \tag{5-5}$$

其中,n 表示局部像素位置坐标,C 表示某平坦侧边缘的幅度,M_l 和 M_r 分别表示此平坦带和过渡带的宽度,$\alpha \in (0, \pi/2)$ 为过渡带内斜坡信号的倾斜角。

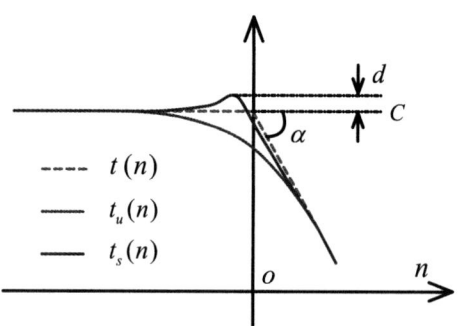

图 5-15 边际平坦型边缘的局部信号模型

其中,$t(n)$、$t_u(n)$ 和 $t_s(n)$ 分别表示理想的、未经历和经历过 USM 锐化的边缘信号

由于成像通道中低通滤波效应的存在,自然图像中的边际平坦型边缘 $t_u(n)$ 可建模成理想阶跃信号与高斯低通滤波器的卷积,即

$$t_u(n) = t(n) * g(n, \sigma) \tag{5-6}$$

其中,$*$ 表示卷积,$g(n, \sigma)$ 为归一化的高斯低通滤波器:

$$g(n, \sigma) = \frac{1}{\sqrt{2\pi}\sigma} \exp\left(-\frac{n^2}{2\sigma^2}\right) \tag{5-7}$$

这里,σ 表示滤波核的标准偏差。将式(5-5)和式(5-7)代入式(5-6),可得

$$t_u(n) = C - \tan(\alpha) \cdot \sum_{k=-\infty}^{n} (n-k) \cdot g(k, \sigma) \tag{5-8}$$

当数字图像经历 USM 锐化操作时,相应的边际平坦型边缘亦会受到增强处理。USM 锐化滤波的基本原理是将输入信号的高通滤波成分叠加于原信号自身。一般地,USM 空域锐化滤波器 $h(n,\sigma_s,\lambda)$ 可简化表示为

$$h(n,\sigma_s,\lambda) = (1+\lambda) \cdot \delta(n) - \lambda \cdot g(n,\sigma_s) \tag{5-9}$$

其中,σ_s 表示高斯低通滤波核的标准偏差,$\lambda > 0$ 表示锐化强度。

因此,经锐化处理后的边际平坦型边缘 $t_s(n)$ 可表示为

$$\begin{aligned} t_s(n) &= t_u(n) * h(n,\sigma_s,\lambda) \\ &= t_u(n) + \lambda \cdot (t_u(n) - t_u(n) * g(n,\sigma_s)) \\ &= C + \lambda \cdot \tan(\alpha) \cdot \sum_{k=-\infty}^{n}(n-k)g(k,\sqrt{\sigma^2+\sigma_s^2}) - (1+\lambda) \cdot \\ &\quad \tan(\alpha) \cdot \sum_{k=-\infty}^{n}(n-k)g(k,\sigma) \end{aligned} \tag{5-10}$$

2. 过冲效应分析与测度

伴随着图像锐化操作,在边际平坦型边缘的平坦带与过渡带交汇处出现了幅值异常,存在一定程度的突起,如图 5-15 中边缘信号 $t_s(n)$ 所示。这就是所谓的过冲效应,是由高频信号叠加而造成的。

下面定性证明过冲效应在 USM 锐化中的存在,并定量测度效应强度。首先,我们预定义过冲效应强度 d 为

$$d(t^*) = \max_{n \leq 0}(t^*) - C \tag{5-11}$$

其中,$t^* = t_u, t_s$。利用微分法可求出 $d(t^*)$ 的解析表达式如下:

(1) 当 $t^* = t_u$ 时,可得:$d(t^*) \equiv 0$。

(2) 当 $t^* = t_s$ 时,令 $\nabla t_s = 0$,可得:$\max(t_s) = t_s(n^*)$,其中 n^* 满足如下条件

$$\begin{cases} \sum_{k=-\infty}^{n^*} g(k,\sqrt{\sigma^2+\sigma_s^2}) \Big/ \sum_{k=-\infty}^{n^*} g(k,\sigma) = \dfrac{1+\lambda}{\lambda} \\ n^* < 0 \end{cases} \tag{5-12}$$

基于 $\max(t_s) = t_s(n^*)$,合并式(5-10)(5-11),得

$$d(t_s) = \tan(\alpha)\left((1+\lambda)\sum_{k=-\infty}^{n^*} k \cdot g(k,\sigma) - \lambda \sum_{k=-\infty}^{n^*} k \cdot g(k,\sqrt{\sigma^2+\sigma_s^2})\right) \tag{5-13}$$

由式(5-13)可以看出,$d(t_s)$ 与 α,λ,σ 和 σ_s 四个参数有关。其中,$d(t_s)$ 与 α 成正比例关系,$d(t_s) \sim (\lambda,\sigma,\sigma_s)$ 关系如图 5-16 所示。经过进一步的推导,由式(5-12)(5-13)可证明

$$d(t_s) > 0 \tag{5-14}$$

这表明,边际平坦型边缘在经历 USM 锐化后必定会产生具有一定强度的过冲效应。

通过以上分析可得出如下结论:自然图像中未经历过 USM 锐化的边际平坦型边缘不会引起过冲效应;而经过锐化之后,边际平坦型边缘处必会出现过冲效应,其效应强度可由式(5-11)所定义的 d 来测定。

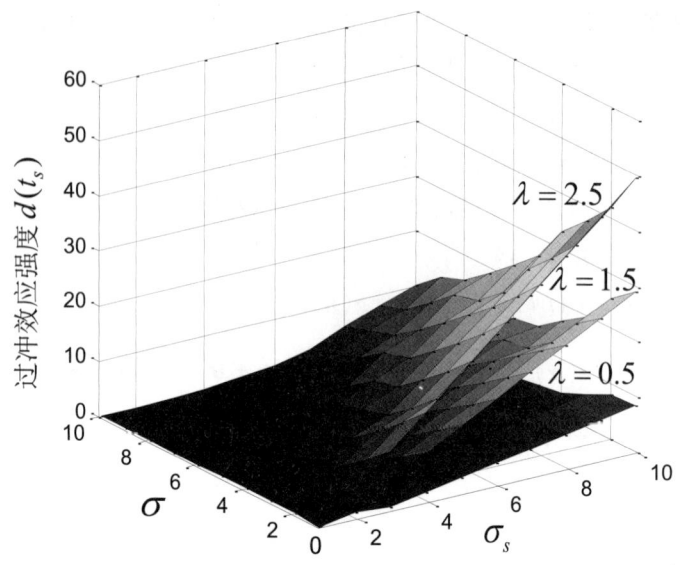

图 5-16 过冲效应强度 $d(t_s) \sim (\lambda,\sigma,\sigma_s)$ 关系图,$\alpha = 4\pi/9$

3. 锐化检测算法

过冲效应要被直接用作图像锐化操作取证的依据,还必须保证其充分性,即所检测的效应特征只属于 USM 锐化操作所独有,为其指纹性特征信息。由于信号处理过程中的高频截断,在图像复原和图像压缩中也有类似过冲效应存在,其典型表现是在图像灰度剧烈变化的邻域出现类似吉布斯(Gibbs)分布的连续震荡。这些同锐化操作中所产生的局部单峰突起/凹陷规律是不相同的。因此,由公式(5-11)定义的过冲效应强度可用作鉴别 USM 锐化操作的有效特征。曹刚等人所提出的图像 USM 锐化取证算法包括以下主要步骤:

(1)边缘检测。利用 Canny 算子对待测图像进行边缘检测,边缘像素点集合记为 $\Phi_1 = \{(r_i,c_i) \mid i = 1,2,\dots,N_1\}$,其中 (r_i,c_i) 表示第 i 个边缘像素点的坐标位置。对于彩色图像,在 Lab 彩色空间下的 L 通道图像上检测边缘,这是因为精细的锐化操作通常在 L 通道内实施。为避免噪声干扰,在边缘检测前会利用双边滤波器(Bilateral Filter)对图像进行平滑处理。

(2)定位边际平坦型边缘。分别以 Φ_1 中每一个位置坐标为中心,提取垂直于所在边缘方向的单像素带。图 5-17 为一个具体的单像素带示意图。其中,y 表示像素灰度级。分别计算区间 $[-\omega_2-\omega_1,-\omega_1]$ 和 $[\omega_1,\omega_1+\omega_2]$ 内像素灰度级集合的均值与方差,记为 (μ_l,σ_l) 和 (μ_r,σ_r)。然后,依据以下约束条件检测并定位边际平坦型边缘像素。

$$\begin{cases} |\mu_l - \mu_r| > \tau_\mu \\ \sigma_l < \tau_\sigma \text{ 或 } \sigma_r < \tau_\sigma \end{cases} \tag{5-15}$$

这里，τ_μ 是保证边缘强度的控制阈值，τ_σ 为约束边缘两侧平滑性的控制因子，它们共同保证了所选边缘的边际平坦性。检测出的边缘点集合记为 $\Phi_2 = \{(r_i, c_i, s) \mid i = 1, 2, \ldots, N_2\}$，其中，$s = l$ 和 $s = r$ 分别表示单像素带内左侧和右侧平坦，N_2 为检测到的边际平坦型单像素带的总数。注意，如果一个单像素带的两侧均平坦，需分别视为左侧平坦型和右侧平坦型单像素带，共计数两次。

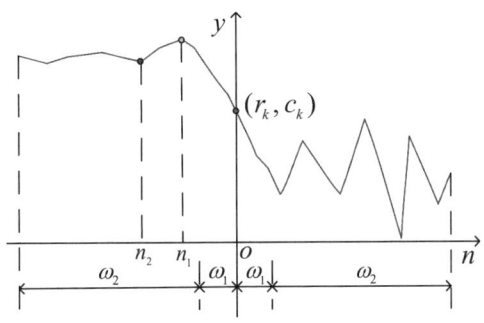

图 5-17　过冲效应测度时的相关参量定义

(3) 过冲效应检测。对 Φ_2 中每一个边际平坦型单像素带，沿中心点往平坦侧方向，搜索式检测第一次和第二次一阶微分极性改变的位置，分别记为 n_1 和 n_2，如图 5-17 所示。以第 i 个边际平坦型单像素带 $y_i(n)$ 为例，计算

$$d_i = \max_{n \in [n_2, n_1]} \{y_i(n)\} - \max_{n \in [-\omega_1 - \omega_2, n_2]} \{y_i(n)\} \tag{5-16}$$

如果 $d_i > \tau_d$，就认为检测到过冲效应，其强度为 d_i；否则，认为未检测到过冲效应。这里，τ_d 为比较过冲效应强度时所用的控制阈值。

(4) 锐化判决。计算全局图像的过冲效应平均强度：

$$f = \frac{1}{N_2} \sum_{i=1}^{N_2} d_i \cdot \ell(d_i > \tau_d) \tag{5-17}$$

这里，f 愈大表明过冲效应愈强烈，图像经历锐化操作的概率愈高。反之，f 愈小则表明图像未被锐化的可能性增大。依据过冲效应特征测度值 f，利用简单的阈值化分类方法，可做出判决如下：

IF $f > \tau_o$

THEN 待测图像经历过锐化处理；

ELSE 待测图像未经历过锐化处理。

其中，τ_o 为预设阈值，其取值与取证主体对漏检率的要求有关。

5.4　数字图像来源取证

5.4.1　图像来源取证问题

一般而言，一种数字内容认证技术通常需要实现两方面的功能：一是完整性或真实

性认证;二是来源认证,比如消息认证和数字签名技术。作为一种被动认证技术,数字图像取证技术应用也存在这样的功能需求。不难理解,图像操作取证技术实现了第一种认证功能,即完整性和真实性认证。图像来源取证技术正是为实现第二种功能所提出的,其目标是实现图像来源被动认证。

图像来源取证是与图像操作取证紧密相关的一个技术领域,同属于图像取证技术体系。图像来源取证是指仅依据图像数据自身,通过被动分析的方式对图像生成通道相关参数或特征进行盲估计,以鉴别待测图像的采集设备或生成方式,即图像来源渠道。

通常,图像来源取证需要实现对图像采集生成设备或系统的类型、品牌、型号、物理实体等相关信息的盲鉴别。在此,首先需要厘清图像来源到底有哪些不同的类别。依据现有常见的图像获取渠道的不同,数字图像的来源可以分为以下三类:

(1)利用数码相机拍摄的数字照片图像。

(2)利用计算机图形软件绘制而成的计算机图形图像,也称计算机生成图像。

(3)由扫描仪器扫描生成的数字图像。

这是宏观层面上的数字图像来源分类。在微观层面上,按照品牌-型号-个体的结构层次,可以对其中的每一类进行细分。具体地,就数码相机而言,存在不同品牌、同一品牌下不同型号、同一品牌同一型号下不同相机实体三个不同层次上的来源定义。不同型号的相机设备在硬件配置和软件算法上存在一定的差别,其成像通道并不完全一致,因而可能会形成不一样的指纹性特征,这为实现相机型号鉴别提供了可行性。计算机图形绘制软件存在品牌和版本层次上的区别。扫描设备如同数码相机一样,存在品牌、型号和个体三个层次上的来源定义。

在明确了图像来源的定义后,图像来源取证的任务是通过被动分析方式盲鉴别出待测图像的真实来源。针对图像来源取证技术,存在如下比较有代表性的应用需求:给定一幅未知来源的待测图像,能否鉴别其是数码照片还是计算机生成图像;如果是照片,能否在少量先验知识条件下鉴别其是由何种品牌的何种型号相机所拍摄的。例如,当前有一张存在版权纠纷的数码照片,有两人分别宣称是他们利用各自的相机拍摄所得。此时,图像来源取证技术正好可以解决这样的问题。图像来源取证技术在进一步拓展数字内容认证技术的内涵方面有着重要意义。事实上,可以将来源取证理解为一种广义的信息认证技术,只不过认证的对象变为图像生成渠道。

5.4.2 图像来源取证方法

当前,图像来源取证主要采用训练学习与统计模式匹配的方法来实现。具体地,先对可能的摄取源采集一定数量的输出样本,进行统计观察和分析,提取候选摄取源各自独特的指纹模板,然后将待测图像与这些指纹模板分别进行匹配,最相关者即估计为该图像的真实摄取源。可以看出,研究者们一般会将图像来源取证问题转化为模式匹配或模式分类问题来处理,后者已有许多成熟的、经典的解决方法可直接利用,如线性分类、非线性分类和聚类等。这里,图像即是样本,候选摄取源(如某些不同品牌型号的数码相机)为待识别的样本类别。

按照所采用特征的不同,现有的图像来源取证方法可以分为两大类:

(1)基于图像统计特征的取证。这类方法主要依靠对图像数据自身的分析,采用了包括空域纹理、直方图统计矩和局部像素统计相关性等在内的图像统计特征。

(2)基于成像通道特性的取证。这类方法主要基于对成像装置或软件系统内部工作机理的深入了解,对相关物理部件或所用信号处理算法进行深度分析,提取其隶属于所定义来源的指纹性特征,进而达到区分不同来源、鉴别来源的目的。在此,现有方法已采用的成像通道特性包括成像传感器噪声特性、CFA 内插特性、相机响应函数特性以及镜头光学畸变与色差特性等。

在现有的数字图像来源取证技术中,使用较多且比较可靠的特征之一就是成像传感器的 PRNU(Photo-Response Nonuniformity)噪声模板特性,其可用于各种重要的图像取证任务,包括设备鉴别、设备关联、处理历史恢复、数字伪造检测等。由于各传感单元光电转换性能的微弱差异与变化,PRNU 成为所有成像传感器共存的一种内在属性。因此,每个传感器在所拍摄的每一幅图像上会投射一种微弱的类似噪声的模式。这种模式扮演着传感器指纹的角色,本质上相当于一种非人为嵌入的扩频水印,可抵抗有损压缩和滤波等后处理。噪声模板指纹可从训练图像中精确地预估计出来作为先验知识库,然后在待测图像中通过检测或匹配此种指纹实现对图像源及完整性的盲鉴别。

5.5 反取证

5.5.1 反取证概念

当前,研究者们已经提出了大量的数字图像取证技术,并逐渐将其应用于实际案例诊断,评估这些技术在实际应用中的可靠性变得十分紧迫而有意义。现有的取证算法在无攻击环境下可取得较好性能,然而实际应用中一个不可忽略的安全因素是恶意攻击,即攻击者在完全知晓原取证算法细节的前提下实施攻击。因此,探讨现有取证算法在恶意攻击环境下的实际性能表现变得十分有意义,它可以让我们更清楚地了解取证算法的可靠性,有助于更合理地利用或改进这些取证工具。

图像取证技术自身特殊的应用情形,决定了安全性是其根本要求。安全性是保证图像取证结果可信可用的前提条件,数字图像取证技术的安全性和准确性同等重要。如同密码学中的加密算法,图像取证算法的安全性也不能依赖于具体算法细节的保密。恶意攻击者获知具体取证算法后,可能会实施攻击而使其无法有效正确运行。现有取证算法普遍存在抵抗恶意攻击能力低的缺陷。

针对已有的数字取证算法,恶意攻击者设法实施某种形式的攻击,使原取证算法无法做出正确的取证判决结果,这就是反取证,也称反取证攻击。反取证技术即指被用来实施攻击的具体手段、方法和策略。当前,反取证技术主要利用隐藏、抹去或移植指纹性痕迹特征的方法,达到欺骗原取证算法的恶意攻击目的,致使原取证算法做出完全错误的判决结果。

实施反取证一般包括以下两个核心步骤:

(1)对选取为攻击目标的取证算法进行深入解析,分析其算法机理和所利用特征;

(2)以致使取证系统产生虚警或漏检错误为目标,通过伪造或抹去相关指纹特征来设计反取证算法。

在这里,反取证算法设计的要求与目标是,提出对待检测样本实施精细处理、修改或伪造的方法,使原取证算法在检测修改后样本时做出虚警或漏检错误判决。

为保障取证算法的高安全性,必须深入研究反取证问题,可以通过执行反取证攻击算法来检验现有取证技术在实际应用情形下的可靠性。需从理论的视角,对取证和反取证行为进行严密的数学建模,分析其内在关联和性能极限。建立图像取证模型、评估图像取证算法的安全性,提取更加稳健有效的指纹性取证特征,分析取证与反取证行为之间的博弈关系等都是安全图像取证领域需要深入探讨和研究的课题。

5.5.2 反取证技术

随着图像取证技术的不断发展,反取证技术也被陆续提出,致使已有的取证技术相继被破解并失效。与基于场景视觉和物理特性的图像取证方法相比,基于底层成像特性与信号分析的取证方法更是存在被新的反取证技术攻破的风险。攻击者阻止现有取证算法的手段很多,依据是否具有针对性,现有反取证技术主要分为普适型和特定型两大类。

普适型反取证技术主要包括后处理和精细操作等。现有的图像取证算法大部分都很脆弱,例如部分图像拼接检测算法和重采样检测算法都不能很好地抵抗中等或重等程度的 JPEG 压缩后处理。

特定型反取证技术是指专门针对某一种或一类具体取证算法的攻击,其目标是隐藏可被检测的靶向操作痕迹。特定型反取证方法的基本策略通常是重新设计巧妙的图像操作方法,使其不再遗留可被现有取证算法检测出的痕迹。以重采样取证为例,在图像篡改过程中常用到重采样(如缩放、旋转等)操作,因此重采样检测也是图像取证的研究内容之一。早期的重采样检测方法主要有线性模型估计法和微分图像频谱,前者利用 EM 算法来估计各像素经历过内插处理的概率,后者依据重采样后微分图像呈现出特有的周期性进行识别。Matthias Kirchner 等人提出了新的重采样方法,可使之前的重采样检测方法近乎失效,其基本原理是对映射坐标进行几何抖动,破坏由普通内插所引起的周期性线性相关关系,从而扰乱已有重采样检测算法的取证依据,致其失效。此外,研究者们还提出了 CFA 模式合成、无痕迹型 JPEG 压缩、不可检测的对比度增强和重采样操作等反取证算法,分别致使对应的原取证技术失效。

依照对所利用痕迹的处理方式不同,现有的反取证技术可分为操作痕迹伪造型和操作痕迹隐藏型两大类。图像取证结果通常存在两类错误,即虚警错误(待测图像实际未经历过某种操作却被检测为经历过)和漏检错误(实际经历过某种操作却未被正确检测出)。对应这两类取证错误,存在两类反取证攻击方式:I类攻击,也称操作痕迹伪造型攻击,对应制造虚警错误;II类攻击,也称操作痕迹隐藏型攻击,对应制造漏检错误。它们在保证相应视觉效果的同时,分别实现对操作痕迹或指纹性特征的伪造和移除,使检测器做出错误的判决。

值得注意的是,操作痕迹伪造型和操作痕迹隐藏型反取证方法均可应用于基于局部操作的图像拼接或合成。如图5-4所示,为使合成图像在视觉效果上更加逼真,对来自图像1的源区域进行了放大处理,来自图像2的源区域则保持不变。此时,如果攻击者对源区域1实施重采样痕迹隐藏型攻击或者对源区域2实施重采样痕迹伪造型攻击,均可欺骗现有基于区域间操作痕迹不一致性的拼接检测算子,达到图像拼接反取证目的。

需要特别指出的是,反取证算法虽然能够欺骗已有的取证技术,但其自身也可能会在空域、频域或某个特征空间遗留下新的操作痕迹,这些痕迹成为设计更加先进取证技术的线索。以JPEG压缩取证与反取证为例,起初研究者们利用向量化后DCT系数添加适量的随机抖动噪声提出了一种JPEG压缩反取证算法;但紧接着G. Valenzise等人从取证分析者的角度深入分析了这种JPEG压缩反取证算法,利用其引起的均方误差失真特征提出了一种新的更加先进的取证技术,成功检测出基于抖动噪声添加的JPEG压缩反取证操作。如同密码学中的加密与解密一样,图像取证与反取证技术在彼此攻防、相互博弈的过程中不断发展成熟,使系统的安全性和可靠性得到持续改进与提高。因此,研究反取证技术具有重要的理论意义和实用价值。

5.5.3 反取证算法示例

1. 对比度增强反取证

本小节探讨现有数字图像对比度增强取证算法的安全性。从攻击者的角度,曹刚等人提出了通过引入局部随机抖动到像素值映射函数来设计对比度增强痕迹隐藏攻击,以抹去增强后图像的灰度直方图峰谷效应,进而使现有基于直方图效应分析的对比度增强取证算法失效。

对比度增强痕迹隐藏攻击算法的设计目标是,使增强后图像不会被现有取证算法检测出,但具有如传统对比度增强操作一样的对比度调节视觉效果。

首先,传统的对比度增强操作可分解为以下两步:

(1)依据初始映射函数 $m_0(\cdot)$ 将输入的整数型像素值 x 变换为一个实数值 $m_0(x)$;

(2)对初始映射值取整得输出像素值 y,即有

$$y = round[m_0(x)] \tag{5-18}$$

其中,$round[\cdot]$ 表示四舍五入取整运算。$x, y \in [0,1,2,\cdots,255]$。由此,像素值映射函数可表示为 $m(x) = round[m_0(x)]$,增强后图像的灰度直方图 $h_Y(y)$ 可表示为

$$h_Y(y) = \sum_{x \in \Omega} h_X(x) \ell\left(m_0(x) \in \left[y - \frac{1}{2}, y + \frac{1}{2}\right)\right) \tag{5-19}$$

这里，指示函数 $\ell(\cdot)$ 的定义同式(5-2)，$h_x(x)$ 表示原图像的灰度直方图。不难发现，当多种 x 灰度级映射到某一种 y 灰度级的单位邻域内时，直方图峰单元会在 y 处产生；当无任何 x 灰度级映射到某一种 y 灰度级的单位邻域内时，直方图谷单元会在 y 处产生。

为避免产生空或累积单元，创新性地引入局部随机抖动到初始映射函数中。由此，新的对比度增强操作函数可公式化表示为

$$y = \text{round}\,[m_0(x) + n] \tag{5-20}$$

其中，随机变量 $n \sim N(0, \sigma^2)$。较大的抖动偏差会导致更多邻近像素值之间的波动，相应地，直方图峰谷效应也会被抹去得更为彻底，但图像质量较传统对比度增强有所下降。

利用局部随机抖动能有效去除峰谷效应的原因简要分析如下。不失一般性，选取一个具体的谷单元为分析对象。图 5-18 为整数 k 附近初始映射值的局部直方图。

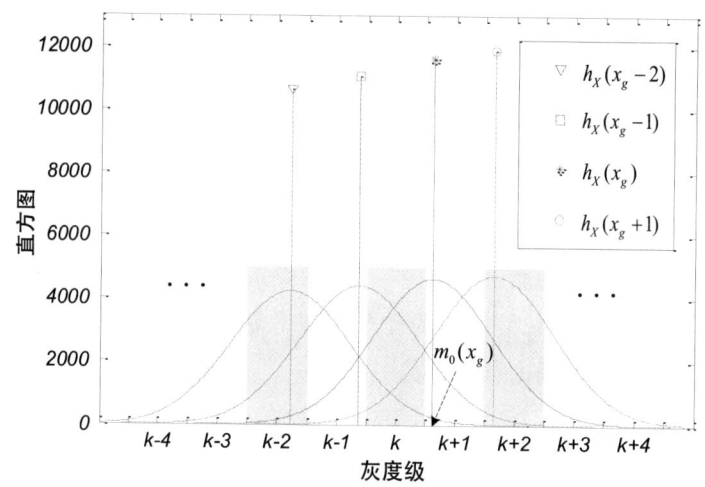

图 5-18 抖动后初始映射值的分布

就传统对比度增强而言，由于无初始映射值落入区间 $[k - \frac{1}{2}, k + \frac{1}{2})$，增强后图像的直方图在 k 处将产生谷单元。若引入局部随机抖动，则初始映射值会依据高斯分布而向周围邻域扩散。具体地，假设大于 k 的最小初始映射值是由 x_g 变换而来，则抖动后的映射值 $t_{x_g} = m_0(x_g) + n$ 将服从如下概率分布：

$$t_{x_g} \sim N(m_0(x_g), \sigma^2) \tag{5-21}$$

其他的初始映射值亦会发生类似的扩散现象。最终经过痕迹隐藏型对比度增强操作后图像的灰度直方图单元值可计算为抖动后初始映射值落入当前单元单位邻域内像素数的累加，具体可公式化表示为

$$h_Y(y) = \sum_{j=-x_g}^{255-x_g} h_X(x_g + j) \int_{y-\frac{1}{2}}^{y+\frac{1}{2}} G_{m_0(x_g+j),\sigma^2}(t)\,dt \tag{5-22}$$

其中，

$$G_{m_0(x_g+j),\sigma^2}(t) = \frac{1}{\sqrt{2\pi}\sigma} \exp\left[-\frac{(t - m_0(x_g + j))^2}{2\sigma^2}\right] \tag{5-23}$$

式(5-22)表明增强后图像直方图的每个单元值均为多个原始直方图单元的加权累积,其中的权重与单元之间的距离成反比。正是由于这种累积效应,原来的峰/谷单元会被抹去进而保持直方图局部平滑性,峰/谷效应也就不会出现在新的对比度增强后图像中,从而达到对比度增强反取证目的。

2. 重采样反取证

重采样操作常用于实现图像几何变换,如缩放、旋转或平移等。针对已有基于线性模型估计的重采样取证技术,M. Kirchner 等人提出了相应的重采样反取证算法,其本质是在传统重采样算子基础上,重新设计了一组新的重采样算子,使其不能被之前的取证技术检测出。因此,依据可检测性,现有的重采样算子可分为传统类和反取证类。后者具体包括几何抖动型、双径型和后处理型。下面予以具体介绍。

(1) 传统重采样算子

数字图像的几何变换通常包含坐标变换和像素值内插两个基本步骤。坐标变换指将输出图像整数坐标逆映射到输入图像的坐标网格中。假定对输入图像 $I(x)$ 进行几何变换 T,记生成的重采样后图像为 $I_t(y)$。其中,坐标 $x=[x_1,x_2]^T$,$x_1=0,1,2,\ldots,M_x$,$x_2=0,1,2,\ldots,N_x$,$y=[y_1,y_2]^T$,$y_1=0,1,2,\ldots,M_y$,$y_2=0,1,2,\ldots,N_y$,重采样前后图像分辨率分别为 $[M_x+1,N_x+1]$ 和 $[M_y+1,N_y+1]$。由此,逆坐标映射可公式化描述为

$$\tilde{x} = T^{-1} y \tag{5-24}$$

其中,$\tilde{x}=[\tilde{x}_1,\tilde{x}_2]$,$\tilde{x}_1 \in \mathbb{R}$,$\tilde{x}_2 \in \mathbb{R}$ 表示逆映射后的坐标值,因不一定与原图像的坐标网络匹配而多为实数。

在每个逆映射后的位置,像素值 $I_t(y)$ 通过对邻域内像素值进行加权求和而得,即

$$I_t(y) = \sum_x I(x) \cdot h(\tilde{x} - x) \tag{5-25}$$

这里,h 为分配权值的内插核。常用的传统内插核函数有最近邻,双线性和双立方。

(2) 几何抖动型重采样算子

传统重采样一般会引起带有确定周期性的邻域像素相关关系,通过在坐标映射过程中引入几何抖动可以避免产生这种周期相关性。几何抖动型重采样算子定义为

$$I_g(y) = \sum_x I(x) \cdot h(\tilde{x} + \Delta_y - x) \tag{5-26}$$

其中,$\Delta_y = [e_1,e_2]^T$ 表示原始映射坐标的随机扰动位移,$e_1,e_2 \sim N(0,\sigma)$。几何失真的强度由标准偏差 σ 控制且受调制于局部图像梯度。图 5-19 显示的是几何抖动前后的映射坐标。

(3) 双径型重采样算子

为实现双径型重采样,首先需要利用中值滤波将图像分离成高频和低频成分。然后,对传统重采样后的图像进行中值滤波,同时对中值滤波后的残差图像进行几何失真型重采样,叠加这两种操作的结果可获得最终双径型重采样后图像 $I_d(y)$,即

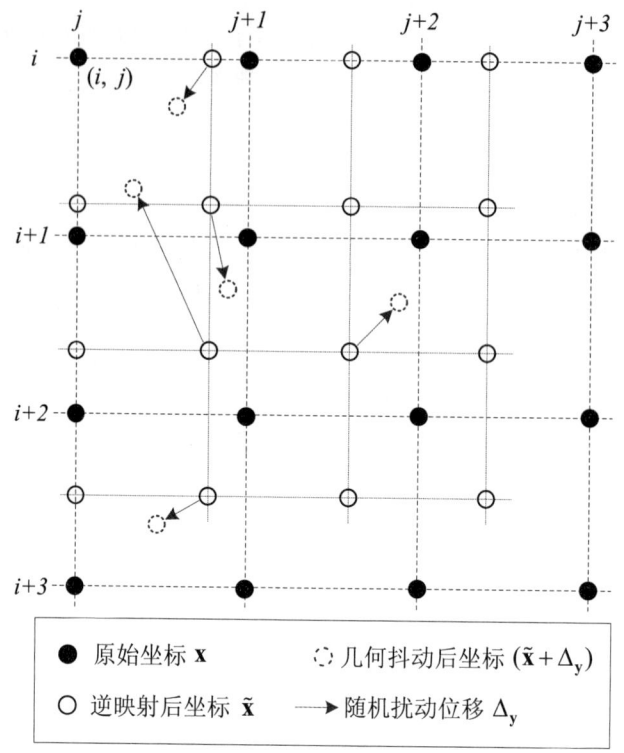

图 5-19 几何抖动型重采样算子示意图

$$I_d(y) = med\Big(\sum_x I(x) \cdot h(\tilde{x} - x)\Big) + \sum_x [I(x) - med(I(x))] \cdot h(\tilde{x} + \Delta_y - x) \tag{5-27}$$

其中，$med(\cdot)$ 表示中值滤波操作。双径型重采样算子包含两个参数：中值滤波器的窗口尺寸和随机几何抖动量的标准偏差。

（4）后处理型重采样算子

一种破坏传统重采样操作痕迹的方法是引入非线性后处理，即

$$I_p(y) = O\Big[\sum_x I(x) \cdot h(\tilde{x} - x)\Big] \tag{5-28}$$

其中，$I_p(y)$ 表示经历后处理型重采样后的图像，$O[\cdot]$ 表示具体采用的后处理方式，如中值滤波、加噪、锐化和压缩等。通常，后处理操作的强度应适度，以确保重采样后图像的视觉质量无明显下降，同时传统重采样操作的痕迹也被抹去。

本章小结

本章主要内容是数字取证的基本理论与方法。首先介绍了数字取证的基本概念、工作原理、分类和应用等，然后以数字图像取证为具体关注对象，详细介绍了图像操作取证和图像来源取证的基本概念、重要理论与典型方法，最后简要介绍了反取证及其典型算

法示例。

本章的主要知识点包括：

1. 数字取证基本概念

(1) 数字取证是数字化域内取证科学的统称，主要指恢复和调查在数字硬件或软件系统中所发现的数据文件材料，即为验证某推论，通过技术手段寻取相关数字证据的过程或行为。

(2) 理解数字取证技术的两种重要特性：盲分析性和多视角性。

(3) 理解一个完整的数字取证实践过程包括的三个主要步骤：采集、分析和报告。

(4) 理解数字取证技术不同的分类方法及其应用领域。

2. 数字图像操作的分类

常用的数字图像操作方式主要包括以下六类：拼接、区域复制、对比度增强、滤波、重采样和压缩编码。

3. 数字图像取证技术的原理与分类

(1) 数字图像取证技术的原理：通过被动的盲分析手段来辨识图像来源和真伪，检测图像所经历的篡改操作，以及估计图像处理历史。

(2) 数字图像取证技术的两个主要分支：数字图像操作取证、数字图像来源取证。

4. 图像操作取证技术的研究意义与分类

(1) 内容改变型操作取证和内容保持型操作取证的研究意义。

(2) 按照所利用取证依据的不同，现有的图像操作取证技术可分为三类：基于场景几何、基于成像特性和基于操作痕迹的操作取证方法。

5. 典型图像操作取证算法示例

(1) 基于 DCT 域字典排序的区域复制检测算法。

(2) 基于空域分块结构特征的区域复制检测算法。

(3) 基于直方图峰谷效应分析的对比度增强取证算法。

(4) 基于过冲效应分析的 USM 锐化取证算法。

6. 数字图像来源取证

(1) 不同层次的图像来源的分类。

(2) 图像来源取证方法的分类。

7. 反取证

(1) 反取证概念：针对已有的数字取证算法，恶意攻击者设法实施某种形式的攻击，使原取证算法无法做出正确的取证判决结果，这就是反取证，也称反取证攻击。反取证技术即指被用来实施攻击的具体手段和方法。

（2）反取证技术分类：依据是否具有针对性，分为普适型反取证技术和特定型反取证技术两类；依照对操作痕迹处理方式的不同，分为操作痕迹伪造型反取证技术和操作痕迹隐藏型反取证技术两类。

8.典型反取证算法示例

（1）基于抖动映射的对比度增强反取证算法。

（2）基于几何抖动的重采样反取证算法。

练习思考

1.简述数字取证的定义。

2.数字取证技术一般具有盲分析性和多视角性，谈谈你对这两种特性的理解。

3.简述数字取证实践的工作流程。

4.按照应用需求与取证目标的不同，数字取证技术可分为哪几类？简述各类技术的特点和应用场合。

5.按照取证分析对象数据形式的不同，数字取证技术可分为哪几类？

6.数字取证技术有哪些典型的应用领域？

7.常用的数字图像操作方式有哪些？

8.数字图像违规操作会引起什么问题？有何危害？

9.数字图像取证的含义是什么？已有的图像主动认证技术在实际应用中遇到了什么问题？

10.数字图像取证技术存在哪两个主要分支？简述各自的基本含义。

11.简述数字图像操作取证技术的实现原理和分类。

12.现有基于成像特性类的图像操作取证技术主要利用了哪些指纹性特征？

13.现有基于操作痕迹类的图像操作取证技术主要分析了哪些类型的操作？

14.简述基于 DCT 域字典排序的区域复制检测算法的主要步骤。

15.简述基于直方图峰谷效应分析的对比度增强取证算法的主要步骤。

16.简述基于过冲效应分析的 USM 锐化取证算法的基本原理。

17.图像来源可分为哪几类？简述图像来源取证技术的原理和分类。

18.反取证的基本含义是什么？给出 2 种不同的反取证技术分类方法。

19.在基于抖动映射的对比度增强反取证算法中，为什么要在像素值映射过程中引入局部随机抖动？该算法属于哪一类反取证技术？

20.简述几何抖动型重采样算子的实现原理。简述它与传统重采样算子的区别。

参考文献

[1]彭飞,龙敏,刘玉玲.数字内容安全原理与应用.北京:清华大学出版社,2012.

[2]维基百科:http://en.wikipedia.org/wiki/Digital_forensics.

[3] 图像伪造实例:http://news.xinhuanet.com/photo/2013-12/25/c_125913881.htm.

[4] 图像伪造实例:http://nx.cnr.cn/gyxl/gyj/200908/t20090824_505441505.html.

[5] 图像伪造实例:http://www.cs.dartmouth.edu/farid/research/digitaltampering.

[6] Fourandsix Technologies, Inc. 网址:http://www.fourandsix.com.

[7] 李炳龙,王鲁,陈性元.数字取证技术及其发展趋势.信息网络安全,2011,1:52-55.

[8] 宋冰.浅论数字取证及其发展趋势.法制与社会,2009,32:318-319.

[9] 李禹,党凌云.2011年度全国法医类、物证类、声像资料类司法鉴定情况统计分析.中国司法鉴定,2012,3:124-127.

[10] 北京多维视通技术有限公司.网址:http://www.visystem.cn.

[11] 曹刚.数字图像操作取证技术研究.北京交通大学博士学位论文,2013.

[12] 曹刚,赵耀,倪蓉蓉.多媒体内容认证.中国计算机学会通讯,2011,7(2):37-42.

[13] 杨锐,骆伟祺,黄继武.多媒体取证.中国科学:信息科学,2013,43(12):1654-1672.

[14] 吴琼,李国辉,涂丹,孙韶杰.基于真实性鉴别的数字图像盲取证技术综述.自动化学报,2008,34(12):1458-1466.

[15] 王波,孔祥维,沈林杰,孟凡洁,尤新刚.司法文检中的数字取证技术.第七届全国信息隐藏暨多媒体信息安全学术大会论文集,2007:271-275.

[16] 周琳娜,王东明.数字图像取证技术.北京:北京邮电大学出版社,2008.

[17] A. Popescu. Statistical tools for digital image forensics [Dissertation]. New Hampshire, USA. Dartmouth College. 2005.

[18] M. C. Stamm, M. Wu and K. J. R. Liu. Information forensics: an overview of the first decade. *IEEE Access*, 2013, 1: 167-200.

[19] J. Fridrich. Digital imageforensics. *IEEE Signal Processing Mag.*, 2009, 26(2): 26-37.

[20] H. Farid. A survey of image forgery detection. *IEEE Signal Processing Mag.*, 2009, 26(2): 16-25.

[21] B. Mahdian and S. Saic. A bibliography on blind methods for identifying image forgery. *Signal Processing: Image Communication.*, 2010, 25(6): 389-399.

[22] R. C. Gonzalez and R. E. Woods. Digital image processing (2nd Edition). Prentice Hall, 2002.

[23] M. K. Johnson and H. Farid. Exposing digital forgeries in complex lighting environments. *IEEE Trans. on Info. Forensics and Security*, 2007, 2(3): 450-461.

[24] G. Cao, Y. Zhao, R. Ni and X. Li. Contrast enhancement-based forensics in digital images. *IEEE Trans. on Info. Forensics and Security*, 2014, 9(3): 515-525.

[25] G. Cao, Y. Wang, Y. Zhao, R. Ni and C. Lin. On the security of image manipu-

lation forensics. *Proc. of Pacific Rim Conf. on Multimedia*, 2015: 97-105.

[26] J. Fridrich, D. Soukal and J. Lukas. Detection of copy-move forgery in digital images. *Proc. of DFRWS*, 2003.

[27] 骆伟祺,黄继武,丘国平.鲁棒的区域复制图像篡改检测技术.计算机学报,2007,30(11):1998-2007.

[28] M. C. Stamm and K. J. R. Liu. Blind forensics of contrastenhancement in digital images. *Proc. of Intl. Conf. on Image Processing*, 2008: 3112-3115.

[29] M. C. Stamm and K. J. R. Liu. Forensic detection of image manipulation using statistical intrinsic fingerprints. *IEEE Trans. on Info. Forensics and Security*, 2010, 5(3): 492-506.

[30] G. Cao, Y. Zhao, R. Ni and A. C. Kot. Unsharpmasking sharpening detection via overshoot artifacts analysis. *IEEE Signal Processing Letters*, 2011, 18(10): 603-607.

[31] T. Gloe, M. Kirchner, A. Winkler and R. Böhme. Can we trust digital image forensics? *Proc. of ACM Intl. Conf. on Multimedia*, 2007: 78-86.

[32] M. Kirchner and R. Böhme. Hiding traces of resampling in digital images. *IEEE Trans. on Info. Forensics and Security*, 2008, 3(4): 582-592.

[33] G. Valenzise, M. Tagliasacchi and S. Tubaro. Revealing the traces of JPEG compression anti-forensics. *IEEE Trans. on Info. Forensics and Security*, 2013, 8(2): 335-349.

[34] G. Cao, Y. Zhao, R. Ni and H. Tian. Anti-forensics of contrast enhancement in digital images. *Proc. of ACM Multimedia and Security Workshop*, 2010: 25-34.

[35] G. Cao, Y. Zhao, R. Ni, H. Tian and L. Yu. Attacking contrast enhancement forensics in digital Images. *Science China Information Sciences*, 2014, 57(5): 052110.

第 6 章 数字版权管理

■ **本章要点：**
1. 数字版权保护发展情况及基本概念
2. DRM 体系结构及典型应用
3. DRM 关键技术
4. DRM 标准与典型方案

数字版权管理(DRM,Digital Rights Management)的目标是对数字内容实现全生命周期、从系统端到应用端完整的信息安全保护,并保证数字内容被合法用户在其所获取的合法权限内使用,从而保证内容产业链中各方(内容提供者、内容运营者以及终端用户等)的共同利益,促进内容产业的健康发展。

数字版权管理所保护的数字内容包括数字视频、数字音乐、数字图像、电子图书、软件程序等各类数字产品。所涉及的主要技术包括对称/非对称加密技术、消息认证技术、身份认证技术、数字水印技术、数字权限描述语言、数字权限管理、数字内容格式等。DRM 适用于当前所广泛采用的各种数字内容传输体系及应用(如数字电视广播系统、IPTV 系统、互联网信息服务等)。

本章将从数字版权保护发展状况和基本概念谈起,介绍数字版权管理系统典型体系结构、涉及的关键技术以及典型的标准和应用方案。

6.1 数字版权保护概述

6.1.1 知识产权保护发展状况

人类对知识产权的重视与保护可以追溯到 1883 年缔结的巴黎公约,其名称是《保护工业产权巴黎公约》,该公约首次提出将商标等商业标志作为无形财产加以保护。近代关于知识产权的全面保护始于 20 世纪 70 年代。1967 年 7 月 14 日,"国际保护工业产权联盟"(巴黎联盟)和"国际保护文学艺术作品联盟"(伯尔尼联盟)的 51 个成员在瑞典首都斯德哥尔摩共同建立了世界知识产权组织(WIPO,World Intellectual Property Organization),以便进一步促进全世界对知识产权的保护,加强各国和各知识产权组织间的合作。知识产权的提法也自此得到国际社会的普遍认可。

知识产权(IPR,Intellectual Property Rights)指权利人对其创造性的智力成果依法享有的专有权利。根据1967年在斯德哥尔摩签订的《建立世界知识产权组织公约》的规定,知识产权包括对下列各项知识财产的权利:文学、艺术和科学作品;表演艺术家的表演及唱片和广播节目;人类一切活动领域的发明;科学发现;工业品外观设计;商标、服务标记以及商业名称和标志;制止不正当竞争以及在工业、科学、文学或艺术领域内由于智力活动而产生的一切其他权利。总之,知识产权涉及人类智力创造的一切成果。

当今世界各国制定了不少有关保护知识产权的法规和国际性、地区性的协定或公约。一般将知识产权分为著作权(又称版权)和工业产权两大类。

以上关于知识产权的定义及特点毋庸置疑地涵盖了数字新媒体的版权。准确地说,数字媒体版权是指权利人对其计算机软件、电子数据库、电脑游戏、数字文学作品、数字声音作品、数字图片、数字动画、数字电影以及其他数字作品等具有依法享有的专有权利。

数字版权由传统版权演变发展而来,继承了传统版权的界定范围和特性。然而,由于数字媒体的特点,数字版权又具有一定的特殊性。

首先,数字版权的保护范围并不完全等同于传统的版权保护。数字版权既包含了受到著作权保护的数字作品,又包含了计算机技术发展所催生的软件、电子数据库等。为适应新的环境变化,数字版权的保护客体、保护程度是不断变化的。

其次,数字媒体易于分发传输、可以无限复制使用且几乎无需复制成本的特性使得传统知识产权的部分特点(如地域性)变得模糊不清,这是数字版权与传统版权的重要区别之一。这也造成了数字版权保护的复杂性和技术的复杂度。

数字版权产品已经深入人们社会生活的方方面面,正在改变着人们的工作方式、阅读习惯、娱乐休闲等细节。近年来,数字新媒体技术的迅猛发展为数字媒体内容的存取和交换提供了极大的便利。但同时数字化技术精确、廉价、大规模的复制功能和互联网的全球传播能力为版权保护带来了很大冲击,数字作品侵权更加容易,篡改更加方便。日益严重的盗版使软件开发商、唱片公司、电影发行商蒙受了巨大的经济损失。数字媒体的盗版与滥用不仅挫伤了媒体著作人的创作热情,侵害了出版发行人的合法利益,也妨碍了用户享有更丰富的视听体验。保护知识产权、反对盗版已经成为国际社会的普遍共识。对于提倡"内容为王"的数字新媒体产业,数字媒体版权保护既是产业自身发展的实际需要,也是用户享受数字新媒体新体验的基本保证。

从20世纪90年代末数字版权管理(Digital Rights Management,DRM)技术的提出开始,DRM走过了一条曲折却快速增长的发展之路。DRM技术应用日渐广泛,市场规模不断攀升,产生了诸如ContentGuard、Digimarc等专门从事内容版权保护的服务商。目前,已有很多关于DRM的研究项目在多媒体、电子书籍、P2P(Peer-to-Peer)、移动终端以及数字电视等不同领域内展开。一些著名国外公司也已分别推出了一些商业 DRM 系统解决方案,如 Apple 公司的 FairPlay;Microsoft 公司的 Windows Media DRM(WMMRM);IBM 的 Electronic Media Management System(EMMS);RealNetworks 的 RealSystems Media Commerce Suite(RMCS);Adobe 公司用于 PDF 格式的 Adobe Content Server(ACS)电子书籍版权保护方案;开放移动联盟(Open Mobile Alliance)推出的面向手机等领域的 OMA DRM 标准等等。国内也有公司推出了包含 DRM 技术的产品,如方正技术研究院的 Apabi 数字版权保护技术,书生公司的 SureDRM 版权保护系统等。

然而,由于缺乏统一标准、法律法规的滞后和不成熟、过于强调权利人的利益保护而忽略用户权益以及实施过程中的一些策略失当,DRM 技术的发展仍旧面临一些问题。以音乐作品的 DRM 保护为例,起初唱片公司是抵制非 DRM 音乐的,在这些公司看来,DRM 是唯一能使其获得控制力的元素,不能轻易放弃版权保护。然而使用者却不愿接受 DRM 音乐。因此,2007 年 2 月 7 日,苹果 CEO 史蒂夫·乔布斯公开倡议,希望各大唱片公司取消数字音乐中的 DRM 技术,称这种做法并不能有效遏制盗版行为。之后,环球、索尼、百代和华纳等全球四大唱片巨头也相继放弃 DRM。然而,在线数字音乐全面放弃 DRM 不是因为 DRM 本身技术的问题,也不是在线数字音乐不需要 DRM 的保护,而是现阶段 DRM 对大众市场发展带来的限制。

就技术、商业模式与竞争层面而言,DRM 正影响着目前众多数字新媒体市场领域,如数字音乐、宽带视频、移动电视、网络电视和家庭网络等,其市场前景十分广阔。数字媒体版权管理正越来越受到社会各方面的重视,包括企业公司、政府在内的许多组织和团体都在努力推广版权保护与管理的概念、意识和技术。在打击盗版、维护版权所有者的合法权益的同时,还应进一步注重和加强数字新媒体用户权益的保护。

未来的一段时间里,数字媒体版权管理将呈现如下发展态势:

(1)应用领域不断拓展。随着数字媒体版权保护与管理应用的不断加深,其应用的领域也会不断扩展,从最初的对硬件设备和独立媒体的保护发展到对互联网数字媒体内容的保护,而且也将在移动/无线、广电网等领域发挥作用,未来的版权保护与管理将是一个跨网络、跨平台、跨屏幕的综合体系。

(2)媒体类型不断丰富。数字媒体版权保护与管理针对的是数字媒体,其类型也在不断丰富。从 DVD 光盘到各种图像、视频、音频,进而还有电子书、软件、游戏、流媒体等,只要是数字化的、具有版权属性的媒体内容,都可能成为数字版权管理的对象。媒体类型的丰富,也需要相应的技术进行适应,因此有必要进行有针对性和普遍性的研究,提高整个数字版权管理体系的应用范围。

(3)技术水平不断提高。在数字媒体内容的版权保护与管理发展过程中,所采用的技术水平也在不断地提高。例如,IPv6 与 DRM 相结合,可以简化 DRM 系统的设计,提升系统的安全性和可靠性。因为 IPv6 不仅增加了可用的 IP 地址范围,而且提供了安全、可靠的信息传输协议(IPSec),为构建 DRM 和内容安全体系提供了重要的网络基础。此外,P2P 技术的发展和全球资源共享概念的提出,给 DRM 的设计和实施带来了一定的难度,主要是 DRM 的权限控制与 P2P 的资源共享思想相互矛盾。在 P2P 网络中,需要研究新的方案和技术,解决控制与共享的矛盾,实现数字版权管理的"合理使用"和"版权保护"的统一。

(4)体系标准不断完善。最初的版权保护仅仅是一个小模块,比如验证用户口令等,但是这对拥有盗版工具或者一定相关知识的人来说形同虚设,而且不能控制盗版行为。后来产生了独立的安全系统作为完整功能中的一个子系统,安全性得到了提高,效率也进一步提升,而且也完善了对数字版权保护的事前控制。但是,更大范围内的数字版权保护与管理需要的是一个包括法律、技术、管理等多方面综合考虑的解决方案,需要适应跨平台、跨网络的应用需求,建立包括事前控制、事后追踪在内的完整数字版权保护与管理体制。因此,应该从整体上给出安全环境的定义,并进一步使数字媒体内容版权保护的框架与结构标准化。在标准化框架与结构中应考虑系统兼容性、可嵌入性以及各模块之间的安全沟通机制,为数字媒体内容的制作、传输、播放等全生命周期提供安全的权限管理与版权保护。

随着数字版权管理标准的统一,相关法律法规的健全,版权所有人与用户之间权益的平衡,实施策略的完善,数字媒体版权管理将会在数字新媒体领域与市场中发挥越来越重要的作用,并得到更广泛的应用、更迅猛的发展。

6.1.2 数字版权管理基本概念

DRM 不是一个简单的保护内容的技术,而是用以保护数字内容整个生命周期中所有参与者的权利。DRM 能够创造一些新的商业模式,比如 DRM 可以使得服务提供商和网络提供商剥离,能够支持多种灵活的商业模式,能够解决 UGC(User Generated Content)网络视频和 P2P 网络电视版权问题,同时 DRM 也能支持设备在不同网络中的漫游访问。

内容提供商可以通过 DRM 对节目的整个生命周期进行保护,保护节目的版权,从而增强开发新节目的积极性;网络和内容运营商通过提供多种灵活的数字内容增值服务,可以提高 ARPU(AverageRevenuePer-User,每用户平均收入)值来获益;终端用户能够无缝、无障碍地消费高质量的数字内容。因此,通过 DRM 可以实现和谐的媒体产业环境,同时通过建立新媒体产业环境实现 DRM 的价值。

广义上说,数字版权管理可以理解为用于定义、管理、跟踪媒体使用等一切手段在内的全部技术,它涵盖有形资产和无形资产之上的各种权利使用,包括内容描述、标识、交易、保护、监控、跟踪等,也包括版权持有人之间的关系管理。

因此,将数字版权管理 DRM 定义为:DRM 是采取信息安全技术手段在内的系统解决方案,在保证合法的、具有权限的用户对数字信息正常使用的同时,保护数字信息创作者和拥有者的版权,根据版权信息使其获得合法收益,在版权受到侵害时能够鉴别数字信息的版权归属及版权信息的真伪,并确定盗版数字作品的来源。

DRM 系统的执行流程可简单描述为图 6-1 所示的过程:

图 6-1 表示,创作者创建了原始数字内容之后,由发行者进行打包和内容保护,通常

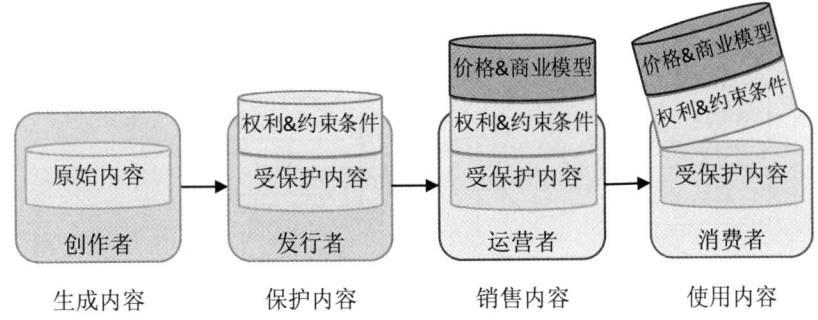

图 6-1 DRM 系统执行流程示意图

要对数字内容进行加密和/或嵌入数字水印,并制定数字内容的使用权利和约束条件;之后数字内容被分发给运营者,以便为数字内容定义适宜的价格和商业模型;最终消费者可以根据该价格和商业模型,购买受保护的内容以及相应的权利和约束条件(通常以许可证形式发放),如果数字内容是经过加密的,购买者还需要购买解密密钥(通常内含于许可证),最后才能按照权利和约束条件来使用该数字内容。

6.2 DRM 体系结构及应用

6.2.1 DRM 体系结构

DRM 系统贯穿于前端、传输、用户端等整个生产、流通、消费系统之中,使得知识产权在传输和共享过程中不被侵害,同时也使得内容资源的访问和使用得到有效的控制。

不同的 DRM 系统虽然在所侧重的保护对象、支持的商业模式和采用的技术方面不尽相同,但是它们的核心思想是相同的,都是通过使用数字许可证来保护数字内容的版权。用户得到数字内容后,必须获得相应的数字许可证才可以使用该内容。

图 6-2 给出了典型 DRM 系统的参考体系结构,包括三个主要子系统:内容服务器(Content Server)、许可证服务器(License Server)和客户端(Client)。

1. 内容服务器

创作者创建了原始数字内容之后,为了进行数字版权管理,必须对其进行一些内容保护处理。因此该子系统中包含一个"DRM 打包工具"模块,用以实现对数字内容的加密、嵌入数字水印等处理,并将处理结果和内容标识元数据等信息一起打包成可以分发销售的数字内容,存储到"数字内容库"。此外,数字内容元数据等信息被存储到"内容标识库",加密内容所用到的密钥被安全传送给许可证服务器,并存储到其"密钥库"中。

内容提供者或内容发行者通常还需要定义数字内容的使用权限(权利和约束条件)。这些使用权限要存储在许可证服务器的"权限库"中。

2. 许可证服务器

当客户端需要使用数字内容时,必须购买数字许可证,即购买使用该内容的权限以

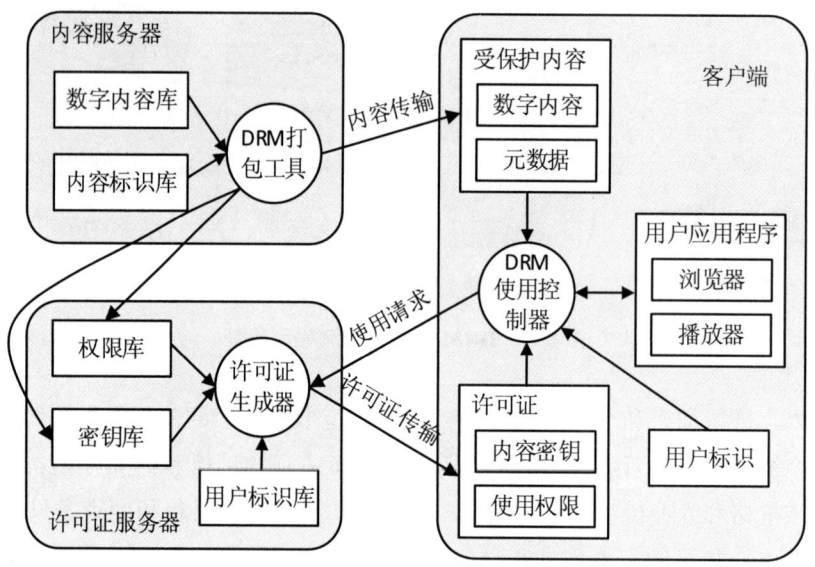

图 6-2 典型 DRM 系统的体系结构

及解密内容的密钥。许可证服务器用来提供使用权限的购买选择、生成并安全分发数字许可证,还可以实现用户身份认证以及触发支付等金融交易事务。

数字许可证通常包含以下内容:内容解密密钥,数字内容使用权利(比如数字媒体的播放、打印、浏览、复制、租赁、摘录、编辑等),数字内容使用约束条件(比如使用次数、使用期限和使用条件等),许可证颁发者及其拥有者信息的数据文件等。许可证用来描述数字内容授权信息,并按一定的标准进行描述(例如 XMrL 等权利描述语言,后面小节有详细介绍)。

此外,许可证服务器需要将包含上述重要信息的许可证安全发送给客户端,因此要对这些数据进行数字签名和加密等操作,以便客户端能确认许可证服务器的真实性以及许可证的完整性。

3. 客户端

客户端可以从内容服务器提供的链接下载获得数字内容文件包。

当客户端需要使用该数字内容时,由"用户应用程序"执行使用操作。如果该数字内容为视频文件,则"用户应用程序"就是媒体播放器,但该媒体播放器不是通用的播放器,而是增加了"DRM 使用控制器"的播放器。"DRM 使用控制器"负责收集用户身份标识等信息,并控制数字内容的使用,即当"用户应用程序"使用数字内容时,需要首先由"DRM 使用控制器"检查有无数字许可证,如果有,则读取并解析其中的权利和约束条件,如果许可允许使用,再进一步读取内容解密密钥,并解密内容,最后由"用户应用程序"使用数字内容(比如播放视频);如果没有,则需要自动连接许可证服务器购买数字许可证,并将其接收存储到客户端本地。

DRM 系统还可以包括其他子系统,例如分发服务器和零售门户网站,特别是支持数字内容网上交易的 DRM 系统。分发服务器存放打包后的数字内容,负责数字内容的分发;零售门户网站直接面向用户,通常作为用户和分发服务器、版权服务器以及(金融)清算中心的桥梁,用户本身只与门户网站交互。图 6-2 中的参考体系结构是高度抽象的逻辑模型,是 DRM 系统的基础体系结构。

6.2.2　DRM 体系结构应用案例

DRM 系统在很多领域都得到了应用,而且当前大部分 DRM 系统都基于上节介绍的参考体系结构,如 Microsoft WMRM,InterTrust Rights System,Adobe Content Server,RealNetworks RMCS 和 IBM EMMS 等。

这里以微软的 Windows Media DRM(WMDRM)系统为例来说明 DRM 体系结构的应用。

1.WMDRM 简介

WMDRM 是一个成熟的 DRM 版权管理解决方案,它用于保证网络设备间传送播放的数字内容的安全性,为消费者提供多种对加密的音视频内容进行访问的方式。第一个 WMDRM 版本在 1999 年 8 月发布,2003 年 1 月发布了 WMDRM 9 Series,最新版本为 WMDRM 10 Series。该系统包括以下几部分:

(1) Windows Media Rights Manager:服务器端工具,用来打包和分发许可证。

使用服务器端的 SDK(Software Development Kit),开发者可以制作用于配置和加密(打包)数字媒体文件的程序以及发布许可证的程序。一个打包好的文件包含用密钥加密过的原始数据以及一些内容提供商提供的附加信息。

许可证和媒体文件将在不同的时候被独立分发,这保证了加密文件即使被下载以后依旧是被加密的,只有消费者下载了许可证以后才能播放。

(2) Windows Media Format SDK:DRM 组件,客户端解密程序。

采用客户端的 SDK,开发者可以制作客户端播放加密媒体文件的程序。该 SDK 允许程序获取许可证、备份和恢复许可证以及更新 DRM 组件。

加密文件还可传输至便携设备上播放。客户端 SDK 包括了一个开发包,用于实现从 PC 上将加密文件传输到其他设备上的操作。消费电子制造商需要获取便携设备的许可证,以便在其设备上提供对加密文件的解密算法。

(3) Portable Device DRM:简单设备的解密工具。

WMDRM 为每一个连接到服务器上获取许可证的用户建立独特的标识,使用户通过许可证中的密钥解密内容。每个计算机在播放文件时都需要获取独立的密钥,这保证了加密文件不会被那些非授权设备播放。

(4) Windows Media Data Tool:数据会话工具,是一种允许将许可证发布到离线介质上的技术。

WMDRM 提供多样化的许可证控制,便于内容提供商使用多样化的商业经营模式,如：实时内容加密、独立分发许可证和媒体内容、改变许可证条款、出租和订阅模式、有限的播放预览、透明的预分发许可证（分发媒体的同时就分发特定的许可证）方式和静默安装特性、控制传输到 HDMI（High Definition Multimedia Interface）便携设备等。

2.WMDRM 结构与流程

内容提供者可使用 WMDRM 在网络上以加密文件的方式分发音频、视频等数字媒体。WMDRM 加密数字媒体，并独立分发加密数字媒体和数字许可证，任何用户播放媒体文件之前必须获得包含解密密钥的许可证。

WMDRM 系统基于上一节介绍的 DRM 参考体系结构，包括内容服务器、许可证服务器和客户端三个主要子系统，如图 6-3 所示。

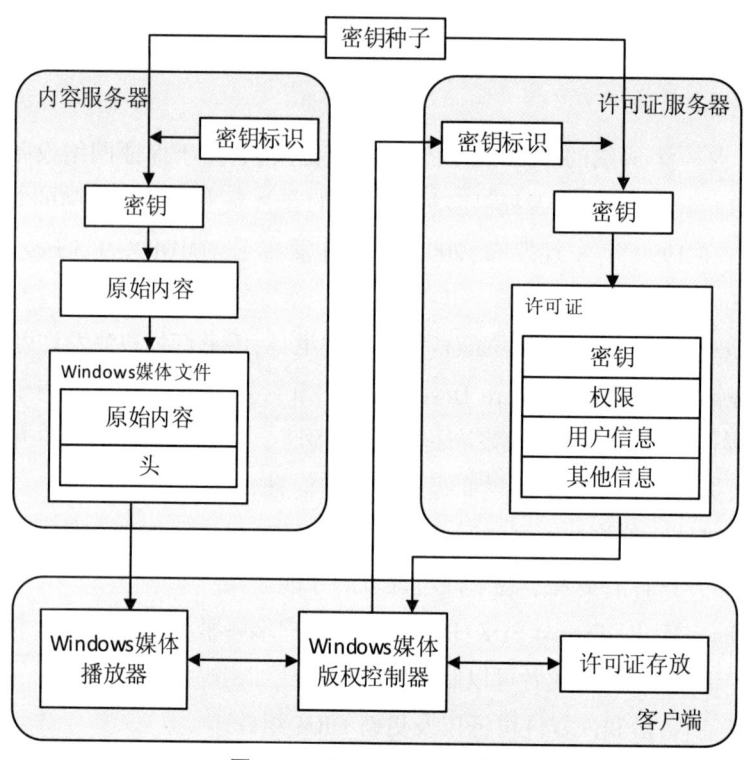

图 6-3　WMDRM 体系结构

(1) 内容服务器加密并打包数字媒体内容

WMDRM 对数字媒体内容的安全保护主要采用加密技术。通过密钥种子和密钥标识生成加密密钥，用此密钥加密数字媒体内容。

另外再生成一个文件头，文件头通常包括媒体内容的元数据以及许可证服务器的 URL 地址等信息。将被加密的媒体内容和文件头一起打包为.wma 或.wmv 格式的文件。这些打包文件可以放在网站上供用户下载，也可以放置在服务器上进行流式传输，或者以其他方式分发。WMDRM 还允许用户将受保护的媒体文件外发给他人。

即使还没有购买使用许可，客户端用户也可以根据自己需要随时下载受保护的媒体文件,因为 WMDRM 系统将打包内容文件与使用许可独立生成,分别发放。

(2)许可证服务器构造数字许可证

许可证服务器与内容服务器、客户端均有接口和交互。

内容提供者在提供内容后,需连接许可证服务器,为数字媒体内容定义相应的使用权利和约束条件,并将其存储到许可证服务器中,供用户申请购买下载。此外,许可证服务器还需要与内容服务器通过一种安全信道共享密钥种子。

用户下载了打包媒体文件并需要播放时,需要连接许可证服务器并提供密钥标识,许可证服务器利用该密钥标识和密钥种子生成内容解密密钥。

WMDRM 可以提供两种方式发放许可证:第一种是弹出页面,要求用户填写注册或支付信息,并选择希望购买的使用权限;第二种是在后台以默认的方式进行许可证的分发。两种情况下的使用许可信息都按照权利描述语言标准生成一个许可文件,再附加上内容解密密钥,以及其他相关信息,打包成数字许可证。

为了保证许可证的安全,许可证服务器需要对许可证信息进行数字签名和加密等安全保护,然后再发送给客户端。

(3)客户端购买许可证并播放媒体文件

客户端下载打包数字内容后,可以用"Windows 媒体播放器"进行播放。"Windows 媒体播放器"首先调用"Windows 媒体版权控制器"查找本地有无许可证,如果没有,则会读取打包文件头中的许可证服务器的 URL 地址,按照地址自动连接许可证服务器,同时将文件头中的密钥标识发给许可证服务器。

如果许可证已经存于本地,"Windows 媒体版权控制器"便读取其中的使用权限,如果权限允许播放,则取出其中的内容密钥进行解密播放。

获取数字许可证的过程可能在消费者获取打包媒体文件的同时自动开始,也可能事先发放许可证,或者是在消费者第一次尝试播放该文件的时候自动进行。

WMDRM 默认允许客户端在当前的计算机上播放文件,并允许将文件拷贝到便携设备上。但此过程中,许可证是不可以转移的。当用户将加密后的媒体文件和朋友分享时,他的朋友仍旧需要去获取属于他们自己的许可证,这种许可证机制保证了媒体文件只能在那些经过允许并且获取了相应许可证授权的计算机上进行播放。

6.3 DRM 关键技术

近年来 DRM 研究主要有两条技术路线:其一是预防式(Preventive)DRM 技术,主要基于密码学理论与使用控制(Usage Control)技术,研究数字内容的加密保护、安全分发、安全存储、使用控制等;其二是反应式(Reactive)DRM 技术,主要针对用户侵犯数字版权的行为,通过数字水印与生物特征跟踪、鉴别数字内容的版权,以及进行叛逆者追踪等。这两种技术路线也可以简单看作是基于密码技术的 DRM 系统和基于数字水印技术的 DRM 系统。由于数字水印技术本身的不完善性,基于水印的版权保护系统存在各种问题,因此现有大部分 DRM 系统都是基于密码技术或者密码技术和数字水印技术相结合的方案。本节将结合一些典型的 DRM 系统,重点介绍其中的数字内容加密技术、身份及内容认证技术、数字水印技术、叛逆者追踪技术以及权限管理技术。

6.3.1 数字内容加密技术

DRM 系统大多应用信息加密技术,以实现数字内容的机密性,防止数字内容被非法使用,保证版权所有者的权益不受到侵害。其中的加密技术主要采用一些经典或专用的加密算法和协议实现。

下面以 Microsoft 公司的 Windows Media DRM(WMDRM)为例,介绍该系统如何采用加密技术防止在互联网上传输的数字多媒体内容被非法使用,收到加密的数字内容的用户必须使用许可证(包含解密密钥)和专用播放器(包含解密算法)才能打开数字内容并播放收看。

WMDRM 是一种典型的基于加密技术的 DRM 系统,其工作流程如图 6-4 所示。

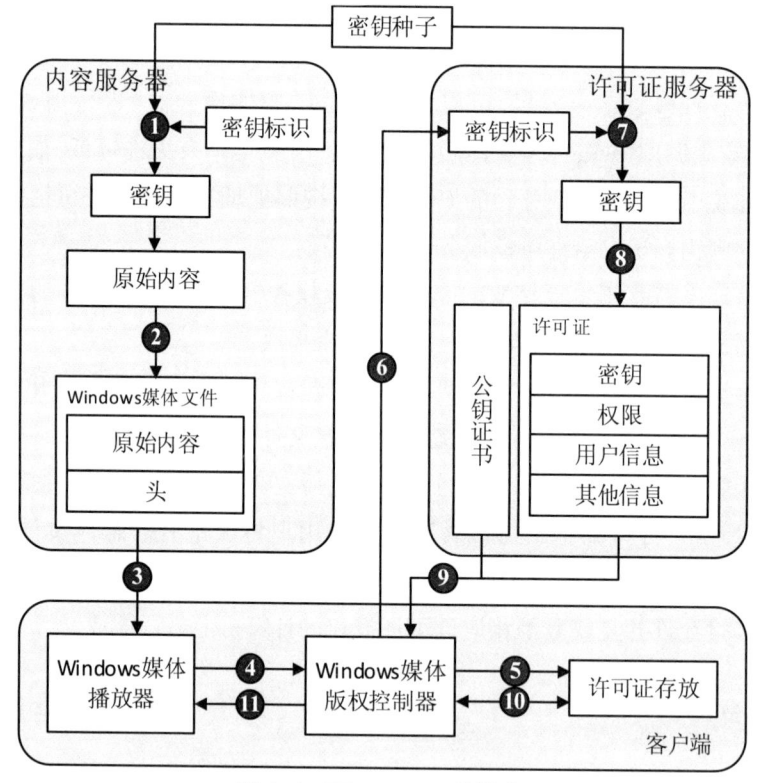

图 6-4 WMDRM 工作流程

(1) 密码体制和密码算法的选择

大多数字媒体内容数据量较大,而对称密码算法的加解密速度相对于公钥密码算法要快很多,即使对称密码体制存在密钥安全传输困难的问题,也通常会采用对称密码体制中的分组密码算法加密数据量大的文件。目前相对最安全、应用最多的分组密码算法是高级加密标准 AES。

（2）对称密钥的生成和共享

对称密钥生成和共享方式有多种，比如，由一方生成再人工送交给另一方，由一方生成再用双方之前共享的主密钥加密传送给另一方，或者由可信第三方生成再用主密钥加密分别传送给通信双方。在 WMDRM 中（如图 6-4 所示），内容服务器和许可证服务器可以用上述三种方式之一事先共享一个密钥种子，再分别结合另一个输入——密钥标识，生成用于加密/解密数字内容的对称密钥。

上述过程涉及密钥标识如何传送并保持一致的问题。一个密钥标识唯一地对应着一个数字媒体文件。内容服务器针对某个数字媒体内容生成一个密钥标识，并将其打包在该媒体内容的文件头中。客户端下载打包的媒体文件之后，需要购买这一数字媒体内容的使用许可证时，便将该密钥标识发送给许可证服务器，许可证服务器便可以生成和加密密钥相同的解密密钥。

（3）数字内容的加密和解密

内容服务器用生成的对称密钥加密数字媒体内容，并与密钥标识、许可证服务器 URL 地址等信息构成的文件头打包成一个文件，存储并供用户下载使用。

许可证服务器生成对称密钥后，将其与客户端选择的使用权限等信息封装成数字许可证，通过安全的方式发送给客户端。

客户端接收到数字许可证之后，WMDRM 系统中的"Windows 媒体版权控制器"对其进行读取和解析，如果使用权限允许使用数字内容，便取出其中的对称密钥，对数字媒体内容进行解密。

综上所述，WMDRM 系统对数字媒体内容的保密采用了对称密码体制的分组密码算法。WMDRM 中还采用了公钥密码体制，但不是用来实现数字内容的机密性保护，而是用来进行信息和身份认证（下一节有详细介绍）。

6.3.2 身份及内容认证技术

网络信息系统中存在被动攻击和主动攻击，主动攻击主要有消息篡改、身份冒充、否认和抵赖等。防范主动攻击的主要手段为认证技术。认证包括消息认证和实体认证（也称身份认证）。消息认证一般通过散列函数实现，身份认证一般通过公钥密码体制的数字签名实现。但通常数字签名方案中都要先做散列运算再进行私钥加密，因而，数字签名方案不仅能够验证身份的真实性，也可以鉴别消息是否完整。除此之外，消息认证中有一些特殊情况不适合采用散列函数实现，可以通过数字水印进行认证。

下面针对 DRM 系统中可能存在的主动攻击，介绍相关的消息认证（内容认证）和身份认证，以及其他相关的认证技术。

1. DRM 中基于密码技术的身份和内容认证

本节仍以 Windows Media DRM（WMDRM）系统为例，讨论其中基于密码技术的身份认证和内容认证方案。

WMDRM 系统中有三个实体:内容服务器,许可证服务器和客户端。

客户端从内容服务器获取数字内容,可以通过 FTP、P2P 等多种方式自主下载,而且所下载的内容是经过加密保护的,因此,内容服务器和客户端之间不需要进行身份认证。

内容服务器与许可证服务器之间要传送密钥种子,可以通过人工等安全方式传送,即使通过网络传送,也是经过只有双方共有的主密钥加密的,也不必进行身份认证。

客户端与许可证服务器之间需要进行身份认证。客户端向许可证服务器请求购买许可证时,需要向其证明自己的真实身份,否则许可证可能被发放给非授权用户;而许可证服务器也需要向客户端证明自己的身份,以防止攻击者冒充许可证服务器。这里可以视具体情况决定进行单向身份认证还是双向身份认证,WMDRM 系统中只进行了许可证服务器的单向身份认证,基本认证过程如下(如图 6-5 所示):

(1)许可证服务器收到客户端购买许可证的请求后,生成许可证信息,其主要包括内容解密密钥、内容使用权限、客户端信息等。其中,必须保证内容解密密钥的机密性和真实性,保证内容使用权限的真实性。

(2)为了保证内容解密密钥和内容使用权限的安全性,并使得客户端能够认证许可证服务器身份的真实性,可以对许可证信息进行数字签名和机密性保护。即先对许可证信息采用散列算法(例如 SHA2)计算得到摘要值,然后用许可证服务器的私钥对摘要值进行加密,得到许可证信息的签名,将该签名附加在许可证信息之后,采用客户端的公钥对二者加密,最后将经过安全处理的许可证发送给客户端。同时,许可证服务器还要将自己的公钥证书(也称数字证书或身份证书)发给客户端。

(3)客户端接收到上述信息之后,首先对许可证服务器的公钥证书进行验证,即,使用认证中心 CA 的公钥对证书进行解密验证,如果验证成功,可以相信并取出其中许可发放服务器的公钥备用;而许可证是用客户端的公钥加密的,因此,客户端需要用自己的私钥解密,得到许可证信息(内容解密密钥和内容使用权限等)以及它们的签名信息;客户端对许可证信息进行散列运算,得到一个散列值;然后使用许可证服务器的公钥对签名进行解密,得到原始的散列值;将两个散列值进行比较,如果相同,则验证了许可证服务器的身份是真实的,所接收到的许可证内容也是真实的。

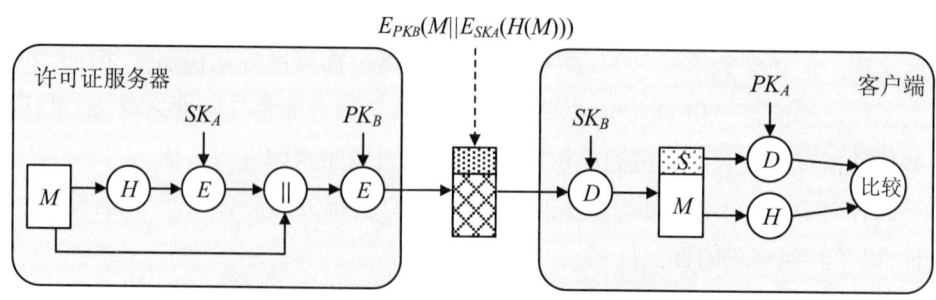

图 6-5　WMDRM 中的身份认证和内容认证

2.DRM 中基于数字水印的内容认证

密码学中的散列函数可以验证接收的文件与发送的文件是否完全一致,即使二者只有一个比特的差异,也能判断接收到的文件是不完整的。但这种认证方法并不十分适合多媒体数字作品的防篡改验证。

多媒体数字作品传输过程中经常对比特流进行特殊处理。例如,为了节省传输带宽与存储空间,采用 WWW 的 JPEG、VCD 的 MPEG1、HDTV 的 MPEG2、视频电视的 H.261 和 H.263 等有损压缩格式,丢弃多媒体作品的不重要分量。有时以分层方式编码的图像传输时若发生网络拥塞,低优先级的比特会被自动丢弃,接收后进行图像重建时可能会引入微小的误差但并不妨碍播放。

通常认为这些处理只改变媒体像素值,而不改变数字作品内容,经过这些处理的数字作品仍然是真实可靠的。因此,数字作品认证方案必须能够容忍合理的数据丢失和改变。因此,传统的散列函数便不再适用。

数字水印技术比传统的信息保护技术(如密码技术)更适合于数字作品的防盗版和防篡改应用,具有更强的实用性。可以采用在数字作品中嵌入脆弱性水印来验证作品是否被篡改,并能判断哪部分被篡改了;可以通过将数字作品的版权信息作为鲁棒性水印嵌入作品中来鉴别版权所属;可以通过将数字作品购买者信息作为鲁棒性水印嵌入作品中来追踪叛逆者,防止盗版。

但数字水印技术并不是万能的,它不能替代密码技术,而是对密码技术的有效辅助和补充,它可以弥补密码技术对数字作品保护的不足之处,二者之间是相辅相成的关系。下一小节将有更详细的介绍。

6.3.3 数字水印技术

将特定信息作为数字水印嵌入到数字内容中,可用于版权保护。这些特定信息可能是包含作者、所有者、发行者以及授权使用者等相关人员信息的版权信息,也可能是数字内容的序列码,或者两者都有,以达到版权保护和盗版追踪等目的。

欧美有关厂商已经开发了一些采用数字水印技术的版权保护系统。例如,1996 年 12 月,美国 Adobe Systems 公司在上市的图像编辑软件 Adobe Photoshop 4.0 中,按标准安装了数字水印。美国 Digimarc 公司也采用了类似技术。美国 NEC 研究所开发了可在图像数据中嵌入数字水印的软件 Tiger Mark Data Blade。美国 Informix 软件公司开发的数据库管理系统 INFORMIX-Universal Server 也可作为嵌入数字水印的软件使用。同时,欧美的许多机构和工业界也联手致力于数字版权保护系统的开发和推广。

1.数字水印在 DRM 系统中的应用

数字水印在数字版权保护方面的应用可以分为以下几个方面:

(1)版权归属鉴别

使用水印技术在数字作品中嵌入版权所有者信息,发生纠纷时,可提供该信息作为依据,从而防止他人对该作品宣称拥有版权等相关权利。

(2)盗版追踪(或称叛逆者追踪)

在用户购买的每一个数字内容拷贝中,都预先嵌入包含购买者信息的数字水印,这是数字水印的一种特殊应用,称之为数字指纹。数字水印和数字指纹的区别在于它们的应用目的不同,数字水印代表产品作者信息,是为了鉴别版权归属,而数字指纹主要包含产品购买者信息,用于进行叛逆者追踪,发现盗版来源。数字指纹对于跟踪和监控产品在市场上的非法拷贝是非常有用的。当市场上发现盗版时,可以根据其中的数字指纹识别出哪个用户应该对盗版负责。

(3)授权复制

这是数字水印的一个特殊应用。对于嵌入了数字水印的产品,经正常授权的用户可以无障碍地使用,而对于非授权的用户(或非法拷贝盗版的产品),该产品则无法正常使用。在某些应用中,拷贝保护是可以实现的。如 DVD 系统,如果在 DVD 数据中嵌入拷贝信息,如"禁止拷贝"或允许"一次拷贝",因为 DVD 播放器中有相应的功能,所以对于带有"禁止拷贝"标志的 DVD 数据就无法播放。

(4)内容认证

上述应用中,数字水印都被设计为具有较强的健壮性(鲁棒性),即攻击者难以在不影响数字内容品质的情况下去除数字内容中的水印。而应用于内容认证时,数字水印被设计为脆弱或半脆弱的。一旦嵌入了脆弱水印的数字内容遭受到任何不能容忍的微小破坏后,从中提取的水印信息便不完整,反之则能验证数字内容的完整性。有些场合,允许受保护内容被合理修改,例如格式转换、压缩、图像去噪等,这些操作没有改变数字内容的信息,但禁止恶意篡改操作,例如替换、删除、增加图像中的头像、物体、背景等,在进行这些操作时使用半脆弱水印。这种水印对两类操作的抵抗能力不同,可以提供数字内容是否经过篡改的判断信息。

2. DRM 系统中数字水印与密码技术的区别与联系

数字水印技术与密码技术在版权保护应用方面存在以下的差别和互补:

(1)密码技术是将原始作品变成不可理解的"乱码"来对抗攻击的,这会妨碍媒体信息的传播和交流,而且密文"乱码"也暴露了内容的重要性,容易引起攻击者的注意和破译者的兴趣;而数字水印技术将重要信息隐藏于数字作品中,完全不会妨碍媒体信息的交流和传播,而且也不容易引起攻击者的注意和分析。

(2)如果采用数字签名来标识数字内容的版权,由于数字签名与内容是相互分离的,因而无法抵抗不良用户对数字内容版权的破坏,而且往往还需要在用户端添加安全模块,如智能卡、DRM 代理等,增加了用户成本,使得其实际安全性依赖于终端的安全性。而在基于数字水印技术的版权保护中,版权信息被作为水印嵌入到了数字内容中,与内容融为一体,二者之间的联系比较难以破坏,从而有效防止了不良用户对版权的破坏。

(3)使用基于散列函数的数字签名技术只能判断出该数字作品是否被篡改了,却无法知道哪部分被篡改过,即无法实现篡改定位,从而也无法判断篡改者的企图。而且,上文也分析过,有些媒体内容也不适合采用基于散列函数的完整性认证,而更适合采用脆弱或半脆弱水印实现。

(4)基于密码技术的版权保护,加密算法与数字内容格式无关,无论对音频、视频、文档、图像还是其他数字内容,都可以使用相同算法;算法的强壮性也与实际应用场景无关。而在基于数字水印技术的版权保护中,水印算法必须根据应用场景的健壮性、数字内容失真容忍程度和水印容量等需求进行设计。除此之外,对于不同格式的数字内容,算法一般也不相同。

(5)密码技术实现了对数字内容的访问控制,拥有密钥的用户才能使用数字内容;数字水印技术实现了验证内容版权归属,鉴别版权真伪,追踪盗版来源。二者可以结合使用。也就是说,密码技术保证数字内容从发送者到接收者之间的传输过程的安全性,即对传输信道进行保护,当作品被接收并被解密后,密码技术的防护作用便会消失,这时就可以使用数字水印技术进一步防止篡改、非法复制等盗版行为。另一方面,数字水印系统中也可以使用密码技术来保证嵌入水印的安全性,即,通常将版权等水印信息进行加密,然后再嵌入到数字作品中。

3. DRM 系统中数字水印应用案例

在 DRM 中设计数字水印方案,一方面要注意水印算法方面的攻击,另一方面还要注意水印方案所存在的安全问题。比如,版权所有者生成数字内容后,如果直接将版权信息嵌入内容中,并不能说明该内容与该"版权所有者"之间的隶属关系,因为攻击者也可能采用水印攻击,继续嵌入自己的版权信息或对原有版权信息进行篡改或伪造。因此,版权所有者应该请可信第三方对版权信息及其所有者进行认证后再将经过签名的信息嵌入数字内容中,一旦出现纠纷,可以由该可信第三方进行仲裁。

数字水印(版权信息)的生成与嵌入过程可以设计为图 6-6 所示过程。

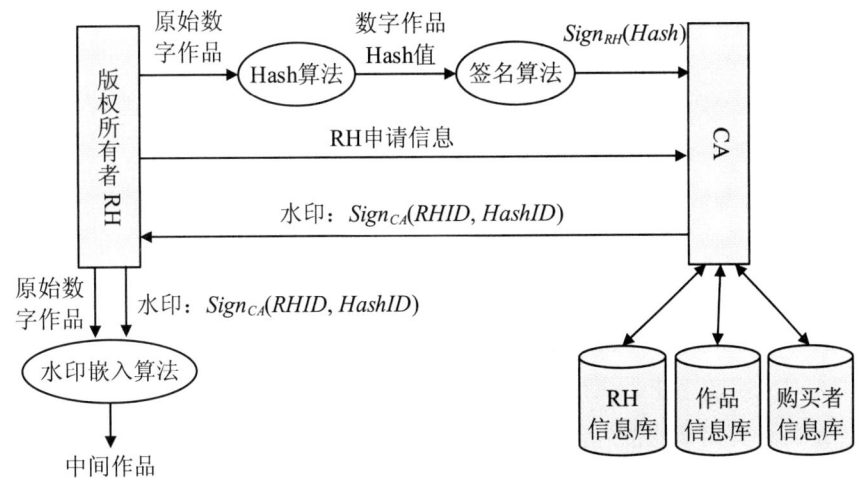

图 6-6 DRM 中的数字水印(版权信息)嵌入方案

上述嵌入方案描述如下:

(1)版权所有者 RH 对原始数字作品进行散列运算,产生数字作品的散列值,然后用自己的私钥对散列值加密,将加密结果(对数字作品的签名)以及 RH 申请信息一起发送给可信第三方 CA;

(2)CA 用版权所有者 RH 的公钥解密所收到的签名信息,以验证发送者的身份真实性,如果没有问题,便将 RH 的个人信息、数字作品的散列值(数字作品的指纹)存储到数据库中,并对应到 RH 的唯一标识符 RHID 和数字作品的唯一标识符 HashID;

(3)CA 用自己的私钥对 RHID 和 HashID 进行数字签名,将所得结果发送给 RH;

(4)RH 将收到信息进行处理,作为水印信息嵌入到原始作品中,形成可以发行的中间作品。

如果有购买者需要购买该作品,可以继续将购买者信息作为数字指纹嵌入到该作品中,以实现叛逆者追踪。下一节会有相关方案介绍。

一旦针对数字作品的版权归属发生纠纷或版权所有者需要确认该数字作品的版权归属,可以执行下述过程进行判断,如图 6-7 所示。

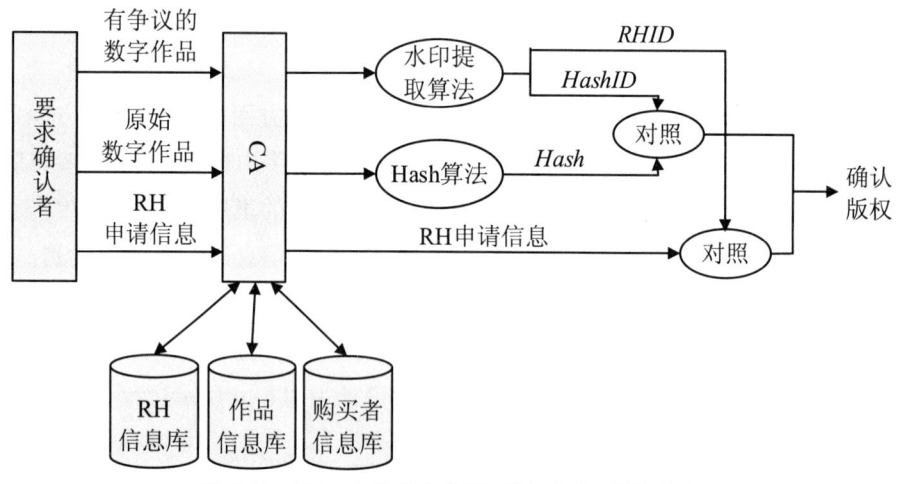

图 6-7 DRM 中的数字水印(版权信息)提取方案

上述提取方案描述如下:

(1)要求确认者将有争议的数字作品、原始数字作品以及 RH 申请信息都发给可信第三方 CA;

(2)CA 采用水印提取算法提取有争议作品的水印信息 $Sign_{CA}(RHID, HashID)$,并用自己的公钥解密得到其中的 RHID 和 HashID;

(3)CA 对原始数字作品执行散列运算,得到一个作品散列值;

(4)CA 将计算出来的散列值与根据 HashID 从数据库查到的散列值进行比较,如果相同,则说明这个有争议的作品和要求确认者提供的原始作品是同一个作品;

(5)CA 将 RH 申请信息与 RHID 进行比较(通过查数据库),如果相同,则说明有争议的数字作品的确是属于 RH 的,从而确认了版权归属。

6.3.4 叛逆者追踪技术

数字内容的防盗版是当前数字版权保护研究的重要课题之一,因此而衍生出叛逆者追踪技术。它是基于密码学和数字水印技术的一种新型数字版权管理技术。

常见的盗版现象经常是某些合法用户造成的,有些合法用户为了牟取利益恶意地将其密钥、使用权限或者解密后的数字内容泄露给非法用户,从而使非法用户也可以像合法用户一样使用数字内容。通过结合密码学、数字指纹和数字版权管理技术,叛逆者追踪技术在发现盗版时可以有效地追踪出至少一个叛逆者,可以对盗版行为起到打击和威慑作用,弥补现有 DRM 系统的不足。叛逆者追踪技术在数字电视、网络音频、视频、软件保护等领域有着广阔的应用前景。

叛逆者追踪(Tracing Traitors)的概念于 1994 年由 Chor 等人提出,有时也称为盗版追踪。一般把非法使用数字内容的用户称为盗版者(Pirate),主动帮助盗版者的合法用户称为叛逆者(Traitor)。

自从 Chor 等人提出第一个叛逆者追踪方案以来,经过多年的研究和发展,现在已经出现了很多的叛逆者追踪方案,这些方案可分为基于密码的方案和基于数字指纹的方案。

1. 基于密码的叛逆者追踪方案

在付费电视、CD-ROM 在线发行等广播加密系统中,数据供应商为防止未授权用户获取广播数据,仅向授权用户提供解密密钥。而某些授权用户(叛逆者)为了获取非法利益或者达到其他目的可能会将其解密密钥泄漏给未授权用户(盗版者);或者几个授权用户(称共谋用户)共谋得到解密密钥,构造出一个非法的解码器,有了非法的解码器后,非授权用户就可以得到他们不应该得到的服务。叛逆者追踪方案是阻止这种行为的有效措施,它提供给授权用户有差别的密钥作为其个人密钥,因此,一旦发现盗版解码器就可以利用追踪算法找出叛逆者,从而打击盗版、保护版权。

在上述广播加密系统中,一般采用的结构为:广播者或数据供应商采用对称密码算法对消息进行加密,得到密文数据块(Cipher Block),再采用用户的公钥加密封装对称密钥,得到使能数据块(Enabling Block)。然后将使能数据块和密文数据块发送给一群合法的接收者,每一个合法的接收者利用其个人解密密钥(私钥)从使能数据块中解密出对称密钥,进而利用该对称密钥从密文数据块中解密出相应的明文数据。对于不属于该群组的任意非法用户,均不能成功进行如上的解密操作。

2. 基于数字指纹的叛逆者追踪方案

上述基于密码的方案主要通过盗版解码器的解密密钥来确定叛逆者身份,而数字指纹方案则通过提取盗版数字内容中叛逆者指纹信息来确定其身份。

数字指纹是数字水印的一种应用形式,数字指纹是指与用户的某次购买过程有关的信息,其实现方法是将数字指纹信息通过数字水印嵌入算法嵌入用户要购买的数字内容中,当该合法购买者(叛逆者)非法复制该数字内容给其他用户时,包含在其中的数字指纹也同样被复制,因而版权拥有者在发现非法拷贝后能够从中提取出数字指纹,从而追踪到叛逆者。

数字指纹方案有多种实现方式,以下列举两种:

(1)数字指纹由数字作品提供商嵌入。这种方案可能存在购买者否认自己的购买行为以及叛逆行为的情况,而作品提供商不能向第三方出示有力证据证明该数字指纹就是叛逆者的,因为数字指纹没有经过任何防篡改和防伪造的处理。

(2)有可信第三方参与的数字指纹方案。购买者相关信息必须经过可信第三方签名后才能作为数字指纹嵌入数字作品中,这样可以避免数字指纹被伪造或篡改,一旦出现纠纷,可以由可信第三方进行仲裁。该方案的示意图如下,图6-8是数字指纹(购买者信息)生成和嵌入过程,图6-9是数字指纹的提取过程。

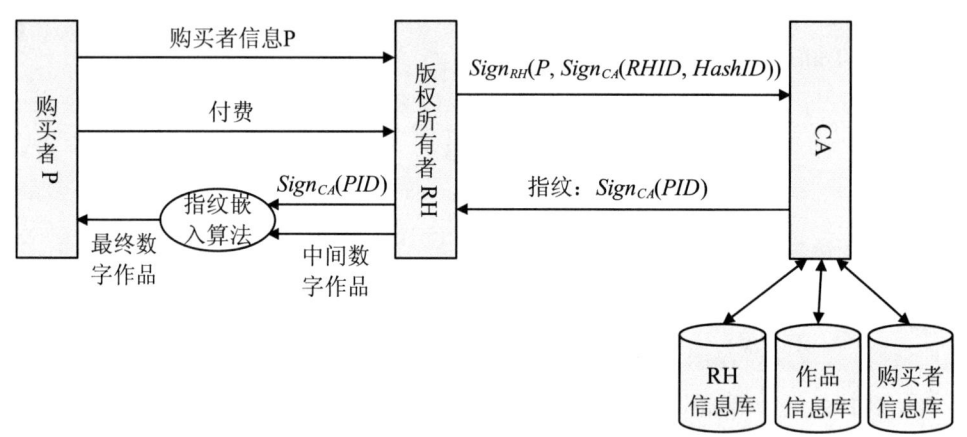

图 6-8 DRM 中的数字指纹(购买者信息)嵌入方案

数字接纹嵌入方案描述如下:

(1)购买者 P 将购买者信息 P 发送给版权所有者 RH,并进行付费;

(2)RH 对可信第三方 CA 曾经签署的数字水印(版权信息)$Sign_{CA}(RHID, HashID)$ 和 P 一起签名,得到 $Sign_{RH}(P, Sign_{CA}(RHID, HashID))$,并将其发送给 CA;

(3)CA 对其进行解密后,通过验证其中的 $Sign_{CA}(RHID, HashID)$,可知数字作品及其版权所有者信息的合法性;并将购买者 P 的信息存于购买者信息库,用购买者唯一标识符 PID 表示购买者;

(4)CA 对购买者唯一标识符 PID 进行签名,得到数字指纹 $Sign_{CA}(PID)$,发送给 RH;

(5)RH 采用数字指纹嵌入算法将数字指纹 $Sign_{CA}(PID)$ 嵌入中间数字作品中,并将最终作品发送给购买者 P。

一旦发现可疑盗版行为,可以执行数字指纹提取过程判断叛逆者。

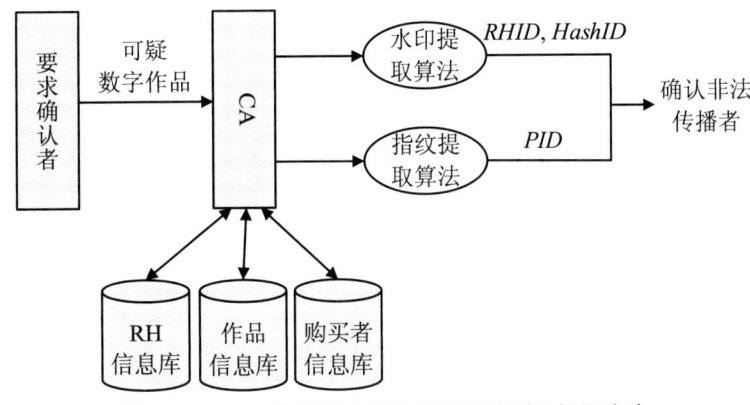

图 6-9　DRM 中的数字指纹（购买者信息）提取方案

上述提取方案描述如下：

（1）一旦发现了可疑作品，要求确认者将此可疑作品发给可信第三方 CA；

（2）CA 采用水印提取算法提取出其中的数字水印信息 $Sign_{CA}(RHID,HashID)$，并用自己的公钥解密得到其中的 $RHID$ 和 $HashID$；

（3）CA 采用指纹提取算法提取出其中的数字指纹信息 $Sign_{CA}(PID)$，并用自己的公钥解密得到其中的 PID；

（4）通过查询数据库，可以确定该可疑作品的版权归属是否是 RH 的，购买者是否是 P，如果是，则确认了叛逆者就是 P。

6.3.5　权限管理

在 Windows Media DRM 等 DRM 系统中，许可证服务器需要根据用户的请求为用户生成针对某数字内容的许可证。许可证通常采用某种权限描述语言标准进行表示。下面首先给出一个权限管理的实现实例，然后针对其中涉及的许可证的描述形式，介绍常见的几种权限描述语言标准。

1.权限管理实例

前面提到 DRM 典型的体系结构包括三个子系统：内容服务器、许可证服务器和客户端。其中许可证服务器用来为内容服务器提供权限定制功能，为客户端提供使用权限的购买选择、生成并安全分发数字许可证功能，还可以实现身份认证等功能。

下面以中国传媒大学研发的一套 PCADRM（P2P-based Content Access Digital Rights Management，基于 P2P 内容存取的数字版权管理）系统为例，介绍其中的权限管理实现机制。PCADRM 是一个服务于广电系统影视资料分发与交换的版权保护系统，它将 P2P 与 DRM 结合，使基于 P2P 的内容存取可管理、可控制、可运营。该系统的架构图如图 6-10 所示。

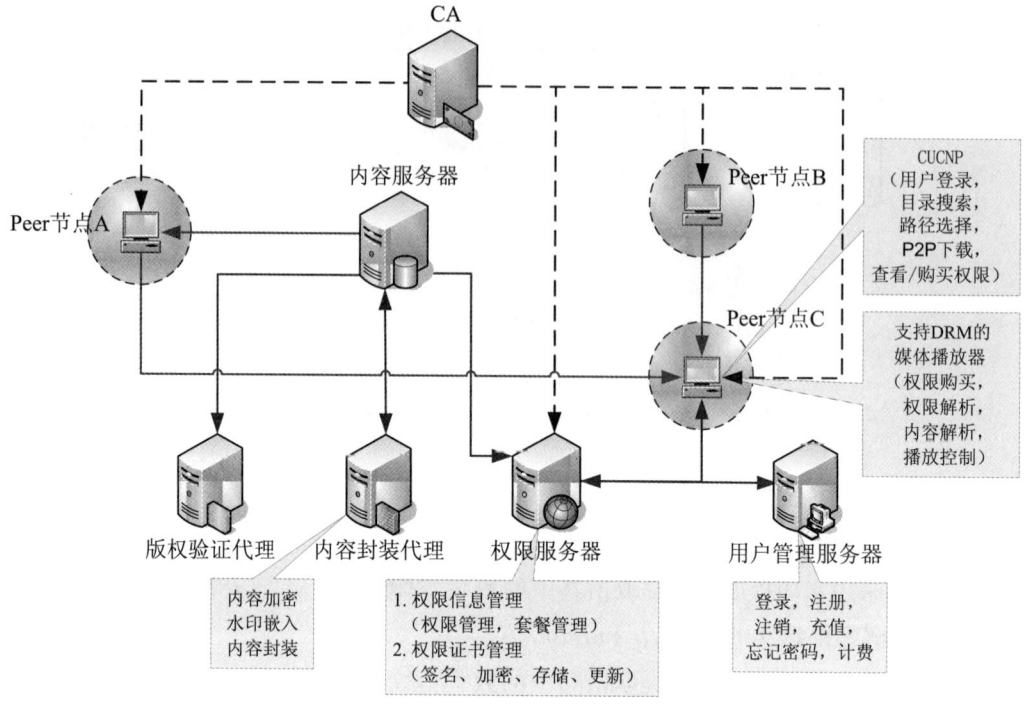

图 6-10 PCADRM 系统架构

其中,权限服务器(即许可证服务器)需要与外部的内容服务器、Peer 节点(即客户端)以及用户管理服务器进行交互。权限服务器的主要作用是为内容提供者以及客户端用户提供一个权限信息管理的平台,其主要功能模块结构如图 6-11 所示。

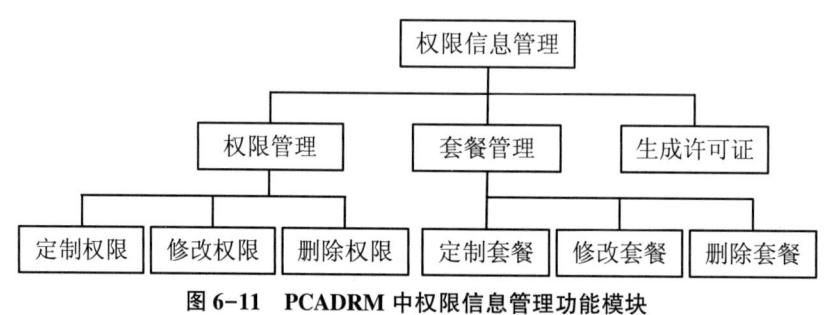

图 6-11 PCADRM 中权限信息管理功能模块

由图 6-11 可知,权限信息管理有套餐管理、权限管理、生成许可证三个主要功能。

(1)套餐管理

套餐管理模块用于内容提供者根据数字内容可能存在的使用权限以及商业模型定义所有会用到的权限套餐。套餐管理模块包括定制套餐、修改套餐和删除套餐三个功能。其中,定制套餐模块主要为内容提供者提供选择套餐类型、输入套餐属性以及套餐价格的功能;修改套餐模块用于提供已定制套餐信息的选择,以及套餐属性、套餐价格的修改;删除套餐模块主要用于删除不需要的套餐。图 6-12 是定制套餐界面。

从图 6-12 可以看到,权限套餐包括"套餐类型""套餐属性"和"套餐价格"三部分信

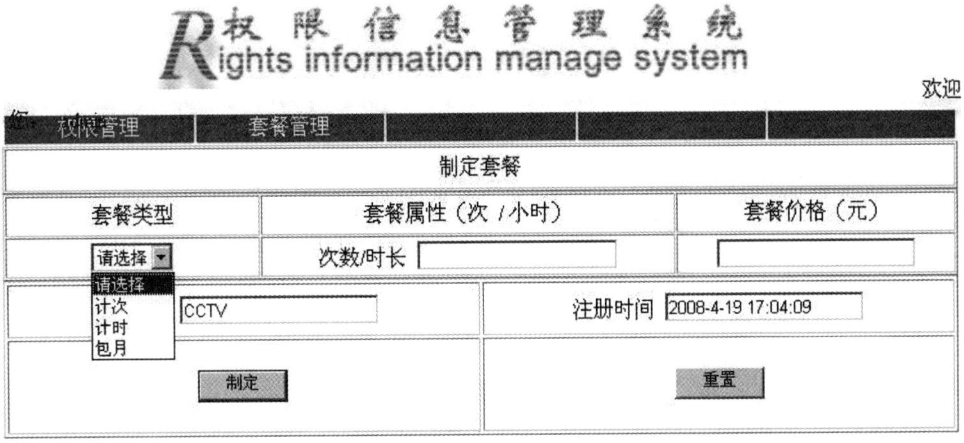

图 6-12 套餐管理之定制套餐功能界面

息。其中,套餐类型分为计时、计次和包月三种类型;每种套餐类型又包括套餐属性和套餐价格,套餐属性用来记录每种套餐类型所具有的播放次数、时长,套餐价格用来记录每种套餐类型的售价,单位为"元"。生成的套餐信息存于数据库中。

(2) 权限管理

权限管理模块用于内容提供者为每一个数字内容设定使用权限,以供客户端用户选择购买。该模块包括定制权限、修改权限和删除权限三个功能。内容提供者首先选择尚未定制权限的数字内容(图 6-13),然后选择套餐(图 6-14)、使用权限(图 6-15)以及授权用户组(图 6-16),定制权限完毕界面如图 6-17 所示;如果上述信息需要修改,便进入修改权限界面进行修改(图 6-18);内容提供者也可以删除某数字内容已经定制的权限。

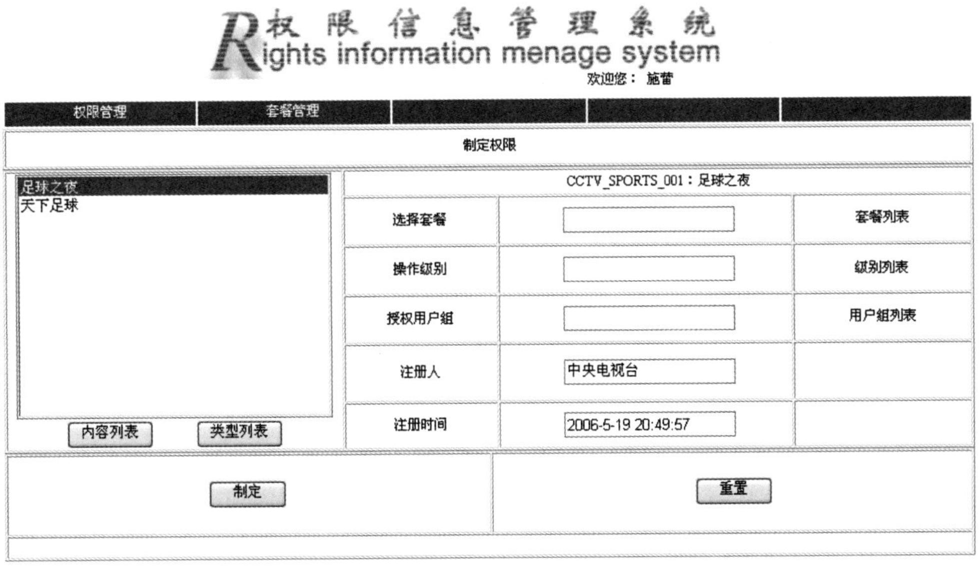

图 6-13 权限管理之定制权限功能界面

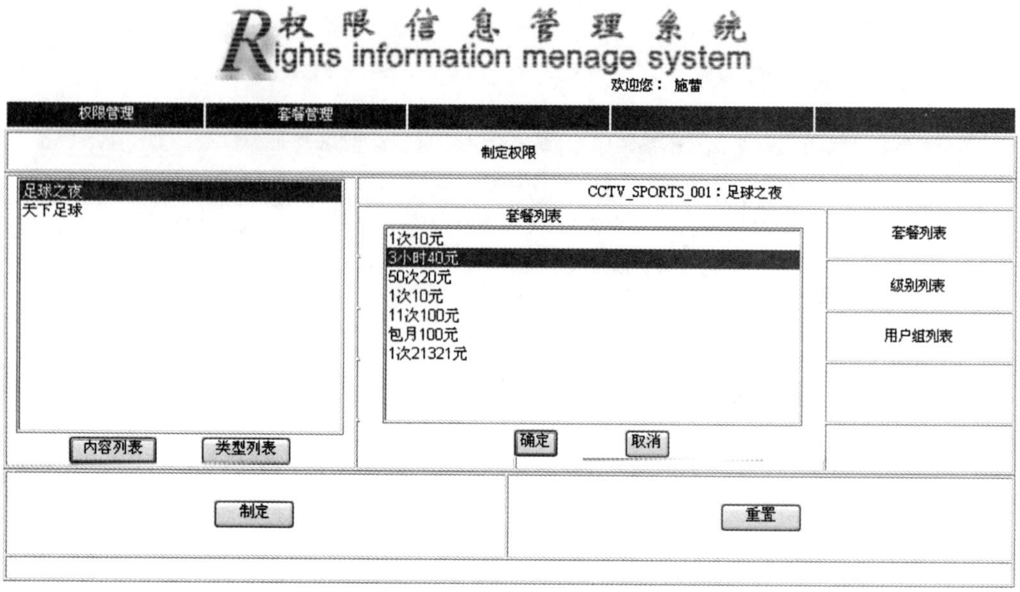

图 6-14　权限管理之定制权限之套餐选择功能界面

点击图 6-14 中的"级别列表"将显示下图 6-15 中的四种使用权限：播放权，复制权，修改权，打印权。这是 PCADRM 系统针对电视台普遍存在的视频、音频和图片三类媒体资源所定义的四类使用权限。可以根据具体情况定义更多的权限。

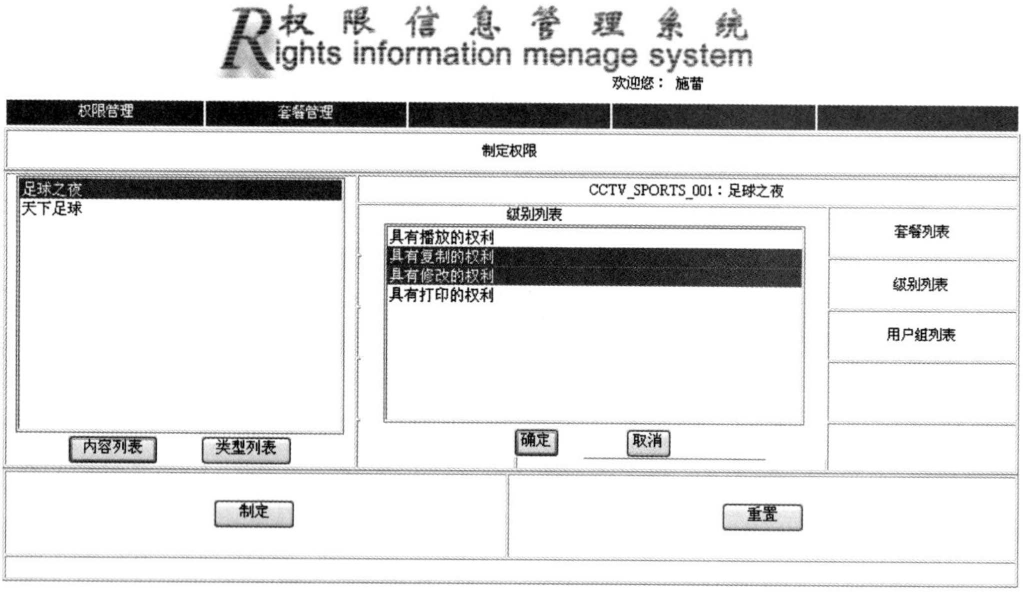

图 6-15　权限管理之定制权限之使用许可选择功能界面

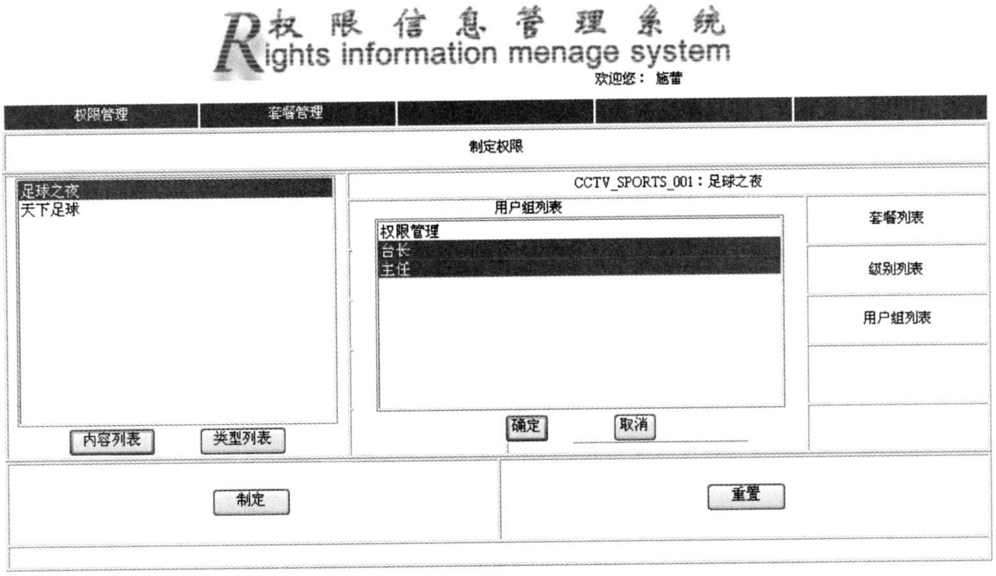

图 6-16 权限管理之定制权限之授权用户组选择功能界面

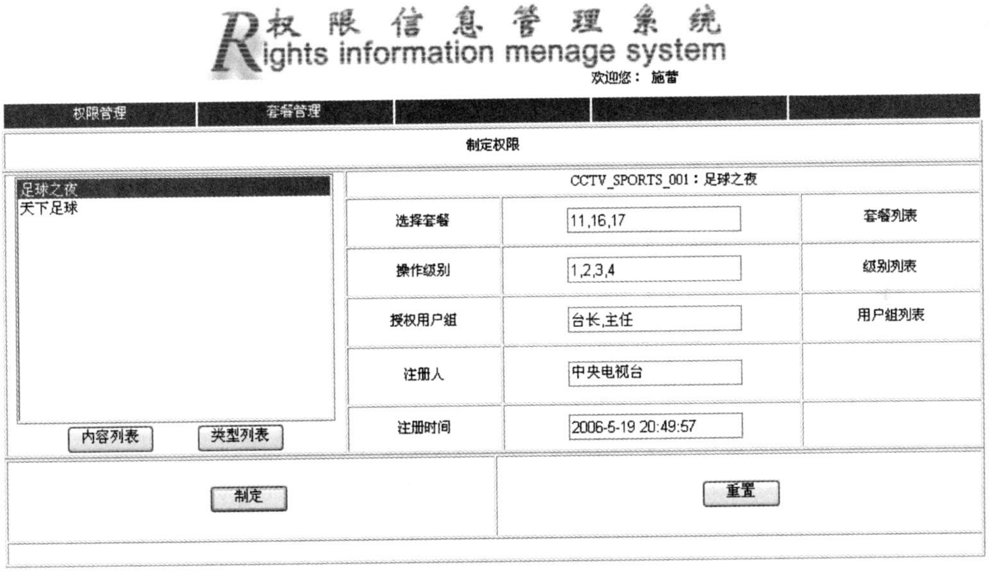

图 6-17 权限管理之定制权限完毕界面

(3)生成许可证

当客户端希望购买许可证并选择了某数字内容的使用权限后,权限服务器要将该权限生成为一个按照权限描述语言标准描述的文件。中国传媒大学研发的 PCADRM 系统中采用了 XrML 标准,因此,将形成以.xml 为扩展名的权限文件。

该权限文件还需要与内容解密密钥以及其他相关信息一起进行安全处理,最终形成数字许可证。安全处理过程首先要对这些许可证信息进行散列运算,然后用权限服务器的私钥进行数字签名,最后用客户端的公钥对许可证信息及其数字签名一起加密,发送

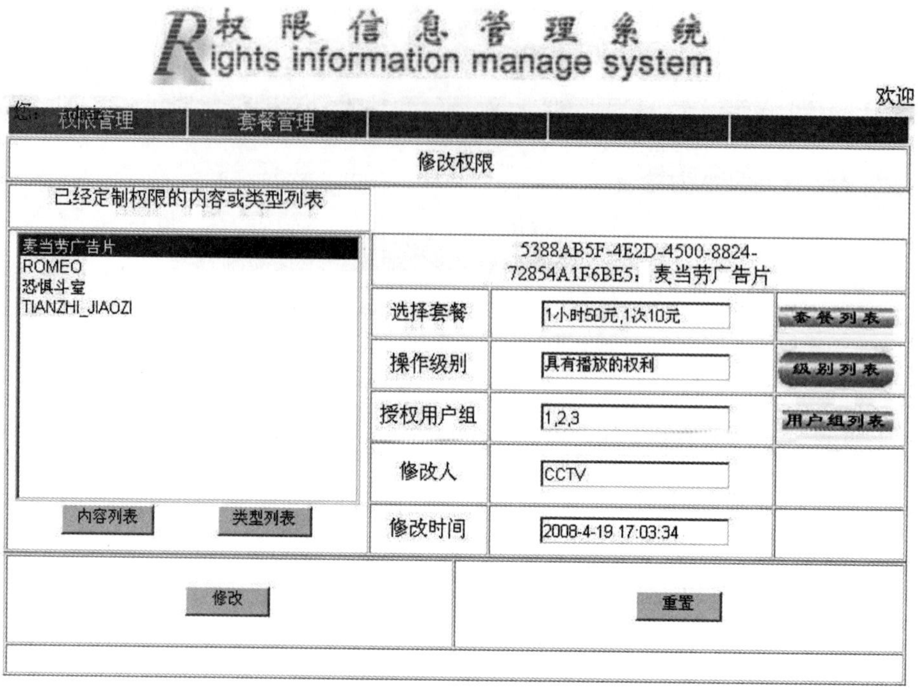

图 6-18　权限管理之修改权限功能界面

给客户端。具体过程请参见本章第三节的"身份及内容认证技术"部分。

2. 权限描述语言

数字权限描述语言(Digital Right Expression Language,DREL)规定了数字内容的使用规则,它用于指定用户使用这些权限(权利和约束条件)的许可集。也就是说,数字权限描述语言准确定义了谁拥有什么数字内容的什么权利、按照什么协议和交易方式将哪些权利在什么范围授予给谁。这些信息必须用开放的、标准的、计算机可识别的方式来标记和描述,DRM 系统才能自动进行相应的记录、识别、解析和解释。因此,数字权限描述语言可以为数字内容的出版、交易、分配和消费等操作提供一种具有灵活性和互操作性的描述机制,而且,它的应用不受限于技术平台、媒体类型、媒体格式、商业模型和提供商等,可以促进网络服务以及数字内容的传播和发展。

目前,各标准组织已针对不同应用环境制定了多种权限描述语言标准,包括可扩展权限标记语言(XrML,eXtensible Rights Markup Language)、MPEG-21 权限描述语言(MPEG-21 REL)、开放式数字权限语言(ODRL,Open Digital Rights Language)、开放联盟数字版权管理-权限描述语言(OMA DRM-REL)等。其中最基本的权限描述标准为 XrML 和 ODRL,这两种语言都由扩展标记语言 XML 所派生。MPEG-21 REL 是从 XrML 派生出来的,OMA REL 则是从 ODRL 派生而来的。下面将对 XrML、MPEG-21 和 ODRL 这三个主要标准进行概要性介绍。

(1) 可扩展权限标记语言 XrML

XrML 的前身是 Xerox 公司发布的 DPRL(Digital Property Rights Language)。2000 年 4 月,Content Guard 公司发布了 XrML 的 1.0 版本,2002 年发布了 2.0 版本。2002 年 5 月,XrML 被 MPEG-21 采用,后来的 MPEG-21 第五部分(权限描述语言)是以 XrML 为基础形成的。现在 Content Guard 公司不再负责 XrML 语言的发展,所有可能的更新或发展都在 MPEG-21 REL 上体现。

XrML 具有内在的可扩展性机制,它被分成三部分:核心模式(Core Schema),标准扩展模式(Standard Extension Schema)和特定内容扩展模式(Content Specific Extension Schema)。

XrML 的核心模式非常简单,它规定每个权限主要由四个实体以及实体间的关系组成。这四个实体为:资源、权限、条件、主体。XrML 描述了数据资源的拥有者和发布者可以指定哪些"主体"可以使用数字"资源",还可以指定这些主体各自拥有的"权限",以及在什么"条件"下可以使用这些权限。

XrML 核心数据模型中四个实体及其之间相互关系如图 6-19 所示。

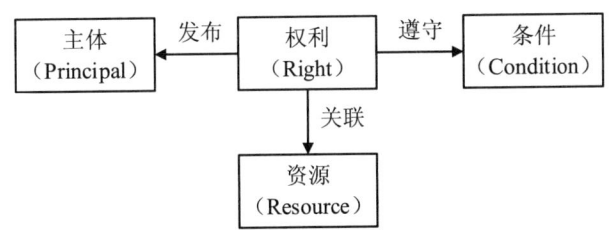

图 6-19 XrML 核心数据模型

① 主体(Principal):主体是被授予权利的实体,可以是组织或个人。

② 权利(Right):权利是指主体在某些条件下可以对资源执行的操作,如播放、录制、输出等。

XrML 核心模式定义了一组常用的权利,包括发布(issue)、撤销(revoke)、拥有特性(possess property)和获取(obtain)等。

XrML 扩展模式定义了适合于特定资源使用的权利,包括:

- 呈现权(Render Rights):包括播放(play)、打印(print)、输出(export);
- 传送权(Transport Rights):包括复制(copy)、转移(transfer)、借出(loan);
- 作品派生权(Derivative Work Rights):包括编辑(edit)、摘录(extract)、嵌入(embed);
- 配置权(Configuration Rights):包括安装(install)、卸载(uninstall);
- 文件管理权(File Management Rights):包括读取(read)、写入(write)、执行(execute)、删除(delete)、备份(backup)、恢复(restore)、验证(verify)、目录管理(manage folder)、访问目录信息(access folder info)。

③ 条件(Condition):条件是指为了行使权利而必须存在或者满足的条件或职责,如

时间约束、地域约束、次数约束等。

- 时间约束：合法时间间隔（validity interval）定义了权利有效的时间间隔；合法持续时间（validity interval floating）指权利一旦开始执行后所能持续的时间；合法累计时间（validity time metered）指权利可以执行的累计时间；合法时间周期（validityTime periodic）指权利执行的合法时间周期；执行次数（exerciseIimit）指权利能够执行的最大次数；撤销开始（revocation freshness）指检验许可是否被撤销的最大时间间隔等；
- 空间约束：目的地（destination）指作品可以移至的目的库；发源地（source）指执行权利时使用的源头库或设备；地域（territory）限制权利执行的地理或实际位置等；
- 其他先决条件：播放器（renderer）指播放作品的设备；水印（watermark）指当作品副本产生时由设备嵌入的一组标识信息；现有权利（exists right）指需要事先经指定授权方直接发布许可；先决权利（prerequisite right）指定了相关权利得以执行所必须具备的另一项权利；费用（fee）指权利执行前必须缴纳的费用；寻求认可（seek approval）指执行相关权利之前必须与特定服务联系并取得其认可；跟踪查询（track query）追踪由跟踪报告更新的状态；跟踪报告（track report）指权利的执行必须由指定的跟踪服务监控等。

④ 资源（Resource）：资源是主体执行权利的对象。资源可能是一个数字作品（如电子书、图片、音频或视频文件），也可能是一项服务（如邮件服务或交易服务）。

XrML 文档是用 XML 中的元素或者属性标记模型来详细描述的，它是一个分层结构。

下面是一个简单的 XrML 许可的例子，授权一个持有密钥的人可以在 2014 年在线播放一首歌曲，该歌曲的名字为"God is a girl"，并且该歌曲在 2014 年内只能被播放 5 次。其中密钥持有者 keyHolder 是主体，播放（play）是权利（在 XrML 内容扩展模式中定义），identifier 是资源，合法时间间隔（validityInterval）是条件，执行次数（exerciseLimit）也是条件。

```
〈grant〉
〈keyHolder〉
    〈info〉
    〈dsig:KeyValue〉
        〈dsig:RSAKeyValue〉
        〈dsig:Modulus〉g8NRYMG307==〈/dsig:Modulus〉
        〈dsig:Exponent〉AQABAA==〈/dsig:Exponent〉
        〈/dsig:RSAKeyValue〉
    〈/dsig:Keyvalue〉
    〈/info〉
```

```
⟨/keyHolder⟩
⟨cx:play/⟩
⟨diReference⟩
    ⟨identifier⟩http://www.onlinemusic.com/God is a girl.mp3⟨/identifier⟩
⟨/diReference⟩
⟨allConditions⟩
    ⟨exerciseLimit⟩
    ⟨count⟩5⟨/count⟩
    ⟨/exerciseLimit⟩
    ⟨validityInterval⟩
    ⟨notBefore⟩2014-01-01T00:00:00⟨/nonBefore⟩
    ⟨notAfter⟩2014-12-31T00:00:00⟨/notAfter⟩
    ⟨/validityInterval⟩
⟨/allConditions⟩
⟨/grant⟩
```

(2) MPEG-21 权限描述语言

MPEG-21 的第五部分是描述权限描述语言的,称为 MPEG-21 REL,它以 XrML 2.0 为基础发展而来,Content Guard 公司视 MPEG-21 REL 为 XrML 的 2.1 版,不再继续发展 XrML。

MPEG-21 REL 可以分为三个部分:核心(Core)部分,标准扩展(Standard Extension)部分,多媒体扩展(Multimedia Extension)部分。

核心部分规定了 MPEG-21 REL 中一些基本元素的语义,定义了授权时所需的模式机制、变量机制以及授权算法;标准扩展部分则定义了对所有数字资源都适用的权利、条件或约束;多媒体扩展部分则定义了多媒体特定的一些权利、条件或约束。扩展部分增强了核心部分的功能和适用性。第三方组织可以在 MPEG-21 REL 之外再定义适用于自己领域的扩展。各部分之间的关系如图 6-20 所示。

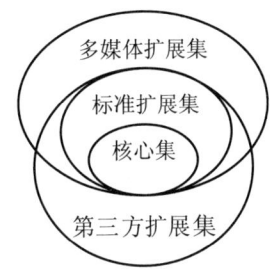

图 6-20 MPEG-21 REL 体系结构

其中,核心部分中属性的表示法以"r:"为前缀,例如 r:Grant。核心部分由四个主要摘要性元素与另外三个元素所组成:

- 核心权限(Core Rights):有四种表现形式,分别是发布(issue)、获取(obtain)、拥有特性(possess property)、撤销(revoke);
- 核心主体(Core Principals):有两种表现形式,一是所有的主体(all principals),另一个是密钥拥有者（key holder），前者是主体的集合，后者则是对某一个主体的信息作详细的描写；

- 核心资源（Core Resources）：有五种形式，分别是数字资源（digital resource）、授权（grant）、授权组（grant group）、可撤销的（revocable）、服务参照（service reference）；
- 核心条件（Core Conditions）：有七种，包括所有条件（all condition）、执行机制（exercise mechanism）、既有权限（exists right）、满足（fulfiller）、预先必须权限（pre-requisite right）、撤销更新（revocation freshness）、有效间隔（validity interval）。
- 核心样本（Core Patterns）：包含了一般样本（general patterns）、主体样本-资产拥有者（principal patterns-property possessor）、权限样本（right patterns）、资源样本（resource patterns）、条件样本（condition patterns）；
- 核心委托约束（Core Delegation Constraints）：增加的条件（condition incremental）、未改变的条件（condition unchanged）、深度条件（depth constraint）、限制对象（to constraint）；
- 核心信赖源（Core Trust Roots）：包括信赖源授权（trusted root grants）、信赖源发布者（trusted root issuers）。

(3) 开放式数字权限语言 ODRL

2001 年，IPR Systems 公司提出了 ODRL 1.1 版本，2002 年 8 月成为 W3C 的标准草案。后来，OMA 采用了 ODRL 1.1 版本制定出 OMA 的权限描述语言标准。目前最新的 ODRL 核心模型是 2012 年 4 月发布的 ODRL 2.0 版。相对于先前的 ODRL 模型，ODRL 2.0 版的核心结构做了重大调整，并根据最新的安全研究、访问控制、权限管理以及 ODRL 的研究和实现，集合了更多的语义和要求。

ODRL 2.0 版模型以 Policy 实体为核心，Policy 实体指向 Permission 和 Prohibition 实体，Permission 是对数字内容 Asset 所允许进行的一些使用或动作 Action（例如播放某段数字内容），Constraint 是对 Permission 的约束（例如最多播放 10 次）。类似于 Permission，Duty 表示执行某个 Permission 时应承担的责任（例如播放某段数字内容需要支付 $5 的费用）。Prohibition 也类似于 Permission，但 Prohibition 并没有指向 Duty，Prohibition 是禁止执行某个动作 Action（例如禁止用户商业化数字内容），授权用户 Party 通过 Role 实体链接到相应的 Permission、Duty 和 Prohibition。如图 6-21 所示。

相比较于 ODRL 1.1 版，ODRL 2.0 版中主要加入了 Action、Policy、Relation 和 Role 等元素。

①Action 实体：当 Action 与 Permission 相关时，表示用户拥有执行该 Action 的权限，当 Action 与 Prohibition 关联时，表示用户禁止执行 Action。

②Policy 实体：是顶层实体，主要包含如下属性：

- uid：表示 Policy 实体的唯一标识；
- type：表示 Policy 实体的语义，关于 Policy 实体的语义在 ODRL 常用词汇中有进一步的说明；

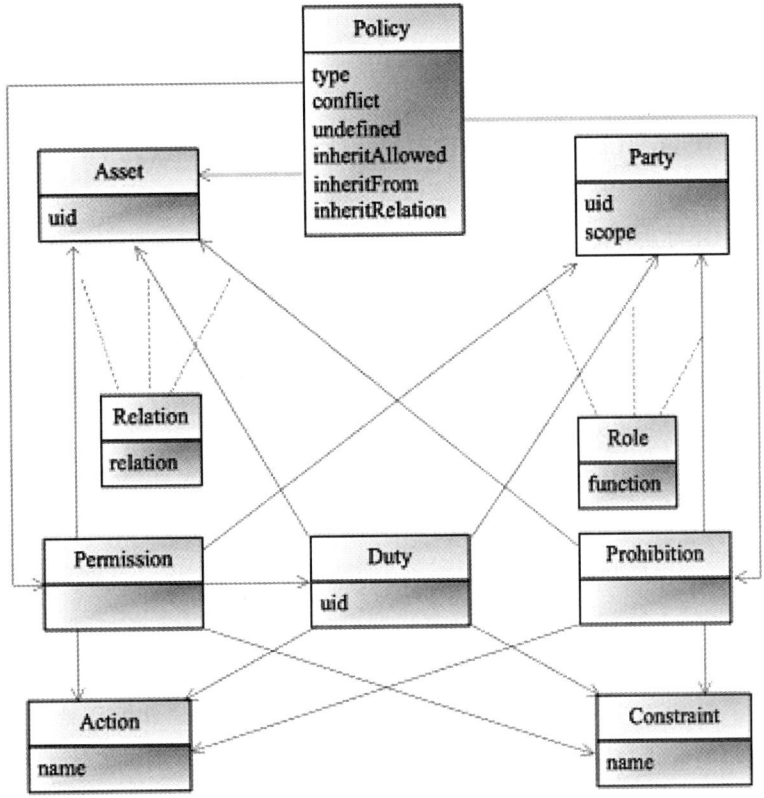

图 6-21　ODRL 核心模型

- conflict：用于表示 Permission 和 Prohibition 之间的优先级，用于解决 Policy 之间产生冲突时采用什么样的策略，尤其是当 Permission 和 Prohibition 中的 Action 相互矛盾时。该属性有三个可选值：perm（Permission 具有较高的优先级）、prohibit（Prohibition 具有较高的优先级）和 invalid（此 Policy 无效），缺省值是 invalid；
- undefined：表示如何处理未定义的 Action，有三个可选的值：support，ignore 和 invalid。support 表示允许该 Action，Policy 仍然有效，用户或者系统必须知道这样的一个未知类型的 Action，一般可以通过用户界面告知用户；ignore 是忽略未知的 Action，对应的 Policy 有效；invalid 表示 Policy 无效；

③Relation 实体：相当于一种关联类，用于将数字内容对象与 Permission、Duty 或 Prohibition 建立关联，表面上 Permission、Duty 或者 Prohibition 的主要对象是数字内容。

④Role 实体：也是一种关联类，用于将 Permission、Duty 和 Prohibition 链接到 Party，该实体有如下属性：

- function：表示 Party 担任的角色，一般有两个可选值：assigner 和 assignee。assigner 表示 Party 是 Permission、Duty 或 Prohibition 的授予方；assignee 表示 Party 是 Permission、Duty 或者 Prohibition 的接受方；
- scope：表示 Party 是个人还是一个群体。

6.4 DRM 标准与典型方案

当前 DRM 技术的标准化程度还较低,主流的 DRM 系统均是基于私有协议的,相互之间无法互通。DRM 系统的互通困难给用户选择及使用内容造成了障碍,也给运营商的运营造成了困难。随着 DRM 的价值逐渐体现出来,对 DRM 进行标准化的需求也越来越大。目前,一些 DRM 标准已经发布,如 OMA DRM、Marlin DRM、AVS DRM 等标准。

6.4.1 OMA DRM

在目前所有的 DRM 技术标准中,开放移动联盟(OMA,Open Mobile Alliance)制定的 OMA DRM2.0 标准最为成熟、参与者最多、影响力最大。

2002 年 11 月 OMA 正式发布了 OMA DRM1.0 标准。OMA DRM 1.0 提出时间较早,虽然在国内外运营商中已经有很多应用,但是存在较多问题,比如数字内容是以原始内容传输的,伪客户端可以直接从发送包中解析出原始的数字内容,造成数字内容盗版问题;业务模式只针对下载,流媒体等版权管理尚未考虑。

针对 1.0 版本的不足,2004 年 7 月发布了 OMA DRM2.0 标准的批准版。这一版对前一版本进行了大量补充,使版权保护变得更加灵活有效。它的信任模式基于 PKI,能对客户端和权限发布中心进行双向认证,安全性大大提高;支持的应用场景比较丰富,包括预览、下载 DRM、流媒体 DRM、多媒体消息 DRM、事务跟踪、域管理和与用户标识绑定等;提供了更加灵活、丰富和复杂的商业模式和用户使用模式,如 Pull 模式、Push 模式、流模式、超级分发模式、备份和恢复模式、非连接设备支持模式、权限对象和内容对象的输出模式以及域共享模式。

目前国内大多数 DRM 方案都是依据 OMA DRM 标准设计的,此外,由广电总局牵头正在制定的 China DRM 标准也借鉴了 OMA DRM 标准,所以对 OMA DRM 标准进行深入研究非常重要。

1. OMA DRM 体系结构

OMA DRM 的技术标准主要包括 DRM 体系结构、数字内容格式(数字内容封装)和权限描述语言三大部分。DRM 体系结构部分关注消息交互、密钥交换以及设备管理等;数字内容格式部分(DCF,DRM Content Format)定义数字内容的封装格式和一些与使用相关的头信息;权限描述语言(REL)部分定义对数字内容使用的限制、许可信息和对应的密钥信息等。OMA DRM 2.0 的体系结构如图 6-22 所示。

(1) DRM 代理(DRM Agent,DA):DA 是设备中负责执行 DRM 客户端功能的可信赖功能实体,负责强制执行附带在 DRM 内容上的访问权限控制功能,实现对 DRM 内容的可控访问。

(2) 内容发布中心(Content Issuer,CI):CI 负责 DRM 内容的分发,按 OMA DCF 定义的 DRM 内容打包格式对原始数字内容进行加密打包,并通过多种承载和传送方式将加

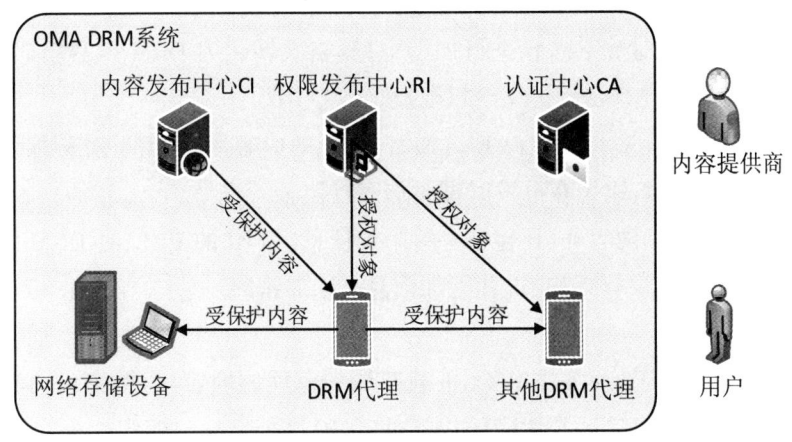

图 6-22　OMA DRM 系统结构

密打包后的内容传送到 DRM 代理。

(3) 权限发布中心(Right Issuer, RI)：RI 负责设置 DRM 内容的使用权限，用于产生授权对象 RO(Right Object, 即许可证)。授权对象是一个符合 OMA REL 标准的 XML 文档，该文档规定了用户对与该权限对象关联的 DRM 内容的访问权限，并携带了解密内容所需的密钥。因此，用户终端解密并使用 DRM 内容，还必须获得相应的权限对象。RI 和 CI 在逻辑上是两个角色，但实际应用中可能是同一物理实体。

(4) 用户(User)：即使用 DRM 内容的用户，User 仅能通过 DA 访问 DRM 内容。

(5) 网络存储设备：DRM 内容具备安全属性，这些内容可能被存储在用户的远端设备上，如网络存储、PC、移动存储设备等。

在 OMA DRM 2.0 中，内容和权限都进行了加密，而且受保护内容可以在用户间随意拷贝，用户得到此内容后必须从权限发布中心获取相关权限对象才可以使用此内容。OMA DRM 2.0 基于 PKI 信任模式中的基本实体是认证中心 CA、移动终端(用户)和权限发布中心 RI。移动终端用户与权限发布中心可以基于认证中心签发的公钥证书进行双向身份认证，因此增强了内容传送过程的安全性。

OMA REL 以 XML 方式定义了对 DRM 内容的各种访问许可权利和约束条件，它遵循开放式数字权限描述语言(ODRL)，并根据移动数字内容的特点在 ODRL 子集基础上进行了扩充。

2. OMA DRM 工作机制

OMA DRM 定义了保护 DRM 内容的机制和格式、保护授权许可的机制和格式、加解密安全模型、DRM 代理 DA 和权限发布中心 RI 间的信任模型、DRM 内容和授权许可到用户终端设备的安全传送机制。虽然 OMA DRM 是为移动数据业务而设计的，但也可用于固定数据网络和业务体系。

OMA DRM2.0 的工作机制如下：

(1) 内容打包发布

内容发布中心 CI 对数字内容进行加密,将其格式转化为 DRM 内容格式(DCF),打包后发布。CI 还要将内容密钥提供给权限发布中心 RI。

CI 对数字内容使用对称密钥(CEK)加密,不同的内容用不同的 CEK 加密。可在分发前预先加密打包存放,也可在分发时即时加密打包。

DCF 除包括加密的内容外,还包括一些附加信息,如 RI 的 URL、对 DRM 内容的描述(原始格式、租借者、版权等)等。这些附加信息是未加密的。

(2) 下载打包内容

DRM 代理 DA 从内容发布中心 CI 下载获取加密后的内容,但解密该内容所需的密钥不会一起下载。DA 必须购买对应的权限对象 RO 才能获取该密钥。

(3) 生成授权对象 RO

权限发布中心 RI 按用户购买该内容的权限要求生成 RO,RO 是一个 XML 格式的文档,规定了对数字内容的使用权限。RO 中包含内容解密密钥 CEK,为了保证该密钥的机密性,用 DA 的公钥对其进行了加密封装,确保只有付费 DA 才能够获得内容解密密钥。

(4) 下载授权对象 RO

DA 通过 DRM 内容头文件中的 RI 的 URL 访问 RI,使用 ROAP 协议(Rights Object Acquisition Protocol)向 RI 请求 RO。RI 和 DA 还要使用 ROAP 协议进行相互身份认证。所有 DA 和 RI 都拥有从认证中心 CA 各自获取的公钥证书(也称数字证书),通过 PKI 证书认证机制,RI 和 DA 可相互确认对方身份的真实性和合法性。

身份认证成功后,RI 向 DA 发送 RO,并对 RO 使用 RI 的私钥进行数字签名以保证 RO 的传输完整性。受保护的 RO 也可以拷贝或存储至 DA 以外的备份设备中。

(5) 使用授权对象 RO

DA 收到 RO,用 RI 的公钥证书中的公钥验证数字签名以确认 RO 的完整性及其发送方身份的真实性,然后用自己的私钥解密提取 RO 中的内容解密密钥 CEK,并获取使用该内容的权限。在权限允许的情况下,DA 用提取到的 CEK 解密数字内容,并按相应权限使用解密后的数字内容。

6.4.2 Marlin DRM

1. Marlin 概况

Marlin 是国际著名的 DRM 的系列开放标准。Marlin 组织由美国 Intertrust、日本索尼、荷兰飞利浦、日本松下和韩国三星五家公司共同发起成立,旨在开发针对消费电子领域的精简 DRM 技术和标准,并为新兴内容服务模式提供版权保护。

经过多年努力,Marlin 组织已完成针对 IPTV、OTT、电子书、流媒体等各类内容形式的 DRM 标准,并已在全球范围获得广泛认可和采纳。目前使用 Marlin 标准的服务运营商包括中国腾讯视频,日本 IPTV 服务 AcTVila, Sony Entertainment Network,飞利浦

NetTV，意大利的 Tivu，以及英国的 YouView 视频平台等。全世界集成 Marlin 客户端的设备已经超过了 2 亿部。同时，Marlin 标准也被其他标准或行业组织广泛接纳，为不同行业提供内容保护支持。

Marlin 是一种基于域的技术，与其他 DRM 不同，Marlin 从一开始就按照消费域模型进行设计，可以使得在某个域内的不同业务和设备之间传输内容时，消费者的体验是透明和直观的，即在不同设备上运用版权时，仍能保持版权的一致性，从而让消费者有更高的满意度。Marlin 这样的设计非常适合目前越来越多的终端多屏趋势；当用户在 PC 电脑上下载了经过 DRM 保护的数字媒体内容后，可能需要迁移到 iPad 或者智能手机甚至电视上收看。以往的 DRM 标准一般都没有考虑设备之间的 DRM 版权一致性迁移问题，没有考虑 DRM 跨屏幕、跨平台、跨网络的问题。

从技术上，Marlin 通过建立消费域并将设备与域相关联，可以对这些域中与所有内容相关联的版权进行检索和备份，并确定将内容输送到域中。创建了域之后，Marlin 所具有的功能包括：

（1）从各种分发系统导入内容，内容是被加密封装的，以便用在域中；

（2）管理并在域的不同设备之间分享内容，内容需要根据许可证进行访问，而且在设备间移动时带着相关的许可；

（3）在用户与设备加入/离开域时提供内容管理策略以及设备透明管理策略；

（4）提供用户友好的内容目录和设备发现服务。

Marlin 核心技术（Marlin Core Technology，MCT）规范定义了 Marlin 公共域（Marlin Common Domain，MCD），在此域中，不管导入方式如何，内容都可以在不同的 Marlin 兼容设备和服务之间轻松、直接地移动。MCT 规范基于 Intertrust 的 Octopus 和 NEMO 参考技术，并符合 Web 服务标准。

除了核心规范之外，Marlin 还定义了从三种不同的分发系统"导入"内容的方法：宽带、广播和移动。其中，要将在线购买并授权的内容许可证转换成与 Marlin 用户节点绑定的许可证；如果设备注册了用户节点，则拥有此 Marlin 许可证之后，该用户即可在该设备上播放内容。

2.Marlin 支撑技术

Marlin 建立在 Octopus 和 NEMO 技术、Intertrust 提议的参考技术以及分发（Web 服务）架构的开放标准之上。

Octopus 是在设备和服务中实现权限管理功能所用的工具包，包括一个与管理控制器集成的密钥分发系统。Octopus 是一个基于图形的关系引擎，采用链路和节点将权限与抽象实体相关联。Octopus 可以设计在从智能卡到服务器的多种平台上运行。Octopus 节点和环节有向图如图 6-23 所示：

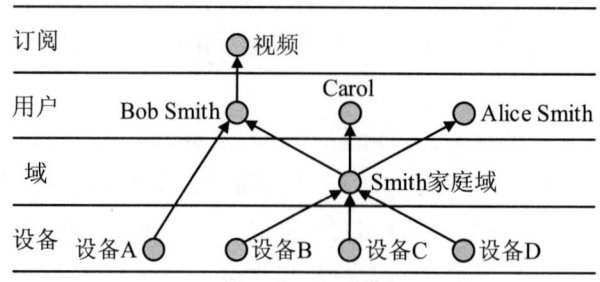

图 6-23　Octopus 节点和环节有向图

NEMO 是用于媒体编组的网络环境(Networked Enviroment for Media Orchestration)的缩写。它是一个基于服务的架构,用来提供版权管理。在 Marlin 中,NEMO 定义了服务接口、服务访问策略以及接受分发的实体间的信任关系,它通过支持可信任实体交互来实现其功能,而这些实体之间又能实现相互认证。它支持的版权管理服务包括以下几个方面:

(1)个性化;

(2)注册;

(3)内容发布;

(4)可信元数据供应;

(5)许可证交易;

(6)更新能力;

(7)证书维护。

Marlin 采用开放标准在互联网上集成基于 Web 的应用,主要用于业务之间的通信以及与客户端之间的通信。Web 服务可以通过标准化的接口,在整个网络内安全地共享业务逻辑、数据和过程。这些服务并不与任何单一操作系统或编程语言绑定,并且不需要浏览器或 HTML 支持就能运行。Marlin 符合下述 Web 服务标准:

(1)SOAP(简单对象访问协议):用来传输数据,它将 Web 服务请求和回应消息中的信息编码通过网络发送;

(2)WSDL(Web 服务描述语言):用来描述可用服务;

(3)WS 安全:OASIS(结构化信息标准促进组织)标准,用于安全和分发管理;

(4)SAML(安全性断言标记语言):通过定义认证、授权和不可否认性信息交换机制,确保电子通信和在线资源只能由授权方进行访问。SAML 实现了 Web 服务的单一登录能力。

6.4.3　AVS DRM

1.AVS DRM 概况

数字音视频编解码技术标准工作组(AVS, Audio Video coding Standard)由国家原信息产业部科学技术司于 2002 年 6 月批准成立。该工作组的任务是：面向我国的信息产业需求,联合国内企业和科研机构,制(修)订数字音视频的压缩、解压缩、处理和表示等共性技术标准,为数字音视频设备与系统提供高效经济的编解码技术,服务于高分辨率数字广播、高密度激光数字存储媒体、无线宽带多媒体通信、互联网宽带流媒体等重大信息产业应用。

AVS 组织制定的行业和国家信源编码技术标准包括系统、视频、音频、数字版权管理四个部分,其中系统、视频、音频规定的是解码器应当支持的技术要求,版权管理部分是为了适应数字电视广播、网络流媒体以及数字存储媒体等应用中对数字媒体版权管理的需要而制定的共性基础标准。

版权管理标准是贯穿数字媒体整个生命周期的技术基础设施,可鉴别、可信任的解码器(称为可信解码器)是版权管理信任链的关键。因此,AVS DRM 的首要任务是确定可信解码器的技术要求,消费终端制造商根据此要求开发的各种媒体消费终端能够在多种数字媒体应用(例如广播应用、交互应用和存储应用)中以可信任的方式获取、消费有权利要求的数字媒体。在此基础上,AVS DRM 根据不同应用的特点,制定专用的消息和协议来支持可信解码器和内容提供、授权认证等前端服务系统之间的版权管理信息的传送和交换。这样,AVS DRM 就不仅能够作为多种数字媒体应用系统的共性基础标准,而且能够通过可信解码器实现这些应用和系统之间的互操作。

该标准由三个档组成：核心档、广播档、网络电视档。核心档定义可信解码器的构成、DRM 系统安全架构所需的加密算法及策略;广播档为数字电视广播等单向广播应用的 DRM 保护提供解决方案;网络电视档针对 IP 传输环境下音视频节目广播、点播和下载等服务,提供受保护 AVS 音视频流的使用框架。同时,AVS DRM 还定义了各应用档用于描述权限的数字权限描述语言。

2. AVS DRM 参考模型

AVS DRM 的参考模型如图 6-24 所示,自内而外包括可信解码器、适配层和外围环境。

可信解码器是普通解码器的扩展,增加了认证、解密、明文重构等单元以及输出加密等可选单元。可信解码器的外围环境包括内容供应系统(Content Providing System)、授权认证系统(Licensing System)和显示系统(Rendering System)。适配层是可信解码器和外围环境的连接层,用于解决可信解码器和外围环境之间的互连互操作问题,包括：适应内容供应系统的包装适配层,适应授权认证系统的许可适配层和适应显示系统的显示适配层。

(1) AVS 可信解码器

在传统解码器的基础上,可信解码器添加了一些新的模块,包括认证模块(Authentication)、数据重构模块(Reconstruction)、解密模块(Decrypt)和输出加密模块(Encryt)。

• 认证模块：提供解码器的身份确认,并在解码器和外围系统之间提供一个安全的通

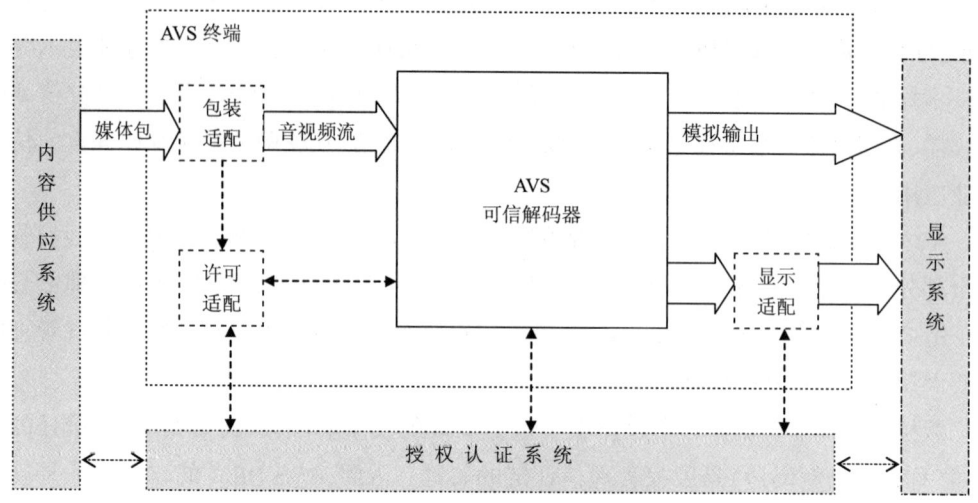

图 6-24　AVS DRM 参考模型

道。一般来说,认证模块都是基于 PKI。
- 解密模块:从认证模块获得密钥并用其对内容进行解密。解密模块的设计应该考虑多种密码算法。
- 数据重构模块:把含有加密数据的媒体数据流重构为符合 AVS 系统音视频标准的明文数据,这就意味着一个传统的解码器能够放在可信解码器中作为一个整体,而不需要进行任何改变。
- 输出加密模块:再次加密解码数据并把结果输出到显示适配层。与解密模块类似,加密模块也应尽可能支持更多的密码算法。

可信解码器应设计成一个 ASIC 芯片或者是一个较为独立的软件,以便作为一个整体得到更强的保护。

(2) AVS 适配层

AVS 适配层是解码器和应用层之间的中间层,能够从不同包的格式中提取相应的信息。适配层包括与内容供应系统接口的包装适配层(PAL)、与授权系统接口的授权适配层(LAL)以及与显示系统接口的显示适配层(RAL)。

- AVS 包装适配层(PAL):确定包的格式并且提取媒体内容数据到 AVS 可信解码器,提取许可信息到许可适配层,同时还可以给高层的应用提供其他各种信息。PAL 层能够理解媒体数据的基本信息,能从 File Type Box 中找到格式类型,从 Media Data Box 中找到内容,从 License Box 中找到许可信息。
- AVS 授权适配层(LAL):LAL 可以在可信解码器和授权认证系统之间建立一条安全的链接。LAL 的第一个功能是建立可信解码器和授权认证系统之间的信任关系,根据建立信任关系方式的不同可以分为三种情况:双向链接(比如因特网)、单向链接(比如广播),或者是无链接(比如便携式 MP3 播放器)。LAL 另一个功能是解析许可证并和许可证发布者协商许可证。LAL 可以从 PAL 或者从许可证发布者处获取一个许可证,然后从许可证中获取密钥、许可等信息,最后把密钥和其他安全数据传送到可信解码器。在这个过程中,从授权认证系统到可信解码器的密钥和数据也需要使用加密方式传送。

- AVS 显示适配层(RAL):该层的目标是支持可信解码器和各种显示系统之间的保密通信。RAL 在 AVS DRM 中是可选的,可根据可信解码器和显示系统之间的连接情况以及安全要求决定是否设置 RAL。如果可信解码器和显示系统物理上是紧密连接的,从两者之间侵入并获取解密数字媒体内容是不可行的话,可以不使用该模块。反之,从可信解码器向显示系统传送数字媒体内容时,应该启用可信解码器的输出加密模块,再由显示适配层建立其与显示系统之间的安全连接。建立安全连接所需的认证功能,由可信解码器中的认证模块通过 RAL 完成。

(3) AVS DRM 数字权限描述语言

AVS 数字权限描述语言(简称 AVS-DREL)定义了在开放和可信任环境中进行数字权限管理的语法和语义规则,旨在为数字音视频资源的出版、交易、分配和消费等操作提供一种具有灵活性和互操作性的权限描述机制,通过这种机制描述受保护的数字资源、使用权限和主体之间的关系。

AVS-DREL 定义的语法和语义规则用于:①描述数字版权所涉及的要素;②描述主体间的授权关系;③描述对内容访问或使用的控制机制。

AVS-DREL 采用 XML 绑定的形式,支持机器读取和执行。

AVS-DREL 分三个部分:信息模型、数据字典和 XML 绑定。信息模型对数字权限描述语言的语法结构和框架模型进行描述;数据字典给出 AVS-DREL 语法框架下的元素语义定义;XML 绑定作为附录,描述如何以 XML 文档的形式对数字权限进行语法描述,通过 XML Schema 对 XML 文档的正确性进行验证。

AVS-DREL 信息模型定义的许可证结构由主体、权利、资源、约束、义务等五类元素组成,如图 6-25 所示。

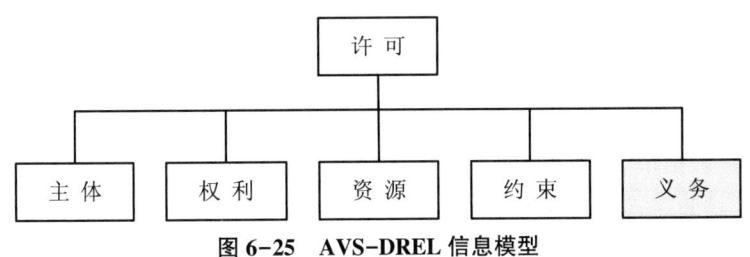

图 6-25 AVS-DREL 信息模型

图 6-25 表示 AVS-DREL 信息模型的概要结构,它用于描述许可认证的基本要素,并不表示各元素之间的层次关系。此概要模型包括:

- 许可:一个包含了权限发布者向权限接受者授权的描述集合的基本容器;
- 主体:一种强制性的对象元素,也是抽象类型元素,它本身不代表任何具体的实体元素。针对价值传递链中主体所处的不同位置,主体分为权限发布者和权限接受者;虽然权限发布者和权限接受者的应用形式及其在许可证中所处的结构位置不同,但都属于主体的范畴;当存在多个主体共同行使某一权限时,可通过主体组对该主体集合进行定义;
- 资源:包括视频、音频等数字资源;
- 权利:泛指权限接受者对资源所拥有的操作;
- 约束:定义了权限接受者对资源使用相应权利时应满足的条件;
- 义务:权限接受者在行使一定权利的同时承担的各种责任,义务是可选项。

6.4.4 CA 与 DRM

1. CA 简介

数字电视与传统模拟电视的一个很大不同就在于付费收视。付费电视业务最早的承载网络是单向广播网络、卫星网络或者有线网络。单向广播网络是一种单点发射、多点接收的网络,用户的规模对于网络并没有承载压力,这样单个用户的边际成本非常低,非常有利于开展业务。但与此同时,这也造成付费电视行业是一个对技术手段高度依赖的行业,尤其是对内容保护技术。如果没有一个安全的可实施的内容保护手段,这个行业便没有存在的基础。为了解决这个问题,一项叫做条件接收(CA,Conditional Access)的技术得到了发展,成为付费电视行业最主流的内容安全技术。

所谓条件接收,就是只有经过授权认证的合法用户才能正常收看数字电视的节目内容。具体来说,对视频、音频和数据等信息加扰、加密传输,采用智能卡等方式对用户进行授权控制管理,并使合法的、经授权的用户接收、解密、解扰,而未授权的用户将无法得到正确的媒体数据流。

CA 系统是一个综合性的系统,集成了多种技术,包括系统控制管理、数字视频压缩编码、内容加解扰算法、密钥加解密算法、密钥管理、调制解调、机顶盒和智能卡等技术,同时也涉及用户管理、节目管理、收费管理等数据库技术。

2. CA 系统实现方案

(1) CA 系统框架结构

CA 系统一般由节目管理系统、用户管理系统、前端条件接收子系统、加扰复用系统和接收端条件接收子系统五大部分功能实体组成。CA 系统的基本框架结构如图 6-26 所示。

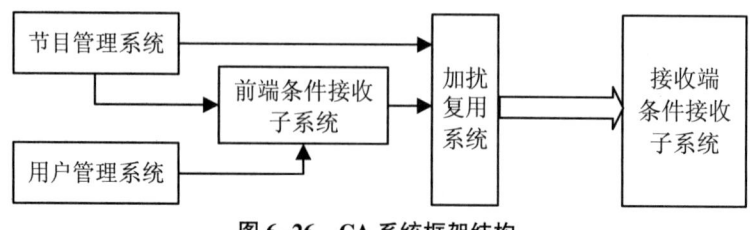

图 6-26　CA 系统框架结构

①节目管理系统

节目管理系统的主要工作是以编排后的节目为内容,生成节目时间表,包括频道、日期和时间安排等内容,辅助 ECM(Entitle Control Message,授权控制信息)的生成,并通过业务信息(SI)发生器和节目特定信息(PSI)发生器,以节目时间表和 CA 提供商的附加数据等信息为输入,生成 SI 和 PSI,按一定的周期发送这些信息给复用器,作为 TS(Transport Stream)流复用的来源之一。

②用户管理系统

用户管理系统对用户信息、用户设备信息、节目预定信息、用户授权信息、财务信息等进行处理、维护和管理,同时为前端条件接收子系统提供产生 EMM(Entitle Manage Message,授权管理消息)的基本数据。

③前端条件接收子系统

前端条件接收子系统是 CA 系统的核心,由控制字(CW,Control Word)发生器、加密单元、ECM 发生器(ECMG)、EMM 发生器(EMMG)以及用户授权系统(SAS)组成,主要完成 ECM 和 EMM 的获取、生成、加密、发送等处理。

④加扰复用系统

加扰复用系统使用 CW 对视频、音频、数据等 MPEG-2 数据流进行扰乱控制,并将 ECM、EMM 等相关数据与被加扰的视频、音频、数据信号一起复用形成传输流 TS。

⑤接收端条件接收子系统

接收端条件接收子系统包括条件接收预处理模块和智能卡条件接收模块,用于完成对 TS 的接收、解复用、解密,并根据从 EMM、ECM 中解密获得的 CW 对内容进行解扰获得视频、音频、数据。接收端条件接收子系统一般由机顶盒和智能卡组成。

条件接收预处理模块内置于机顶盒中,接收并处理前端 CA 系统发送来的 ECM、EMM 信息,并通过标准的通信接口与智能卡进行数据交互。智能卡条件接收模块是在智能卡上独立运行的程序,单独处理接收到的 ECM 及 EMM 信息,检查用户是否有权收看节目,如果有权,将解出的控制字 CW 发送给机顶盒,由机顶盒完成视音频的解密和解码工作。

(2) CA 系统工作机制

条件接收系统的工作机制如图 6-27 所示。

①加扰源处理

在前端,视音频及数字信号首先经过 MPEG-2 编码器分别进行压缩编码,编码后的码流称为基本码流(Elementary Stream,ES),基本码流 ES 经过打包将连续的数据流按一定的长度分割,切割成一个个单元包,成为打包基本码流(Packaged Elementary Stream,PES)。PES 流进入传输复用器中被切割成一个个固定长度为 188 字节的包,成为传输包(Transport Package)。由传输包组成的数据流称为传输流 TS(Transport Stream)。通常一个频道对应一个 TS 流,一个频道的 TS 流由多个节目的数据包组成。TS 流是各传输系统之间的连接格式,是传输设备间的基本接口。

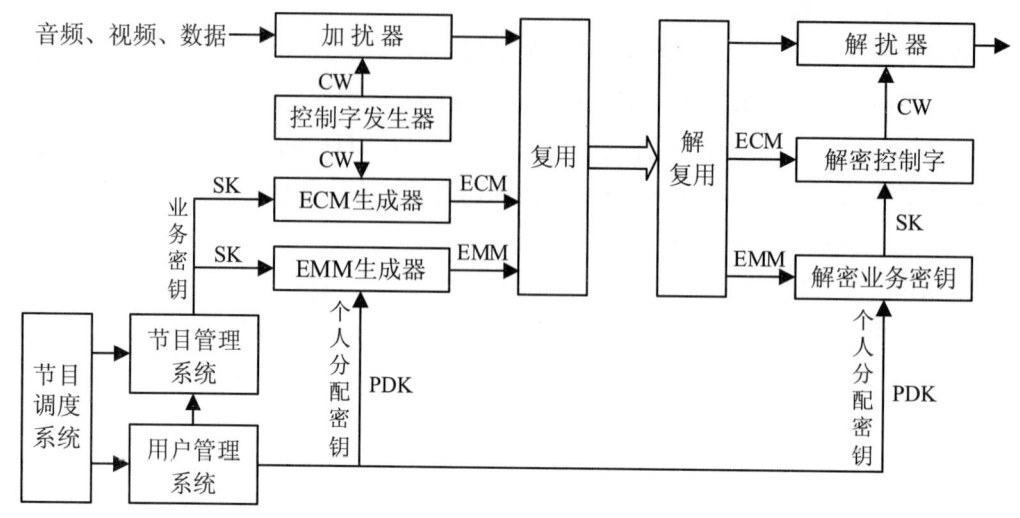

图 6-27 CA 系统的工作机制

基本节目流或传送码流都可以作为 CA 系统的输入信号,作为进行加扰的数据源。在 IP over DVB 中更是以 IP 数据包作为 CA 系统的输入信号。

②内容加扰

控制字发生器按照生成策略生成具有伪随机特性的控制字序列,并调用通用加扰算法完成对信号的加扰工作。控制字发生器每隔 8 秒左右的时间更换一次,以保证被加扰信息的安全性,只要生成的控制字满足伪随机特性,并且其周期足够大,被加扰的信号就是安全的。

③控制字 CW 加密

由于 CA 系统工作在单向网络中,无法通过前端与客户端的交互来确定或安全传输控制字,为了使用户对接收到的 TS 流进行解扰,必须将控制字与输入信号一同复用后传送到客户端。因此,控制字在用于对输入信号加扰的同时,也被传送给 ECM 生成器进行加密。没有控制字的加密,仅有内容加扰处理,系统是不安全的。用业务密钥 SK(Service Key)对控制字进行加密后形成授权控制信息 ECM。

④业务密钥 SK 加密

由于不同的用户订购收看不同的节目,如果直接将 ECM 和业务密钥 SK 复用到 TS 流,必然导致所有用户(授权的和未授权的用户)都可以收看全部由该业务密钥加密的节目,所有用户拥有了同等的权利。为了使运营商能够对每一个用户单独控制,必须对 SK 再次进行加密,且加密密钥应与用户的个人信息相关,该密钥称为个人分配密钥 (Personal Distributed Key,PDK)。因此,SK 在对 CW 加密的同时,也被传送到 EMM 生成器进行加密,用个人分配密钥 PDK 对业务密钥 SK 进行加密后形成授权管理信息 EMM。

⑤节目特定信息 PSI 生成

为了使接收端用户能从包含多节目的 TS 流中找出所需要的节目码流,数据信号在传送时还要附加所有传送节目的专用信息 PSI 表,PSI 中规定了不同节目和节目的不同成分如何复用成一个统一的码流。以 PSI 为基础可以提供一个码流的构成,从而帮助用户对节目中所需要的部分进行选择。PSI 表中包含了节目关联表、节目映射表、网络信息表、条件接收表四种信息表来定义码流的结构。

⑥数据流复用

加扰后的输入信号、ECM、EMM、PSI 表和节目对应的节目关联表、节目映射表、网络信息表、条件接收表共同进入复用器,采用传统的节目复用方式形成 MPEG-2 TS 流,完成前端对音频、视频、数据的加扰加密阶段,并经后续的信号处理、卫星传输等流程发送出去。

⑦接收端解复用

接收端在解复用后的传送流中寻找 PSI 信息,在 PSI 中找到条件接收表 CAT,根据 CAT 表中给出的 EMM 包标识符,找到相应的加密的 EMM 信息,传送给 EMM 的解密模块。

⑧业务密钥 SK 解密

EMM 的解密模块根据 EMM 信息和保存在智能卡中的个人分配密钥 PDK,调用解密器,完成对 EMM 的解密。如果用户属于已授权用户,则解密正确,并进一步根据解密获得的 EMM 信息验证用户的权限是否允许收看该节目,如果允许,则取出其中的业务密钥 SK。如果用户不属于已授权用户或 EMM 信息验证失败,则停止后续解密,结束播放。

⑨控制字 CW 解密

进一步用解密 EMM 获得的业务密钥 SK,对 ECM 解密,从而得到控制字 CW,传送给解扰器。

⑩内容解扰

最后解扰器用控制字 CW 对加扰的传输流解扰,完成接收端对 TS 流的解密解扰阶段。

(3)CA 系统工作原理分析

①CA 中的加扰和解扰

CA 中的加扰和解扰操作实际是对节目流的加密和解密操作。

CA 中的加扰是指,在发送端对 TS 流进行有规律的扰乱处理,即用伪随机二进制序列(PRBS)对 TS 流进行异或运算实现扰乱,使未授权的用户无法对视音频流进行解密,从而防止节目的自由接收和收看。

CA 中的解扰是指加扰的逆过程,在用户接收端的解扰器中用相同的 PRBS 对所接收的已加扰的 TS 流进行相同的异或运算实现解扰。

目前在国际上占主流地位的 CA 系统标准主要有:欧洲的 DVB 标准、北美的 ATSC 标准、日本的 ISDB 标准。三种标准提出了三种不同的加扰方式:

- 欧洲 DVB(Digital Video Broadcasting)组织提出一种称为通用加扰算法(Common Scrambling Algorithm)的加扰方式;
- ATSC 组织使用了通用的 3DES 算法;

- ISDB 使用了松下公司提出的一种加扰算法。

②CA 中的加密

CA 中的加密实际是指对各种密钥的加密操作。

CA 系统的核心就是将发送端的控制字 CW 安全地传送到接收端。为了防止未授权用户直接接收 CW,就必须在发送端对 CW 加密。

由业务密钥 SK 对 CW 加密形成授权控制信息 ECM；用每个授权用户的个人分配密钥 PDK 对业务密钥 SK 加密形成授权管理信息 EMM。

ECM 和 EMM 信息送到复用器与已加扰的 TS 流一起复用后,经广播信道传送到用户端。

③CA 中的三重密钥

基于 DVB 标准的 CA 采用三重密钥传输机制,三重密钥分别是:加解扰密钥 CW、业务密钥 SK、个人分配密钥 PDK。三者联合实现对 DVB 业务和用户的管理、控制和授权。三种密钥之间的关系如图 6-28 所示。

- 控制字 CW：是一组随机数,是节目流的加密密钥,每隔几秒钟随机变化一次,在接收端要用同样的 CW 来解密。它用于对伪随机序列发生器起始触发,产生新的伪随机序列进行加解扰。对控制字传输的控制是节目有条件接收的核心。

- 业务密钥 SK：用于对控制字 CW 进行加密,形成授权控制信息 ECM。SK 与用户的付费和对业务的订购有关,实际上通常是用户的授权信息。SK 也是变化的,一般用户每一个月付费一次,业务密钥便按月变化一次,没有付费的用户不能得到新密钥。ECM 用来传输用户的付费情况或对广播节目的接收权限,其中还包括节目来源、时间、内容分发和节目价格等节目信息。

- 个人分配密钥 PDK：用于将业务密钥 SK 进行加密,形成授权管理信息 EMM。PDK 是由个人特征所确定的,是和这个用户的终端地址码相关联的一个数列。PDK 一般由 CA 系统设备自动产生并严格控制,在终端设备处该序列数一般由网络运营商通过 CA 系统提供的专用设备,采用不可擦写方式植入智能卡。为了能提供不同级别、不同类型的各种服务,一套 CA 系统往往为每个用户分配好几个 PDK,以满足丰富的业务需求。EMM 中还包含地址、用户授权信息。

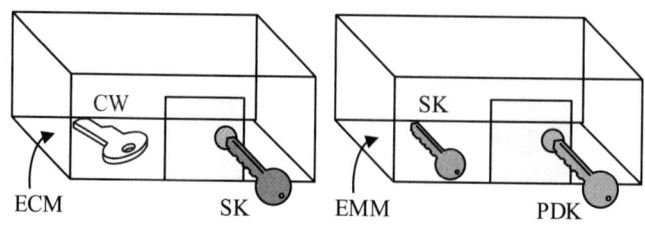

图 6-28 CA 系统的三重密钥管理示意图

CA 中为何引入 SK？除了用于标识不同的节目之外，还与加密数据量有关。假如直接用 PDK 加密 CW，由于 PDK 的数量巨大，而 CW 的变更较快，加密后产生的数据很大。由于 SK 是针对节目的，数据量小，采用 SK 加密 CW 生成的 ECM 数据量相对较小，而且 SK 变化缓慢，一般每个月变化一次，采用 PDK 加密 SK 生成的 EMM 数据量便相对较小。

④CA 中的解密和解扰

CA 系统中接收端的密钥解密和节目流解扰流程如图 6-29 所示：

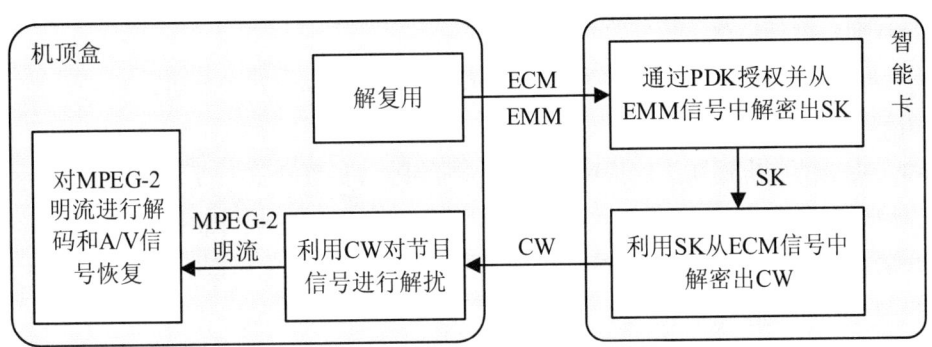

图 6-29　CA 系统的解密和解扰

接收端条件接收子系统一般由机顶盒和智能卡组成。
- 机顶盒负责解复用并将 ECM 和 EMM 信号送往智能卡；
- 智能卡利用 PDK 从 EMM 中解密出业务密钥 SK，再利用 SK 从 ECM 中解密出控制字 CW，然后将 CW 送回机顶盒；
- 机顶盒利用 CW 解扰数据流。

(4) CA 的密码体制分析

CA 系统中采用了对称密码体制和公钥密码体制相结合的方式。

从密码学的角度看，CA 中对传输流的加扰实际是一种加密(流密码/序列密码)，是一种对称加密。加扰过程中的加扰控制字 CW 是生成密钥流的密钥种子，是对称密钥；而该控制字被另一个对称密钥 SK 加密在 ECM 中；该对称密钥 SK 又被个人分配密钥 PDK(公钥)加密进行安全传输。这些过程正是对称和非对称密码体制中的密钥分配过程。

CA 中，为了安全，要求控制字不断变化。而要对其进行加密，就要求加密算法的运行速度能够跟上控制字的变化，因此，采用快速的对称密码算法对控制字加密比 RSA 算法更合适，即应采用对称密码体制。

同时，用户管理系统要针对不同的用户授权以不同的个人分配密钥 PDK。该 PDK 必然是公钥密码体制的密钥，因为用公钥加密对称密钥可以保证对称密钥的机密性，并且不存在公钥通过安全信道发放的问题，这是最常见的对称密钥分配方案。加密业务密钥 SK 时使用 PDK 公钥，接收端解密 EMM 中的 SK 时，使用 PDK 私钥(一般采用不可擦写方式植入在智能卡中)。

3.CA 与 DRM 的关系

CA 可以看成是 DRM 的一部分，二者有共同之处，也存在着一些区别。此外，近年来，随着媒体内容的数字化，承载网络的双向化和多样化，新媒体业务得到迅猛发展，全球数字媒体娱乐行业正在进行一次巨大的变迁。在这样的宏观背景下，依托单向网络发展起来的条件接收技术面临着巨大的挑战，双向条件接收技术得到发展；数字版权管理技术更是以其对内容的直接保护、开放的技术、适应数字家庭网络、支持更加灵活多样的商务模式而得到付费数字媒体行业更多的青睐。

CA 与 DRM 的关系及其发展背景的变化主要表现在以下几个方面：

(1) 单向网向双向网的过渡

由于传统的广电网属于广播网络，这决定了其 CA 系统也必然是广播方式，在这种方式下，前端不了解接收端的任何状况，无法对接收端的有效性和可靠性进行验证，接收端也无法验证前端的有效性和可靠性，只能被动的接收。这与 CA 系统针对用户及其收看的节目收费的初衷存在矛盾。

网络双向化对于提高 CA 系统的安全性有重要作用。在双向网络中，可以采用双向认证协议来保证通信双方身份的可靠性，同时在身份认证的同时可以结合密钥协商，生成用于传输控制字的业务密钥，在简化系统设计的同时，进一步提高了系统的安全性。

DRM 依赖于网络双向交互能力的实现，在功能和技术上对 CA 是一个极大的扩展。

(2) 传输安全向内容安全的过渡

传统的 CA 只考虑节目内容的传输安全，控制的是消费者在服务供应商网络上接收的内容，保护的是信息的分发渠道，经 CA 系统保护的节目内容对于未授权用户保密，并能以可靠的方式将节目传递给授权用户。数字广播电视对于收费的控制完全依赖于 CA 系统的安全性。供应商和运营单位采用各种手段降低系统被破解的可能性，一般机顶盒里都预置了几种备用算法，以防被破解造成系统崩溃。

CA 与 DRM 的区别是它没有对内容传送给用户之后所产生的事件进行定义，即一旦用户获得了解密后的电视节目，其录制、转借等行为是 CA 无法控制的。而随着硬盘存储和高质量传输技术的发展，优秀的节目可能会被轻易地存储、复制、转录，对节目内容本身的安全带来极大的威胁。因此 CA 必须与安全存储、设备认证、盗版监控追踪等 DRM 功能结合在一起，共同建立安全的节目内容使用平台。

(3) 单点保护向全生命周期保护的过渡

CA 完全围绕传输安全这一单一的点展开，核心是加密算法、密钥管理等内容。

而 DRM 针对节目内容本身的可用性和作者的权益提供可控的、可运营的有效机制，强调的是内容安全，对内容从制作、集成、分发、使用、验证等角度和内容的全生命周期加以保护。

DRM 包含对各种有形和无形资源产权使用的描述、标识、交易、保护、监测和跟踪，包括对产权拥有者关系的管理。此外，DRM 可以实现更具细粒度的权限控制功能，还可以实现版权认证、内容认证、操作跟踪、盗版追踪等功能;技术上不仅使用加密技术,而且通过引入数字水印技术保证多层次的安全性,保证 DRM 各项功能的实现。

(4)新的商业模式

随着三网融合,必然出现新的商业模式和新的媒体业态,这些模式是传统技术无法支撑的。DRM 是一个非常好的技术框架,它不单单能保护数字媒体内容、媒体的知识产权,更重要的是支持各种商业模式,能够解决传统技术无法解决的问题。

三网融合使得用户取得内容的渠道不再单一,用户可以从有线电视、广播网、互联网、电信网取得内容。取得内容之后,用户的使用习惯也发生了很大变化,可能在电视、电脑、手机等不同的设备上使用或分享内容。因此版权保护应该使得内容在不同的设备上迁移,各种设备间应能够无缝连接,从而保证用户使用内容的连续体验。因此,在"跨平台、跨媒体、跨网络"的未来,只能依赖 DRM 技术,而非 CA 技术。

此外,新的商业模式还要求 DRM 能根据不同用户的不同使用需求提供不同的服务。例如,提供不同设备域级别的模式:金卡会员可以在 PC、手机上使用数字内容(如播放视频),而普通会员只能在 PC 上使用;或者提供不同解析度级别的模式:64K 的音乐可以免费让用户使用,而 128K 或更大的音乐就需要用户付费下载;或者提供社区网络级别的模式:如果用户是付费的,便可以同其亲朋好友在社区分享数字内容(例如照片),甚至创建自己的个人电台,如果用户没有付费,则无法与他人分享内容;或者提供不同价位级别的模式:同样的数字内容(如视频),用户花费不同的价位,使用体验不同,付费少的用户收看的视频中间会插播广告,而付费多的用户可以全程连续收看。

因此,在三网融合形势下,因为商业模式的改变、分发渠道的改变以及用户体验的改变,以前的 CA 甚至是以前的 DRM 不再能满足新的需求,需要继续深入研究和发展能够支持多渠道、多设备、和其他用户分享的新的数字版权保护系统和技术。

6.4.5 IPTV 与 DRM

IPTV 的主要终端系统有三种形式:机顶盒+电视机、移动手持设备以及 PC 终端。用户可以使用机顶盒或者在电脑上安装客户端软件的方式来使用高速互联网接入、数字电视、可视电话、网页浏览、在线游戏、在线教育和网络交易等各种基础及增值业务。

1999 年,Video Networks 公司在英国率先推出 IPTV 业务。2005 年 5 月中国网通率先在哈尔滨推出 IPTV 业务,标志着 IPTV 正式进入中国,之后中国电信等也在各地推出自己的 IPTV 业务。目前在国家三网融合政策的推动下,设备制造商、运营商、内容提供商等纷纷加快进入各省市 IPTV 市场的步伐,IPTV 网络在不断拓展,用户数量也在不断地快速增长。

1.IPTV 与版权保护

无论 IPTV 采用何种发展模式,其整个产业链上主要包含节目内容制作、内容集成、内容传递和用户终端几个部分。

由于 IPTV 主要是依靠其内容资源来赢得客户,其盈利主要通过对影视内容的收费获得,相比于其他 IPTV 发展较早、产业更为成熟的地区,中国 IPTV 面临的最大问题便是缺乏稳定、丰富的节目内容。因此如何拓展内容来源、使得越来越多拥有丰富内容资源的版权所有者和内容提供商为 IPTV 提供节目内容、开发新的增值业务领域是当前中国 IPTV 发展需要解决的问题。而促使更多的内容提供商为 IPTV 提供优质内容的重要动力之一就在于可以通过版权保护技术拓展内容提供商的业务领域,增加其版权收益的渠道。

IPTV 现有业务主要分两部分:一是视频类业务,主要提供传统的电视节目播放业务,并在此基础上增加了点播、回看和时移的功能;另外一类是增值业务,提供信息查询、高速上网、互动游戏、卡拉 OK 等信息和娱乐类服务。这两种业务类型有着不同的版权保护模式。

(1) 音视频业务的版权保护

IPTV 的视频内容提供者主要由新闻媒体、电视节目制作公司以及其他的内容提供者组成,它们有的既是 IPTV 节目内容的版权所有者,也是节目内容提供商。近年来,随着 IPTV 的发展,出现了 IPTV 的版权所有者和内容提供商针对 IPTV 的内容运营商提起的诉讼。这些诉讼使得 IPTV 的版权保护问题开始更广泛地为人们所关注,也为 IPTV 版权保护今后的发展提供了启示。新媒体的兴起也使得著作权原有的权利体系以及由其权利所决定的利益分配发生了变化。目前新媒体版权应用范围主要包括网络版权、数字电视版权、IPTV 版权以及手机电视版权等,使用者在购买版权时,要特别注意版权的适用领域,以避免由于授权不清而造成的纠纷。

(2) 增值业务的版权保护

除了传统的音视频业务,IPTV 的重要业务增长点就在于能够提供信息搜索、游戏、卡拉 OK 等增值业务。以 IPTV 的卡拉 OK 业务为例,从技术角度上将现有网络卡拉 OK 资源转移到 IPTV 上已不存在问题,但是目前,版权问题仍是制约其发展的因素之一。如果征收版权费,会给运营商和用户带来一定的成本压力;如果不收费用,又会侵犯著作权人的权利。2012 年,上海电信与彩虹音乐频道及"数字电视音乐版权保护联盟"就数字电视音乐版权保护签署了合作协议,国内首家正版数字电视音乐点播平台——彩虹音乐频道在上海 IPTV 平台开播,这一方面是中国数字电视音乐版权保护的开始,另一方面 IPTV 也将获得更多高质量的节目内容从而吸引更多的用户群体。

IPTV 的其他增值业务可以借鉴类似的方式,与搜索、新闻、房产、餐饮、股票等更多领域的内容提供商签订合作协议,由业务运营商通过使用次数、使用时间、包月等灵活的收费方式向用户收费,并向相关业务的版权管理机构支付费用。

上一节我们分析过,在早期的有线电视系统中,电视作品版权的保护主要通过条件接收 CA 技术实现,而 CA 有被 DRM 取代的趋势,DRM 将逐渐成为主流电视作品的保护手段。

由于 IPTV 传输的数字内容很容易被复制、修改,因此针对数字内容的版权保护越来越重要,许多国内外主流内容提供商都要求 IPTV 运营商提供 DRM 机制以保障其合法权益。此外，IPTV 的 DRM 技术还能给用户提供更多的服务形式，比如，利用 IPTV 的 DRM，通过有线数字电视 DVR（数字录像）服务，用户可以将喜欢的视频节目拷贝到 PC 或 DVD 碟中，然后根据付费的情况对这个被拷贝的视频节目在一段时间内收看、反复播放、在某特定装置上收看等，这样实际上就完成了对此视频节目的再次销售，而用户也获得了服务的便利。

目前几大 DRM 认证系统在市场中激烈竞争，不同的内容供应商倾向于选择不同的专业公司来为自己进行版权保护。虽然这在短期内可以促进 IPTV 产业化，但从长远看，这将加重 IPTV 产业的负担，带来资源上的浪费，也不利于之后进一步融合。因此需要尽快制订统一的 IPTV 服务的 DRM 技术方案，从而便于内容使用者通过合法途径获得权利人的有效授权。

2.IPTV DRM 实现方案

IPTV 采用的 DRM 技术分布在内容的制作、发布、传输、管理、使用等整个业务完成流程中。虽然各个厂商的具体解决方案有差异，但一般遵循的结构均如图 6-30 所示。

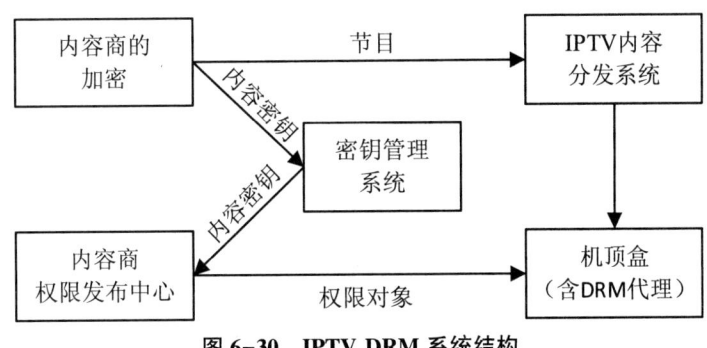

图 6-30　IPTV DRM 系统结构

在图 6-30 中，IPTV DRM 实现结构包括以下逻辑子系统：内容商的加密、内容商的权限发布中心、密钥管理系统、IPTV 内容分发系统、机顶盒接收系统。

(1) 内容商的加密：在 IPTV DRM 系统中负责对各类内容进行加密，一般由内容提供商管理（可能未来会出现相对独立的 DRM 服务商）。在内容提供商完成原始内容制作加工并转化为系统支持的媒体格式（MPEG-4/H.264/AVS 等）后，就可以利用该加密系统随机生成的密钥对内容进行加密，加密后的内容被传送到 IPTV 内容分发系统，并下发到用户机顶盒。加密的密钥和对应的内容标识将传送到密钥管理系统和内容商权限发布中心进行管理。

(2) 密钥管理系统：主要管理各节目的内容标识及对应的解密密钥，并为授权管理创建权限对象提供相应的查询服务。密钥管理系统保存所有的内容密钥，这些重要的信息对于整个 DRM 系统是至关重要的，所以密钥管理系统对安全性要求很高。

(3) 内容商权限发布中心：接收来自业务、用户管理单元的加密节目内容使用权限请求。根据用户请求的权限创建、存储并管理权限对象，同时根据用户定购节目的内容标识向密钥管理系统查询对应的内容加密密钥,并把两者通过加密封装入权限对象中。最后把权限对象下发到 IPTV 机顶盒。

(4) 机顶盒中的 DRM 代理:配置在用户端机顶盒中,负责强制用户端执行与 DRM 内容关联的许可和约束,控制对受保护内容的各种访问。机顶盒中的 DRM 代理可以通过电子节目单 EPG(Electronic Program Guide)获取内容对象标识,向内容商权限发布中心发起获取该内容对象的权限对象请求。获取权限对象后,需确认权限信息的完整性和可靠性。在播放内容时,机顶盒中的 DRM 代理使用权限对象中的内容密钥对内容进行解密,并根据相应的权限信息控制播放器使用解密后的内容。

在上述结构中,IPTV 机顶盒要管理两种密钥:① 标识用户身份的非对称密码的私钥;② 节目内容的加密密钥,是对称密钥。内容密钥由用户的私钥来解密,一般只保存在内存中,使用一次就清除,所以用户私钥的安全性成为机顶盒安全性最重要的部分。实现的具体形式包括使用智能卡、纯软件、软硬件结合的方式。

- 智能卡方式:该方式是在将 EEPROM(Electrically Erasable Programmable Read-Only Memory,电可擦可编程只读存储器)芯片封装在卡片上的同时,将微处理器(CPU)芯片也封装在卡片上。外部读写设备只能通过 CPU 与 IC 卡内的 EEPROM 进行数据交换,在任何情况下都不能访问到 EEPROM 中的任何一个单元。其优点是安全性高,缺点是成本高。
- 纯软件方式:采取纯软件的方式进行密钥管理,目前互联网上的 PC 使用 DRM 就是采用纯软件的实现方式。其优点主要是机顶盒不需要增加新的硬件,成本较低,缺点主要是安全性一直受到质疑。
- 软硬件结合的方式:利用机顶盒内部的硬件标识,如 MAC 地址、CPU 的编号等生成私钥也是一种解决方法:不需要增加新的硬件,标识与硬件相关,复制机顶盒的机会也会减少。其缺点是 MAC 地址等硬件信息可以假冒。

IPTV 面临的侵权威胁主要来自非法复制节目内容和使用非法机顶盒接收节目。非法复制数字化节目内容的方法主要是通过破解 IPTV 的内容密钥,从 IPTV 系统中复制出数字化节目内容。使用非法机顶盒接收是指攻击者通过技术手段破解播放设备的条件接收模块,并将破解后的模块复制到其他播放设备上,从而达到大规模盗看的目的。

本章小结

本章首先简单介绍了数字版权保护的发展状况和基本概念,然后重点介绍了数字版权管理 DRM 系统的典型体系结构、涉及的关键技术以及典型的标准和应用方案。

以下是本章的知识要点概括:

1. 数字版权管理 DRM 的定义

DRM 是采取信息安全技术手段在内的系统解决方案,在保证合法的、具有权限的用户对数字信息正常使用的同时,保护数字信息创作者和拥有者的版权,根据版权信息使其获得合法收益,在版权受到侵害时能够鉴别数字信息的版权归属及版权信息的真伪,并确定盗版数字作品的来源。

2. 典型 DRM 系统的参考体系结构

包括三个主要子系统:内容服务器(Content Server),许可证服务器(License Server)和客户端(Client)。

3. DRM 关键技术

数字内容加密技术,身份及内容认证技术,数字水印技术,叛逆者追踪技术,权限管理技术。

4. 权限描述语言标准

可扩展权限标记语言(XrML),MPEG-21 权限描述语言(MPEG-21 REL),开放式数字权限语言(ODRL),开放联盟数字版权管理-权限描述语言(OMA DRM-REL)等。

5. DRM 标准

OMA DRM,Marlin DRM,AVS DRM 等。

6. 条件接收 CA

所谓条件接收(CA,Conditional Access),就是只有经过授权认证的合法用户才能正常收看数字电视的节目内容。具体来说,对视频、音频和数据等信息加扰、加密传输,采用智能卡等方式对用户进行授权控制管理,并使合法的、经授权的用户接收、解密、解扰,而未授权的用户将无法得到正确的媒体数据流。

练习思考

1. 结合 WMDRM 系统,深入理解 DRM 系统的体系结构。
2. 结合 WMDRM 系统的工作流程,深入分析其中所涉及的内容加密技术、身份及内容认证技术、数字水印技术、叛逆者追踪技术和权限管理技术的应用原理。
3. 设计 WMDRM 系统中许可证服务器和客户端之间的双向身份认证方案。
4. 通常,通信报文可以采用散列算法进行完整性验证,但对于通过网络传输的视频数据,适合采用散列算法验证完整性吗?如果不是,适合采用什么技术?
5. 数字水印技术在 DRM 系统中可能有哪些应用?
6. DRM 系统中采用密码技术和数字水印技术有什么区别和互补关系?
7. 数字指纹是什么?有什么样的应用?
8. 了解 OMA DRM 体系结构和工作机制。
9. 深入理解条件接收 CA 系统的工作原理以及其中的密码学原理。
10. 条件接收 CA 系统中为什么要使用三层密钥结构?每一层的作用是什么?
11. CA 条件接收系统中机顶盒和智能卡分别实现什么功能?
12. 条件接收 CA 与 DRM 系统之间的关系以及发展变化情况如何?

参考文献

[1] 张志勇,牛丹梅.数字版权管理中数字权利使用控制研究进展.计算机科学,2011,38(4):48-54.

[2] 俞银燕,汤帜.数字版权保护技术研究综述.计算机学报,2005,28(12):1957-1968.

[3] 张茹,杨榆,张啸.数字版权管理.北京:北京邮电大学出版社,2008.

[4] 冯明,唐宏,陈戈.数字版权管理技术原理与应用.北京:人民邮电出版社,2009.

[5] 张宏.数字媒体版权保护系统.山东大学硕士学位论文,2010.

[6] 杜朋.基于OMA的数字版权管理系统在移动网络中应用的研究.北京邮电大学硕士学位论文,2011.

[7] 魏景芝,杨义先,钮心忻.OMA DRM技术体系研究综述.电子与信息学报,2008,30(3):746-751.

[8] 王美华,范科峰,王占武.OMA DRM技术体系结构分析.网络安全技术与应用,2006,5:76-79.

[9] 范科峰,赵新华.OMA DRM技术与标准研究.信息技术与标准化,2006,7:16-20.

[10] 王梦琳.三网融合背景下中国IPTV版权保护及发展建议.今传媒,2013,8:31-33.

[11] 杨崑,魏凯.IPTV DRM技术和标准研究.电信科学,2009,25(3):13-16.

[12] 侯智慧.IPTV系统中UGC业务相关技术研究.吉林大学硕士学位论文,2012.

[13] 崔立玉.IPTV媒体内容保护技术及安全需求分析.电信技术,2012,1:60-62.

[14] 谢怡明.三网融合背景下对中国联通IPTV组网方案的设计.北京邮电大学硕士学位论文,2010.

[15] 薛磊,郑继禹.IPTV数字版权管理系统体系架构及关键技术.电视技术,2011,35(20):56-58.

[16] 赵悦.IPTV下的数字内容版权管理和保护.电视工程,2011,4:22-24.

[17] 王明恩.基于IPTV的数字版权管理的技术研究及设计与实现.北京邮电大学硕士学位论文,2011.

第7章 大数据安全

本章要点：
1. 大数据发展情况及基本概念
2. 大数据带来的安全挑战
3. 大数据中的隐私问题及隐私保护挑战
4. 大数据隐私保护技术

7.1 大数据概述

7.1.1 大数据发展情况

1980年，美国著名未来学家阿尔温·托夫勒(Alvin Toffler)在《第三次浪潮》一书中提出了"大数据"(Big Data)的概念，将其赞颂为"第三次浪潮的华彩乐章"。著名的数据库专家、图灵奖获得者吉姆·格雷(Jim Gray)于2007年在NRC-CSTB(National Research Council-Computer Science and Telecommunications Board)上发表的著名演讲《科学方法的一次革命》中提到，继之前出现的实验范式、理论范式、计算范式之后，新的信息技术已经促使第四范式(The Fourth Paradigm)出现了，就是数据密集型科学发现(Data-Intensive Scientific Discovery)，也就是我们所称的"大数据"。

最早提出大数据时代已经到来的是全球知名咨询公司麦肯锡，在其下属机构全球研究所(Mckinsey Global Institute)于2011年6月发布的一份专门的研究报告中，将"大数据"视为全世界"下一个创新、竞争和生产力提高的前沿领域"，并指出，数据已经渗透到每一个行业和业务职能领域，逐渐成为重要的生产因素；而人们对于海量数据的运用将预示着新一波生产率增长和消费者盈余浪潮的到来。《华尔街日报》更是将大数据时代、智能化生产和无线网络革命称为引领未来繁荣的三大技术变革。此外，Gartner、埃森哲、普华永道等咨询公司，以及《财富周刊》《福布斯》《纽约时报》等商业管理刊物也对大数据进行了大量的介绍与研究。

半个世纪以来,随着计算机技术全面融入社会生活,信息爆炸已经积累到了一个开始引发变革的程度。它不仅使世界充斥着比以往更多的信息,而且信息增长速度也在加快。互联网(社交、搜索、电商)、移动互联网(微博、微信)、物联网(传感器、智慧地球)、车联网、GPS、医学影像、安全监控、金融(银行、股市、保险)、电信(通话、短信)都在疯狂产生着数据。著名的市场调研机构IDC(International Data Corporation,国际数据公司)在2011年的报告中指出,全球数据总量在2011年已达到1.8ZB,而这个数据大约以每两年翻一番的速度增长,预计至2020年全球拥有的数据量将达35ZB。

> 【大数据实例】:
> 一分钟我们能做些什么呢?!
> 一分钟能产生多少数据呢?!
> 电子邮件用户发送204,166,677(2亿)条信息;
> Google收到超过2,000,000(200万)个搜索查询;
> Facebook用户分享684,478(68万)条内容;
> Twitter用户发送超过100,000(10万)条微博;
> 苹果公司收到大约47,000(5万)个应用下载;
> 571个网站诞生……

> 小知识:
> 1 Byte = 8 bit
> 1 KB = 1,024 Bytes = 2^{10} Bytes
> 1 MB = 1,024 KB = 1,048,576 Bytes = 2^{20} Bytes
> 1 GB = 1,024 MB = 1,048,576 KB = 1,073,741,824 Bytes = 2^{30} Bytes
> 1 TB = 1,024 GB = 1,048,576 MB = 1,099,511,627,776 Bytes = 2^{40} Bytes
> 1 PB = 1,024 TB = 1,048,576 GB = 1,125,899,906,842,624 Bytes = 2^{50} Bytes
> 1 EB = 1,024 PB = 1,048,576 TB = 1,152,921,504,606,846,976 Bytes = 2^{60} Bytes
> 1 ZB = 1,024 EB = 1,180,591,620,717,411,303,424 Bytes = 2^{70} Bytes
> 1 YB = 1,024 ZB = 1,208,925,819,614,629,174,706,176 Bytes = 2^{80} Bytes
> 1 DB = 1024 YB = 1,237,940,039,285,380,274,899,124,224 Byte = 2^{90} Bytes
> 1 NB = 1024 DB = 1,267,650,600,228,229,401,496,703,205,376 Byte = 2^{100} Bytes

纵观国际形势,对大数据的研究与应用已引起各国政府部门的高度重视,成为重要的战略布局方向。各国陆续出台有关大数据的国家政策和战略。2012年3月,美国奥巴马政府宣布将投资2亿美元用于启动"大数据研发倡议(Big Data Research and Development Initiative)",旨在提高从海量和复杂的数据中分析萃取信息的能力,这是继1993年美国宣布"信息高速公路"计划后的又一次重大科技发展部署。其他各国也随后跟进。日本政府重新启动 2011 年日本大地震后一度搁置的政府 ICT 战略研究,于 2012 年 7 月推出新的综合战略"活力 ICT 日本",该战略重点关注大数据应用所需的云计算、传感器、社会化媒体等智能技术开发。2013 年 1 月,英国政府宣布将注资 6 亿英镑发展大数据、合成生物等 8 类高新技术,其中信息行业新兴的大数据技术将获得 1.89 亿英镑,占总投资的近三分之一。澳大利亚政府在同年 3 月表示,澳联邦政府大数据战略草案有望在 5 月份出台,预计会在 6、7 月间正式颁布。联合国也推出了"全球脉动(Global Pulse)"倡议项目,希望利用"大数据"来促进全球经济发展。在我国,2012 年中国通信学会、中国计算机学会等重要学术组织先后成立了大数据专家委员会,为我国大数据应用和发展提供学术咨询。

2012 年初,世界经济论坛一份题为"大数据,大影响(Big Data,Big Impact)"的报告宣称,数据已经成为一种新的经济资产类别,就像货币或黄金一样。据著名的高德纳咨询公司(Gartner)预测,到 2016 年全球在大数据方面的总花费将达到 2320 亿美元。大数据给社会带来的益处将是多方面的。因为大数据已经成为解决紧迫世界性问题,如抑制全球变暖、消除疾病、提高执政能力和发展经济的一个有力武器。但是大数据时代也向我们提出了挑战,我们需要做好充足的准备迎接大数据技术给我们的机构和自身带来的改变。

7.1.2 大数据基本概念

大数据通常被认为是一种数据量很大、数据形式多样化的非结构化数据。全球信息咨询机构国际数据公司(IDC)对大数据的技术定义是:通过高速捕捉、发现或分析,从大容量数据中获取价值的一种新的技术架构。业界通常用 5 个"V"来概括大数据的主要特征(如图 7-1):Volume(规模巨大)、Variety(种类繁多/形式多样)、Velocity(生成和处理速度快)、Veracity(准确性低/不确定性)、Value(价值密度低/潜在价值)。其中,前四种属性表明大数据处理所面对的挑战,而"潜在价值(Value)"才是人们对大数据技术追求的根本,因为发掘潜在价值是促进社会发展的一个重要手段。

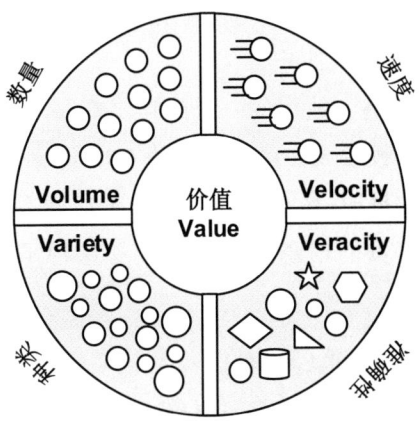

图 7-1 大数据的"5V"特征

1. 数据规模巨大(Volume)

在大数据时代,各种传感器、移动设备、智能终端和网络社会等无时无刻不在产生数据,数量级别已经突破 TB(TeraByte),发展至 PB(PetaByte)乃至 ZB(ZetaByte),统计数据量呈千倍级别上升,其容量和规模远远超过传统数据。

2. 数据形式多样(Variety)

大数据不仅仅是数据量的井喷性增长,而且还包含数据类型的多样化发展。大数据包括不同来源、不同结构、不同媒体形态的各种数据。

- **不同来源**:物联网、云计算、移动互联网、车联网、手机、平板电脑、PC 以及遍布地球的各种传感器,无一不是数据来源或者承载的方式;
- **不同结构**:数据种类和格式冲破了以前所限定的结构化数据范畴,囊括了半结构化和非结构化数据,非结构化数据每年都以 60% 的速度增长,预计非结构化数据将占数据总量的 80% 以上;
- **不同媒体形态**:随着互联网、多媒体等技术的快速发展和普及,视频、音频、图片、邮件、HTML、RFID、GPS 和传感器等不同媒体形态的数据越来越多。

3. 数据生成和处理速度快(Velocity)

目前,数据在以传统系统不可能达到的速度产生、获取、存储和分析。数据生成的速度基本成指数级增长;数据流往往高速实时,而且需要快速、持续地实时分析与处理,以更快地满足实时性需求;处理工具亦在快速演进。例如,基于云计算的 Hadoop 大数据框架,利用集群的威力高速运算和存储,实现了一个分布式运行系统,以流的形式提供高传输率来访问数据,适应了大数据的应用程序。而且,数据挖掘、语义引擎、可视化分析等技术的发展,使人们可从海量的数据中深度解析、提取信息,成为数据增值的加速器。

4. 数据精确性低/不确定性(Veracity)

精确性指与某些数据类型相关的可靠性。追求数据高质量是大数据的一项重要要求和挑战,但是,即使最优秀的数据清理方法也无法消除某些数据固有的不可预测性,例如天气、经济或者客户最终的购买决定。

不确定性的确认和规划是大数据的一个维度。有些数据具有固有的不确定性,例如:人的感情和诚实性、曼哈顿摩天大楼上安装的 GPS 传感器、天气形势、经济因素以及未来。在处理这些类型的数据时,数据清理无法修正这种不确定性。然而,尽管存在不确定性,数据仍然包含着宝贵的信息。确认并接受这种不确定性的需求是大数据的特点。

5. 数据价值密度低/潜在价值(Value)

大数据价值存在密度低的特性,需要对海量的数据进行挖掘分析才能得到真正有用的信息,形成用户价值。以监控视频为例,连续播放的画面中,可以产生价值信息的数据可能仅仅是一两秒。

然而,价值是大数据的终极目的。大数据本身是一个"金矿",可以从大数据的融合中获得意想不到的有价值的信息。特别是在激烈竞争的商业领域,数据正成为企业的新型资产,企业都在追求数据的最大价值化。

7.1.3 大数据分析

大数据技术的战略意义不在于掌握庞大的数据信息,而在于对这些含有意义的数据进行专业化处理。换言之,如果把大数据比作一种产业,那么这种产业实现盈利的关键在于提高对数据的"加工能力",通过"加工"实现数据的"增值"。

目前大数据分析应用于科学、医药、商业等各个领域,用途差异巨大。但其目标可以归纳为如下几类:

(1) 获得知识与推测趋势

人们进行数据分析由来已久,最初且最重要的目的就是获得知识、利用知识。由于大数据包含大量原始的、真实的信息,大数据分析能够有效地摒弃个体差异,帮助人们透过现象更准确地把握事物背后的规律。基于挖掘出的知识,人们可以更准确地对自然或社会现象进行预测。比如,人们可以根据 Twitter 信息预测股票行情等。典型的案例是 Google 公司的 Google Flu Trends 网站,它通过统计人们对流感信息的搜索,查询 Google 服务器日志的 IP 地址判定搜索来源,从而发布对世界各地流感情况的预测。

> 【大数据分析案例】
>
> 2009 年出现了一种新的流感病毒,在短短几周内迅速传播开来。公共卫生专家至少需要减慢它传播的速度,但要做到这一点,他们必须先知道这种流感出现在哪里。
>
> 在甲型 H1N1 流感爆发的几周前,互联网巨头 Google 公司的工程师们在《自然》杂志上发表了一篇引人注目的论文,解释了 Google 对冬季流感传播的预测:Google 通过分析 5000 万条美国人最频繁检索的词汇,将之和美国疾病中心在 2003 年到 2008 年间季节性流感传播时期的数据进行比较,建立了一个特定的数学模型。最终 Google 成功预测了 2009 年冬季流感的传播,甚至可以定位到特定的地区和州。

(2) 分析掌握个性化特征

个体活动在满足某些群体特征的同时,也具有鲜明的个性化特征。正如"长尾理论"(图 7-2)中那条细长的尾巴那样,这些特征可能千差万别。例如,癌症基因突变疾病中,对部分癌症类型,是由于某些特定基因高频突变所致,但是更多的癌症,是由很多发生概率极小的基因突变所致。由于很多诊疗机构的癌症基因组样本拥有量非常有限,因此导致在小样本集合里,很多处于长尾部分的基因突变,由于发生概率极低,研究机构极有可能无法观察到这种基因突变。

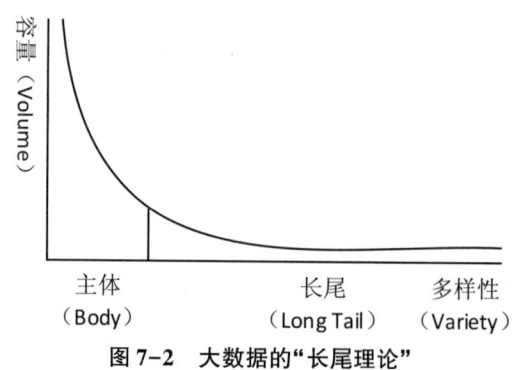

图 7-2 大数据的"长尾理论"

企业通过长时间、多维度的数据积累,可以分析用户行为规律,更准确地描绘其个体轮廓,为用户提供更好的个性化产品和服务,以及更准确的广告推荐。例如 Google 通过其大数据产品对用户的习惯和爱好进行分析,帮助广告商评估广告活动效率,预估在未来可能存在高达数千亿美元的市场规模。

【大数据分析案例】

在行为定向式广告中,Google 使用浏览器 Cookie 来跟踪用户,根据用户的网络浏览历史对用户进行分类。例如,用户有可能被归类为潜在的购车者、运动爱好者或孕妇。Google 表示,将把用户分为约 20 个大类和近 600 个小类,但不会根据种族、宗教、性取向等敏感信息来归类。Google 随后将根据这些分类信息向用户展示他们有可能感兴趣的广告,而不管用户访问什么网站。例如,如果用户被认为是孕妇,那么将会看到婴儿用品的广告。

(3)通过分析辨识真相

错误信息不如没有信息。由于网络中信息的传播更加便利,所以网络虚假信息造成的危害也更大。例如,2013 年 4 月 24 日,美联社 Twitter 账号被盗,发布虚假消息称总统奥巴马遭受恐怖袭击受伤。虽然虚假消息在几分钟内被禁止,但是仍然引发了美国股市短暂跳水。

由于大数据来源广泛并具有多样性,在一定程度上可以帮助实现信息的去伪存真。目前人们开始尝试利用大数据进行虚假信息识别。例如,社交点评类网站 Yelp 利用大数据对虚假评论进行过滤,为用户提供更为真实的评论信息;Yahoo 和 Thinkmail 等利用大数据分析技术来过滤垃圾邮件。

大数据的价值为大家所公认。但是,当你准备充分利用大数据所带来的各种机遇时,请别忘记大数据也会引入新的安全威胁,存在于大数据时代"潘多拉魔盒"中的魔鬼可能会随时出现。

7.2 大数据带来的安全挑战

大数据虽然蕴藏着巨大的价值,给各行各业的发展提供了非常多的机遇,但是随之而来的挑战也异常艰巨,尤其是大数据安全问题,它是我们在享受大数据时代所带来的便利的同时所无法忽视和回避的难题。对大数据若管理不当,会产生诸多问题,小到对个人生活带来影响,对企业造成威胁,大到危及社会稳定、国家安全。

7.2.1 个人信息安全问题

不可否认,消费者受惠于海量数据,人们可以以更低的价格买到更符合自身需要的商品,可以通过数据分析改善健康状况,可以通过网络提高社会知名度。但同时,大数据的汇集不可避免地加大了用户隐私数据信息泄露的风险。目前,电子邮件、微博、视频发布、电子商务、科学计算、社交网络等已成为人们日常数据交流发布的平台。而通过数据中大量的用户信息,可以很容易地挖掘出用户身份、位置、轨迹等敏感信息。当这些数据被技术整合后,大数据就能够把人的行为进行放大分析,并逐渐还原个人生活全貌,使个人隐私无所遁形。这使得对大数据的开发利用很容易侵犯公民的隐私,恶意利用公民隐私的技术门槛大大降低。

> 【大数据隐私泄露案例1】
>
> 美国奈飞公司举办了一个"Netflix Prize"软件设计大赛,不经意间暴露了用户的个人隐私。该公司公布了大约来自50万用户的一亿条DVD租赁记录,并公开悬赏100万美金,要求胜出者把电影推荐系统的准确度提高10%。虽然公司对此数据进行了精心的匿名化处理,但还是被一个用户辨认出来,一个化名为"无名氏"的未出柜同性恋母亲起诉了奈飞公司。研究发现,每对6部不出名的电影进行排序,就有84%的概率可以辨认出奈飞公司这个顾客的身份。而如果知道这个顾客是哪天进行排序的话,那么他从这50万人的数据库中被挑出来的概率会高达99%。

> 【大数据隐私泄露案例2】
>
> 2013年2月,中国人寿保险股份有限公司80万客户信息泄露事件引起轩然大波。经查,由于该公司合作网站存在漏洞,导致保险客户信息泄露,泄露的信息包括险种、手机号、身份证号、密码等,造成了严重的后果和不良影响。身为中国人寿保险股份有限公司客户之一的李滨为核实自己是否也卷入其中,故请求中国保监会进行信息公开,但得到的答复并不明确,失去安全感的李滨一纸诉状将中国保监会告上法庭。

进入大数据时代,大量的信息泄露事件接踵而至。中国2000万顾客酒店开房信息泄露并被下载19万次;圆通速递近百万条快递单个人信息不仅网上有售,且单号数据信息还能24小时更新;在医疗、金融、房地产等行业数据泄露也时有发生。大数据就像悬挂在人们头上的达摩克利斯之剑,使大家生活得胆战心惊,唯恐哪一天自己的个人信息和言行就暴露在全球人的眼前。

大数据带来的个人信息安全问题主要包括以下几个方面:

(1) 账号安全问题

大数据环境下人们通过网络进行社交,拥有多个社交网络账号,一般为了便于记忆,人们普遍采用同一个邮箱或手机号在多个社交网进行注册,而网络运营商之间也相互合作,用同一个网络账号即可登录多个网站享受相关服务。另外,我们在网上银行转账、淘宝购物时,都需要注册自己的真实资料。我们的信息被记录下来,并且会被分析。由于这些信息是相互关联的,若一个账号被盗,其他网站的账号安全也面临威胁,一旦被不法分子获取账号资料,账号安全便不能保证。

360互联网安全中心基于长期对钓鱼网站、欺诈网站、病毒木马、伪基站、垃圾短信和骚扰电话等各种网络诈骗和骚扰的拦截数据分析发现,网络诈骗高发的罪魁祸首主要来自于个人信息的泄露。2014年,360网购先赔服务接到的23057起各类网络欺诈报案中,与个人信息或账号被盗相关的各类网络诈骗多达2863起,比2013年的1395起增长了两倍多。

(2) 隐私安全问题

人们通过社交网络比如QQ、微信等发表信息、分享照片、聊天等,其心情、地理位置、行踪都被数据化,访问、收集和传播这些信息非常容易。通过整合分析不同社交网络中的个人信息,包括个人履历、喜好、朋友圈以及信仰等信息在内的信息体系很容易就可以建立起来。另外,要安装某个应用软件也必须公开自己的信息,允许对我们的数据进行读取和修改,否则就无法应用。

网络运营商在共享和分析客户个人信息时,由于数据量巨大,使得大量互不相干、相互分享的数据能够通过一定的关联匹配起来,使得个人信息极易公布于众,这对于用户来说具有极大的安全隐患。

(3) 智能终端的数据安全威胁

中国已经成为全球最大的使用智能终端的市场。这些能够随身携带的终端存储了大量个人化的数据信息。人们对于使用智能终端产生的数据安全问题始终担心,对携带大量个人数据的智能终端存在忧虑,智能终端已经成为一个严重的隐私泄露渠道。

个人信息泄露的后果主要体现在以下三个方面:

①首先是个人信息滥用的问题,商家不遗余力地收集个人信息用于精准营销;

②其次,信息泄露使得网络攻击目标更显著,攻击者搜集获得个人社交网络、邮件、微博、手机号码和家庭住址等敏感信息,使目标更容易被锁定;

③最后,基于这些敏感信息的网络欺诈将会有更好的针对性和欺骗性、更高的成功率,对个人的财产甚至人身安全造成极大风险和挑战。

针对大数据时代所带来的隐私安全问题隐患,一些国家政府纷纷立法保护公众隐私。2012年2月,奥巴马政府公布了《消费者隐私权利法案》。数周后,美国联邦贸易委员会(FTC)发布了有关消费者隐私权利保护的最终报告。欧盟数据保护工作组曾在2009年分别致信谷歌、微软和雅虎三大搜索引擎巨头,认为搜索引擎服务商保存用户搜索记录时间超过6个月的理由并不成立,要求这三个搜索引擎商必须缩短对用户搜索信息的保留时间。

7.2.2 社会安全问题

大数据是智能交通、智能电网、智慧城市等国民经济运行和社会发展高度依赖的信息基础设施，这些重要的信息系统、基础设施的网络化、智能化程度越高，安全也就越脆弱。而大数据一旦被入侵并产生泄密，就会对企业的品牌、信誉、研发、销售等多方面带来严重冲击，引发难以估量的损失。

据美联社报道，2013年，以色列北部城市 Haifa 的全国路网系统遭到攻击，攻击者获得公路系统控制权，并在次日清晨关闭主干公路的系统长达8小时，造成城市主干道路的大规模交通拥堵和一系列后续问题，危及城市运行安全。

在大数据时代，数据的大量聚集，使其容易成为网络攻击的显著目标，亦会增加数据泄露的风险，并可能造成大规模数据泄露事件的发生，进而演变上升为社会安全问题。现代企业往往拥有海量数据，在某些方面甚至超过政府，因此极易成为黑客攻击的目标，一旦数据泄露，对企业的声誉和经济效益以及社会的稳定将造成巨大的影响。

2013年，著名软件开发商 Adobe 公司发生数据失窃事件，从最初将近300万个用户的用户名、加密的信用卡或借记卡号、密码、用户订单到期日等信息被黑客窃取，发展到约3800万用户受到影响，美国联邦政府介入调查，而 Adobe 公司股票价格也随着此事件的持续发酵而下跌。同年，美国最大的零售企业之一 Target 公司储存有7000万顾客姓名、地址、电话、邮件、信用卡和储蓄卡等信息的数据库在美国购物季遭黑客攻击，导致大量数据泄露，该公司全美1797家商场几乎无一幸免，社会经济受到影响。

此外，在大数据时代，一方面是数据的快速、自由流动，一方面也不断制造着信息的碎片化和歧义化。在数据传递过程中，事件出现多个版本或被"扭曲"的现象频频发生，不真实的负面数据产生聚集效应，极有可能导致社会矛盾丛生，引发群体事件和公共危机，增大社会维稳压力。

因此，在大数据时代，企业不仅要学习如何挖掘数据价值，使其价值最大化，还要统筹安全部署，考虑如何应对网络攻击、数据泄露等安全风险，建立相关预案。

7.2.3 国家安全问题

大数据与国家利益密切相关，尤其是涉及国家政治、经济、文化等方面的数据。许多国家对大数据这个"未来的新石油"的重视程度已上升到国家战略高度。

在网络化的今天，各个国家在重要机构以及能源、交通、金融、商业等重要基础设施甚至军事设备等方面都依赖信息网络，因此更加容易遭受信息武器的攻击。网络恐怖主义也将通过大数据获得新的资源，海量的大数据涉及的方面之广，将有可能使网络恐怖主义的势力侵入人们生活的方方面面。从格鲁吉亚、乌克兰、吉尔吉斯斯坦等先后爆发的"颜色革命"中可以看出，海量数据的收集和传递，对在数字空间中创造出政治集会效应起到了推波助澜的作用，使矛盾不断聚集且持续发酵，最终导致国家政权的更迭。

斯诺登所曝光的"棱镜门"事件折射出了国家安全问题正经历着大数据的严峻考验。2013年6月，美国前中情局雇员斯诺登曝光了始于2007年小布什政府时期美国国家安全局和联邦调查局启动的代号为"棱镜"的秘密项目。美国国家安全局通过接入雅虎、谷歌、微软、苹果等9家美国互联网公司的中心服务器，对邮件、图片、视频、电话等10类数据进行监控，以搜集情报，监视民众的网络活动。斯诺登不仅揭露了美国的大规模窃听计划，更揭示了大数据时代国家信息安全保护问题。

大数据在推动着社会政治、经济和文化不断进步的同时，对国人的思想观念亦产生着越来越大的影响。大数据关系着国家文化安全，有的数据一旦被敌对势力获得，将帮助他们在网上与部分对现实不满的网民联系，或根据这些不满言论或人群有针对性地开展争夺人心的工作。掌握一种数据传播方式，就等于拥有一种传播某种思想文化的权力。

此外，过分依赖国外的大数据分析技术与平台，也难以回避信息泄露的风险，因为这使得他国通过获取情报进而摸清国家经济和社会脉搏，从而威胁到国家安全。

综上所述，一方面，大数据带来了新的安全问题，另一方面，它自身也是解决问题的重要手段。因此，可以将大数据安全的研究和应用划分为两部分：

(1) 如何保障大数据的安全(Big Data Security)。大数据本身承载的很多重要数据或者敏感信息，需要一些安全的手段、合规的手段和防范的手段进行保障。

(2) 如何利用大数据解决安全问题(Big Data Analytics for Security)。大数据本身的技术以及相关的分析能力，会有助于解决原来传统的技术所不能够解决或者比较难以解决的安全问题。

本书重点探讨前者，即如何保障大数据的安全(Big Data Security)。而大数据中最突出的安全问题，或者说最重要的安全挑战，就是对用户隐私的保护。因此，下面将针对大数据中的隐私保护进行介绍，从大数据最典型的隐私保护角度出发，阐述当前大数据隐私保护发展状况以及关键技术。

总体上说，当前国内外针对大数据安全与隐私保护的相关研究还不充分。只有技术手段与相关政策法规等相结合，才能更好地解决大数据安全与隐私保护问题。

7.3 大数据中的隐私保护

7.3.1 隐私和隐私保护基本概念

隐私的提出要追溯到Warren等人在1890年发表的《隐私权》，它成为美国传统法律的开创性著作。Warren和Brandeis提出个人隐私权是一项独特的权利，应该受到保护，以免遭他人对个人生活中想保守秘密细节的无根据发布。

隐私的概念在社会科学的所有领域(如哲学、心理学、社会学)已被研究了大概100年，但是并没有一个明确的既符合时代发展需求又符合实践检验的定义。

隐私的定义一般分为两类：

（1）基于价值的：把隐私看作一种人权，是社会道德价值体系的一部分；把隐私看作一种商品，是一组有价值的个人数据，符合以物易物和成本效益分析的经济学原则（如用户上网时，一方面担心隐私泄露问题，另一方面为了达到自己的需求，比如网上交易或安装软件，仍然不得不提交他们的个人信息）；

（2）基于控制的：隐私是对个人信息能否被收集和使用的控制，是限制他人进入的状态。有些学者认为控制只是隐私的一个关键要素，而非隐私本身。尽管存在争议，基于控制的隐私也是大数据时代不得不重视的一个关键问题。

事实上，虽然目前所采集的大部分数据都包含有个人信息，但不是所有的数据都包含个人信息。不管是传感器从炼油厂采集的数据、来自工厂的机器数据、机场的气象数据，还是沙井盖爆炸数据都不包含个人信息，但经由大数据处理之后就可以追溯到个人了。

例如，如今在美国和欧洲部署的一些智能电表每 6 秒采集一个实时度数，这样一天所得到的数据比过去传统电表收集到的所有数据还要多。因为每个电子设备通电时都会有自己独特的"负荷特征"，比如热水器不同于电脑，所以能源使用情况就能暴露一个人的日常习惯、医疗条件和非法行为等个人隐私信息。

因此，与传统的网络安全不同，在大数据时代，人们面临的威胁除了基于价值的个人隐私泄露，还包括基于大数据分析对人们状态和行为的预测。预测是大数据的核心。大数据的价值不再单纯来源于它的基本用途，而更多源于它的二次利用。被誉为"大数据商业应用第一人"的英国专家维克托·迈尔·舍恩伯格在《大数据时代》一书中举例说，某零售商通过历史记录分析，比家长更早知道其女儿已经怀孕的事实，并向其邮寄相关广告信息。这种针对人们状态和行为的预测，实际上也涉及一种重要的用户隐私。

此外，一些企业认为，经过匿名处理后，信息只要不包含用户的标识符就可以公开发布。但事实上，仅通过匿名保护难以达到隐私保护目标。例如，前面提到的美国奈飞公司举办的"Netflix Prize"软件设计大赛，虽然个人相关标识信息被精心处理过，但通过其中某些记录项还是可以准确地定位到具体的个人。《纽约时报》即公布其识别出一位 62 岁的寡居妇人，家里养了三条狗，患有某种疾病。另一个相似的例子是，电子书阅读器捕捉到了大量关于文学喜好和阅读人群的数据：读者阅读一页或一节需要多长时间，读者是略读还是直接放弃阅读，读者是否画线强调或者在空白处做了笔记。这些他们都会记录下来。这就将阅读这种长期被视为个人行为的动作转换成了一种共同经验。一旦聚集起来，"数据废气"可以用量化的方式向出版商和作者展示一些他们可能永远都不会知道的信息，如读者的好恶和阅读模式。这是十分具有商业价值的。电子图书出版公司可以将这些信息卖给出版商，从而帮助改进书籍的内容和结构。例如，巴诺通过分析 Nook 电子阅读器的数据了解到，人们往往会弃读长篇幅的非小说类书籍。公司从中受到启发，从而推出"Nook"快照，加入了一系列健康和时事等专题的短篇作品。

全球权威大数据专家阿莱克斯·彭特兰教授曾指出：在大数据时代，对我们而言，危险不再是隐私的泄露,而是被预知的可能性——这些能预测我们可能生病、拖欠还款和犯罪的算法会让我们无法购买保险、无法贷款,甚至在实施犯罪前就被预先逮捕。因此,他针对大数据安全提出了"数据上的新决议"三原则,即:

- 用户有权拥有自己的数据;
- 有权掌控数据的使用;
- 有权销毁或贡献自己的数据。

7.3.2 大数据时代的隐私问题和隐私保护

1. 大数据时代的隐私泄露问题

互联网已经成为我们生活的一部分,留下了我们访问各大网站的数据足迹,这使我们的隐私泄露变得更加容易。我们时刻暴露在"第三只眼"下,如淘宝、亚马逊、京东等各大购物网站都在监视着我们的购物习惯;百度、必应、谷歌等监视着我们的查询记录;QQ、微博、电话记录等监视着我们的社交关系网;监视系统监控着我们的 E-mail、聊天记录、上网记录等;Flash cookies 泄露了我们的某些使用习惯或者位置等信息,广告商便跟踪我们的这些信息并推送相关广告等。

我们的日常活动也被监视着,如智能手机监视着我们所在的位置,工作单位、各大活动场所、商店、小区等监视着我们的出入行为。数字传感器技术的发展使得我们日常情况下的新型数据也可以被收集,如基于射频识别(Radio Frequency Identification,RFID)的自动付款系统和车牌识别系统、可植入的传感器监视病人的健康、监视系统监视着在家的老人等。这些系统的特点是交互变得越来越模糊,因此,需要新的机制来管理个人信息和隐私产生的风险。

企业获得了大量的个人数据,他们会利用这些数据挖掘其蕴含的巨大价值,以促进企业的发展或者获得更多的经济利益。个人隐私数据的保护面临着"内忧外患":

(1)"内忧"主要指的是企业内部对外泄露隐私数据。企业在处理数据的过程中可能从四个方面对隐私造成泄露:信息的收集、误用、二次使用以及未授权访问。此外,业内人可以对外发布数据,无授权地访问或窃取数据,把个人数据卖给第三方、金融机构或政府机构或者同他们共享数据等;

(2)"外患"主要指的是外部人员为了获取数据,通过系统漏洞对数据进行窃取。此外,企业用户经常要获得外部的个性化服务,他们可能会对外提供更多的个人信息。因此,个人隐私的泄露不仅有企业的责任,而且也有个人的因素。

2. 大数据时代的隐私保护挑战

大数据具有数据量大、数据类型多、数据生成速度快、数据精确度低以及价值密度低等特点,加之个人隐私随着诸多因素动态变动的特性,使得保护大数据时代的个人隐私更是难上加难。大数据时代隐私保护面临着以下五方面的挑战和困难:

(1) 个人隐私保护的范围难以确定。

基于以上对隐私概念的阐述,隐私的概念是随着信息技术的发展而变化的,而且在不同的情境、对不同的事、对不同的人,隐私保护的内容又是不同的。因此,保护哪些敏感隐私数据很难界定。

(2) 侵犯个人隐私的行为难以认定。

侵犯个人隐私的形式复杂多样,对于界定是否构成侵权行为,根据目前的法律无法判断。用户在网络上通常使用假名,这种匿名方式使得很难收集证据并找到真正的侵权人。即使通过网页备份等手段取得证据,但网页总是处于不断更新之中,难以发挥证据的效力。因此,如何判定是谁侵犯了个人隐私也面临着挑战。

(3) 管理个人隐私信息更加困难。

随着信息和通信技术变得越来越普遍,个人隐私信息的收集、存储、使用以及发布等管理问题也日趋困难。

- 收集个人信息时,如何保证收集到的信息在传输过程中维持其完整性;
- 存储个人信息时,使用何种技术保证信息不被窃取或非法访问;
- 使用个人信息时,应该如何设置严格的访问控制策略,使不同的人访问不同级别的数据,同时不增加太多的管理工作量;
- 发布个人信息时,控制需要发布什么信息以及谁可以在网络上访问发布的信息。对于将要发布的数据,如何保证数据不会泄露个人的隐私信息,同时保证数据的效用,而不能为了保护隐私将所有的数据都加以隐藏。

如何管理好数据,既保证数据使用效用,同时又保护个人隐私,这是大数据时代企业面临的巨大挑战之一。

(4) 个人隐私保护的技术挑战。

人们在互联网上所产生的许多足迹数据具有累积性和关联性特点,通过数据挖掘和数据分析等技术,人们的隐私就很容易被发掘出来,而且可能被服务提供商二次利用,但这种隐私泄露往往是隐私所有者所无法预知和控制的。以往传统的数据保护技术(比如单纯的加密或访问控制)已经无法实现这样的隐私保护。此外,大数据具有产生速度快等特点,对动态数据的处理技术也与传统数据库等技术不同。因此,在大数据时代,我们面临着隐私保护技术的巨大挑战和困难。

(5) 构建良好大数据隐私保护生态环境的挑战。

企业为了提高市场竞争力或为用户提供更好的服务,要求用户注册时提供的数据可能包括一些个人敏感信息,而用户为了得到某些服务也会提供自己的敏感数据,但是在数据的传输或使用过程中,却会出现欺诈犯罪和个人隐私泄露问题。如果用户为了保护自己的隐私,在注册个人信息时不再填写真实数据,那么企业对用户的相关数据进行分析时,就会造成分析的结果与现实存在很大的偏差,达不到企业为用户提供个性化服务的效果。因此,提出更好的个人隐私保护策略、构建良好的大数据生态环境,是急需解决的问题。

7.4 大数据隐私保护技术

隐私与新技术变革之间的冲突贯穿着整个信息技术的发展史。19 世纪以报纸为代表的媒体最早出现披露个人隐私的问题,这类隐私通常利用法律进行保护;20 世纪 60 年代,信息技术的革新使得大型计算机开始挑战人们对隐私的传统观念,针对这类隐私常采用密码技术进行保护;21 世纪前 10 年,网络技术和社交媒体的蓬勃发展使得个人隐私无处可藏,这类隐私通常利用匿名化技术(Anonymization)和模糊化技术(De-identification)进行保护。过去这些隐私与技术之间的冲突往往集中于单一的小数据(Small data)。模糊化、匿名化、加密、密码学等是防止小数据隐私泄露的常用技术,而且这些技术是对隐私的被动保护(Passive protection)。大数据的大规模性、高速性和多样性等特征使得它不同于小数据。上述提到的针对小数据的隐私保护方法在大数据上存在着很大的局限性:

(1) 大数据的多样性(Variety)带来的多源数据融合使得传统的匿名化和模糊化技术几乎无法生效。

匿名化指的是让所有能揭示个人情况的信息都不出现在数据集里,比如说姓名、生日、住址、信用卡号等。在小数据时代,这种方法确实可行,但是随着数据量和种类的增多,不同种类的大数据之间可以进行交叉分析。例如,2006 年 8 月,美国在线(AOL)公布了大量的旧搜索查询数据,本意是希望研究人员能够从中得出有趣的见解。这个数据库由 65.7 万用户的 2000 万搜索查询记录组成,整个数据库进行过精心的匿名化——用户名称和地址等个人信息都使用特殊的数字符号进行了代替。这样,研究人员可以把同一个人的所有搜索查询记录联系在一起来分析,而不包含任何个人信息。尽管如此,《纽约时报》还是在几天之内通过把"60 岁的单身男性""有益健康的茶叶""利尔本的园丁"等搜索记录综合分析考虑后,发现数据库中的 4 417 749 号代表的是佐治亚州利尔本的一个 62 岁寡妇塞尔玛·阿诺德。

关于模糊化技术,以 Google 街景为例,Google 的图像采集车在很多国家采集了道路和房屋的图像。但是,德国媒体和民众认为,这些图片会帮助黑帮窃贼寻找目标,因此,不希望他们的房屋或花园出现在这些图片上。于是,Google 不得不将他们的房屋或花园的影像模糊化。但是这种模糊化却起到了反作用,因为你可以在街景上看到这种有意识的模糊,对盗贼来说,这就是"此地无银三百两"。

(2) 大数据的大规模性(Volume)与高速性(Velocity)带来的实时性分析使得传统的加密等密码学技术遇到了极大的瓶颈。

在大数据时代,各种传感器、移动设备、智能终端和网络社会等无时无刻不在产生数据,其容量和规模远远超过传统数据。而且,数据生成的速度基本呈指数级增长,数据流需要快速、持续地实时分析与处理,以更快地满足实时性需求。在这种情况下,实时地对各种各样的、非结构化的数据进行加密便会面临更多的问题。此外,传统密码学中用于验证数据完整性的数字签名、消息鉴别等技术,应用于大数据的真实性时也面临很大困难。例如,数据的发源方可以对整个信息签名,但是当信息分解成若干组成部分时,该签名无法验证每个部分的完整性,而数据的发源方无法事先预知哪些部分被利用、如何被利用,因此难以事先为其生成验证对象。

而且,安全性与功能性之间也存在着矛盾,即加密数据对后续操作带来了更大的困难性。例如,云存储中的查询、数据挖掘、语义引擎、提取摘要预览、可视化分析等技术,都需要对加密数据进行检索、深度解析、提取信息等操作,因此,在增加安全保障的条件下,功能性受到了极大限制。

因此,传统的密码学技术不能完全解决大数据隐私保护问题,需要更实用的加密方案,在保证计算服务顺利进行的前提下保护用户的隐私安全。

(3)大规模性数据采集技术、新型存储技术以及高级分析技术使得大数据的隐私保护面临更大的挑战。

由上述分析可以看出,大数据独有的隐私问题使得那些传统的被动式保护技术束手无策。因此,急需新型的隐私保护技术来保护大数据时代的隐私。

2015年李克强总理提出的"互联网+"的进程也将会是一个不断数据化的进程,越来越多的社会主体(包括政府、企业、个人及各类社会组织)将卷入这一进程,越来越多的行业应用(包括云存储、云计算、社交网络、移动通信、网络监控等)也将卷入这一进程,从而将产生并积累丰富的、全面的大数据,由此将引发越来越迫切的隐私保护需求。

下面将针对几个典型的行业应用中的大数据隐私,阐述相关的隐私保护关键技术。

7.4.1 云存储隐私保护

在大数据的整个生命周期内,可能发生数据泄露的方面主要包括大数据的存储、搜索和计算。与传统的数据隐私保护不同,大数据的存储、搜索和计算这三个方面所面临的隐私保护问题都是新型的隐私保护问题,是由大数据规模大、增长速度不可预知等特点带来的。

具体来说,由于大数据体量很大且增长速度不可预知,传统的存储模式不再适用于大数据。云计算作为一种新型的商业模式,其提供的服务之一——存储服务,具有专业、经济和按需分配的特点,正好适合大数据的存储需求。因此,大数据一般存储在云端,由云存储服务提供商进行管理。

云存储在为广大用户带来方便的同时,也造成了数据所有权和管理权分离的问题。现有大多数安全方案都认为云服务器是半可信的:它诚实地按照预定的协议和步骤完成操作,但是云服务提供商(Cloud Service Provider,CSP)会试图分析用户的数据、索引以及搜索协议过程中交互的消息以获得额外的信息;CSP也可能因为系统故障使用户的数据丢失;此外,攻击者有可能通过攻击CSP的服务器获取用户的数据。这些都为用户带来了信息泄露或数据丢失的担忧。基于上述担忧,可以从以下几方面提供解决方案:

(1)为保护云存储应用的用户数据隐私,数据所有者可以在将其数据上传到云端之前对数据进行加密。因此,要选择适当的数据加密机制,以适应只包含数据所有者的单用户场景和需要数据共享的多用户场景。

(2)当大量的数据以密文方式存储在云端之后,为了使数据所有者或者被授权的数据使用者有效地查找或定位这些数据,需要提供高效的密文搜索算法,然而,对密文数据的搜索要比对明文的搜索困难得多。

(3)数据所有者需要安全地利用云端的(加密)数据进行计算。

(4)数据所有者需要验证存储在云端的数据的完整性,防止数据被破坏。

(5)存储在云端的数据的完整性和可用性应该能够高效地被第三方公开审计,在审计过程中需要保护数据的隐私以及数据所有者的身份隐私。

(6)当需要删除保存在云端的数据时,数据所有者要确信 CSP 真正删除了这些数据。

另外,云端存储的数据可分为公共数据和私有数据。

(1)公共数据是指在云端没有加密、对所有用户公开的数据。为了保护用户在检索公共数据时的隐私,一般可采用隐秘检索技术,包括私有信息检索(Private Information Retrieval,PIR)协议、不经意传输(Oblivious Transfer,OT)协议以及基于流数据的私有检索(Private Searching on Streaming Data,PSSD)协议等。

(2)私有数据一般进行加密后再存放到云端。一般采取可搜索加密(Searchable Encryption,SE)方案保护用户在检索私有数据时的隐私;还可以采取同态加密技术(Homomorphic Encryption)对被加密的内容进行一些数学运算。

在对第三方服务器进行数据查询时,需要保护的用户隐私分为查询隐私和访问隐私。其中,查询隐私是用户查询的关键词,而访问隐私是返回给用户的数据内容。

隐秘检索技术不仅能够同时保护用户的查询与访问隐私,而且 CSP 无法知道返回数据的索引。可搜索加密方案能够在不泄露关键词和数据内容的前提下,让用户只需取回具有某些特定关键词的密文进行解密。同态加密技术能够让用户对加密数据直接进行有意义的计算,计算结果仍然是密文。

下面将以公共云存储服务数据安全和隐私保护为背景,针对上述存在的问题,分析几种典型关键技术。

(一)私有信息检索技术(Private Information Retrieval)

1.私有信息检索基本概念及应用

典型的云存储应用场景是:数据以文件形式存放在云端,每个文件由一些关键词进行描述。当用户需要取回某些感兴趣的文件时,将发送由关键词组成的查询给 CSP。CSP 检索云端的数据,并将与查询关键词匹配的文件返回给用户。

例如图 7-3 中,Alice 发送关键词$\{A,B\}$给云服务器提供商 CSP,CSP 找到所有包含关键词 A 或者 B 的文件返回给 Alice,例如$\{F_1,F_2\}$。当用户对云端数据进行检索时,将会向 CSP 泄露两种类型的隐私:查询隐私(例如 Alice 的查询关键词 A 和 B)和访问隐私(例如用户取回的文件内容 F_1 和 F_2)。

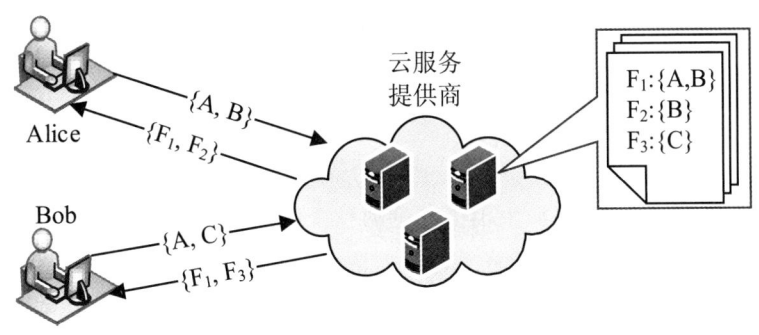

图 7-3 私有信息检索的应用场景

私有信息检索是一个重要的安全多方计算协议,是指在用户的私有信息不被泄露的情况下,对数据库完成查询。例如:某人不幸得了某种疾病,他得知某位专家可以很好地治疗他的疾病,于是他对这位专家的信息进行查询,但是数据库管理者或其他人便很容易获悉他所得疾病,而这位病人却不想让他人知道。如何让这位病人成功查询到他想要的信息而又不泄露他的病情,这便是私有信息检索(PIR)要研究的内容。PIR 后来被扩展为 SPIR,即对称私有信息检索(Symmetrically Private information Retrieval),也就是要求数据库的私有信息也不能够被泄露。该问题在多个情报部门的合作计算、商业竞争(如专利数据库查询、股票数据库查询、数字产品的网上交易等)、军事合作等多个领域有着广阔的应用前景,例如:

(1)患有某种疾病的病人想通过一个专家系统查询其疾病的治疗方法,如果以该疾病名为查询条件,专家系统服务器将会得知该病人可能患有这样的疾病,从而病人的隐私被泄露,这是他所不希望的;

(2)在股票交易市场中,某重要用户想查询某个股票信息,但又不能将自己感兴趣的股票公之于众从而影响股票价格;

(3)在命名申请应用中(例如专利申请、域名申请等),用户需要首先向相关数据库查询自己申请的专利名或域名是否已存在,但又不想让服务器方知晓自己的申请名称从而能够抢先注册或申请。

2.私有信息检索基本解决方案

私有信息检索问题一般涉及两方,即用户方与服务器方。当用户需要检索其中一个数据库的一个数据时,用户不希望服务器知道他检索的是哪个数据,也不希望服务器知道他检索了哪个数据库。

私有信息检索问题的一个解决方法是数据库服务器将整个数据库发送给用户,这样能够完全保障用户的隐私,但是通信量为数据库的总数据量大小 n,这是不可接受的。事实上,私有信息检索协议设计中的一个重要指标就是通信复杂度。但是,如果要求服务器无法获得关于用户的任何信息,$O(n)$ 的通信复杂度是必需的。因为,如果存在若干数据没有参与到用户查询中,数据库服务器就可以推断出用户对这些数据不感兴趣,从而用户的隐私还是无法得到保障。

在私有信息检索协议的评判标准中,有两个很重要的度量指标:协议的通信复杂度、协议的计算复杂度。迄今为止对协议的大多数研究都是为了追寻更低的通信复杂度或计算复杂度。从这两个角度,有两类方法可以解决上述问题:

(1)通过在多个服务器中维护多份相同的数据库拷贝,使得每个单独的服务器都无法获得用户的任何信息,由此派生出信息论的私有信息检索协议;

(2)放宽要求,假设服务器的计算能力有限,利用数学上的困难假设构造私有信息检索协议,使得服务器在多项式时间内无法计算出用户的任何信息,由此派生出计算性的私有信息检索协议。

因此,目前常见的两种私有信息检索方案即为:

(1)信息论的私有信息检索(Information-Theoretic PIR)

该方案采用多个数据库副本,用编码技术将查询信息隐藏从而实现私有信息检索。

信息论的私有信息检索方案往往存在通信复杂度过高的问题,而且用户一般需要对多个数据库副本发送同样数据量的查询信息。在多个数据库副本存在的条件下,还需要考虑若干数据库服务器有可能共谋的情况。

(2)计算性的私有信息检索(Computational PIR)

该方案基于数学上的困难假设,使得数据库服务器无法在多项式时间内获得查询信息从而实现私有信息检索。

计算性的私有信息检索协议往往存在计算复杂度过高的问题。由于利用了数学上的一些困难假设,这类方案一般都需要数据库服务器做大量的复杂运算,开销很大。

正是因为通信复杂度或计算复杂度过高,目前的私有信息检索协议大多只局限于理论研究,很少用于实际应用。

3.私有信息检索抽象模型

研究者通常把私有信息检索问题形式化以方便研究:将数据库抽象成为 n-bit 的二进制字符串 x,用户查询第 i 个字符 x_i 的信息,但是不希望数据库知道具体的隐私信息 i。大多数研究均基于这样的问题抽象,提出各自的 PIR 协议。如图 7-4 所示。

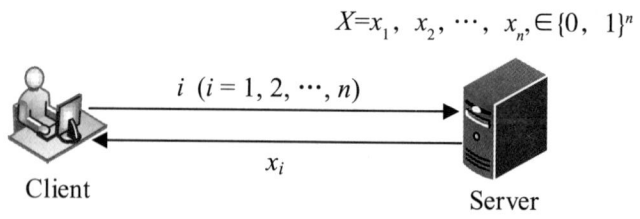

图 7-4 私有信息检索模型

不论采用信息论的还是计算性的私有信息检索方案,一般私有信息检索的大致过程均如下:

(1)用户基于要查询的数据下标 i 生成 $k(k \geq 1)$。对信息论的私有信息检索,一般 $k >$

1;对计算性的私有信息检索,一般 $k=1$)个查询请求,分别发送给 k 个服务器(为了隐藏 i,在服务器看来,这些查询应当是关于下标 i 的随机函数);

(2)各服务器根据收到的查询请求和本地数据库 x 计算查询结果返回给用户;

(3)最后用户根据收到的 k 个查询结果计算目标数据 x_i。

例如,在云存储中,当用户向云服务器发送关键字查询请求时,服务器能够正确地返回用户查询响应,同时又无法获得用户的具体查询信息,从而保障用户的隐私。

自基于关键字检索的私有信息检索方案提出以来,大量学者对其进行了深入的研究,研究已经不再局限于非加密的数据库,以下是几个典型的方案:

(1)1997 年,B.Chor 首次提出基于关键字检索的私有信息检索方案,使用哈希表或者二叉树将关键字和物理地址进行关联。

(2)2004 年,Dan Boneh、G.Crescenzo 和 R.Ostrovsky 基于椭圆曲线上的双线性映射提出了公钥加密的关键字检索方案,使得服务器能够判断存储的数据中是否包含特定关键字。

(3)2008 年,Yau S S 和 Yin Yin 通过构造关键字和访问码的集合多项式,提出一种支持关键字检索和访问控制的数据共享方案。该方案虽然能对用户的检索范围进行控制,但也只支持精确的关键字检索,并且未考虑用户认证问题。

(4)2009 年,Qiu Liu、Guojun Wang 和 Jie Wu 提出了云计算中对密文数据库的关键字检索,该方案只支持精确的关键字检索。

(二)可搜索加密技术(Searchable Encryption)

对加密数据的搜索是安全云存储应用中的一个基本功能。这种搜索技术的基本场景为:用户加密自己的数据,同时为这些数据建立加密索引(可以是全文索引,也可以是关键字索引)并上传到远程云存储服务器;当用户需要检索文件时,根据其密钥和关键字生成搜索凭证(Search Capability),将其发送到服务器;云端服务器根据接收到的搜索凭证对每个文件进行试探匹配,如果匹配成功,则说明该文件中包含该关键字;最后,云端将所有匹配成功的文件发回给用户;在收到搜索结果之后,用户对返回的文件进行解密。

数据所有者将加密数据和安全索引上传存储在 CSP,数据一般使用 AES 等对称密码算法加密,而安全索引则使用特定的可搜索加密机制生成。可搜索加密机制可以分为对称密钥可搜索加密和非对称密钥可搜索加密。当用户想搜索云服务器中的加密数据时,数据使用者会产生陷门(采用非对称可搜索加密时)或者向数据所有者请求陷门(采用对称可搜索加密时),然后将陷门发送给 CSP。CSP 执行搜索算法,向数据使用者返回搜索的结果。搜索可以基于一定的排序准则,将最匹配的前 n 个相关的结果返回。

1.可搜索加密机制的应用方案

可搜索加密系统一般包括数据所有者、数据使用者和 CSP 三个参与者。根据实际应用场景,可搜索加密机制可以分为三类:第一类是数据所有者并不将数据共享给其他用户,而是独自拥有对数据的搜索权利;第二类是数据所有者允许其他经过认证后的用户(数据使用者)对其数据进行搜索;第三类是多个数据所有者允许某个特定的用户(数据使用者)对数据进行搜索,例如邮件处理场景。

(1) 数据独享方案

该方案是早期的可搜索加密机制主要考虑的应用场景,如图 7-5 所示。用户为了节省本地存储空间和管理开销,将数据上传到服务器端,并希望能够在低带宽的网络环境下对数据进行访问。由用户独享搜索权限的数据可能是用户的私密数据,例如电子病历、邮件等涉及个人隐私和公司内部事务等的数据。

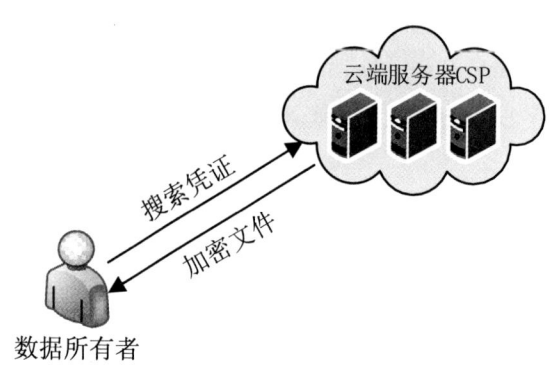

图 7-5　数据独享方案

用户在保留搜索能力的前提下,将个人数据进行加密存放在云服务提供商的服务器上;需要搜索这些数据时,需要向服务器提供搜索凭证(用密钥生成的搜索陷门);服务器根据陷门进行搜索并将搜索到的密文发给用户,由用户自行解密。

(2) 数据共享方案

数据共享方案是指数据所有者将自己的一些数据存放到云端服务器之后,可以与其他用户共享。当经过认证的用户需要对数据进行搜索时,有三种方式根据关键字获取到搜索凭证,分别是:由数据所有者生成搜索凭证;数据所有者将一部分密钥信息发布给授权的用户,由授权用户在本地产生搜索凭证;将分发搜索凭证的责任交由信任的第三方权威机构来执行。这三种方法所适用的应用方案如下。

• 由数据所有者生成搜索凭证

该方案可以保证数据实时地由数据所有者控制,使得非法用户在没有获得搜索凭证的情况下无法对数据进行搜索操作,但是数据所有者必须时刻在线处理用户的搜索请求,并在本地为每个请求计算生成搜索凭证,这将导致数据所有者的计算能力成为系统瓶颈,从而降低系统的可扩展性。该方案如图 7-6 所示。

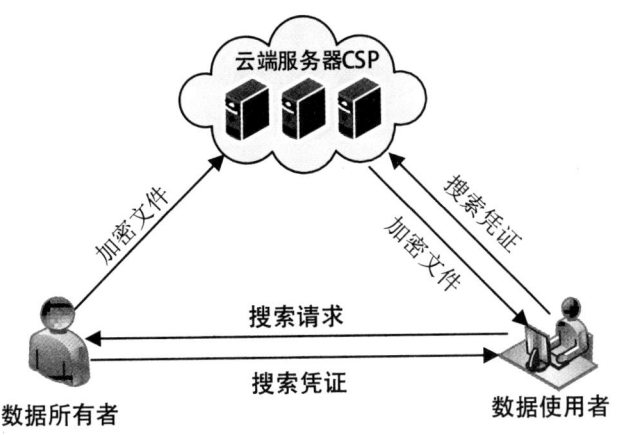

图 7-6　数据所有者生成搜索凭证

- 由用户在本地自己生成搜索凭证

由用户自己生成搜索凭证不仅可以有效地减轻数据所有者的计算负担,还避免了与数据所有者进行交互操作所带来的网络开销和时间延迟,增强了系统的可扩展性。但是数据所有者丧失了对用户搜索关键词的认证,同时,数据所有者通常要将密钥共享给用户,这也加大了数据泄露的可能性。该应用方案如图 7-7 所示。

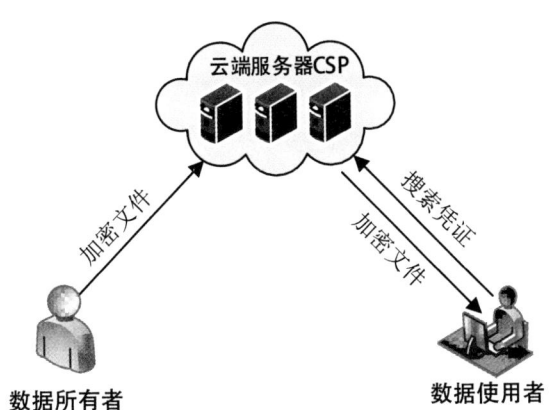

图 7-7　用户在本地生成搜索凭证

- 由可信审计机构生成搜索凭证

在多数据所有者和多用户的环境中,由于服务器端的数据归属复杂,数据所有者可以将分发搜索凭证的责任交由可信审计机构执行,具体情况如图 7-8 所示。由可信审计机构生成搜索凭证可以不要求数据所有者时刻在线,并利用可信审计机构强大的计算能力来承担产生搜索凭证的计算负担,同时达到对用户的搜索请求进行授权的目的。但是这也要求数据所有者对其完全信任,并将数据的控制权限交给该机构。基于公钥密码体制的可搜索加密机制较为适用于这种应用场景。

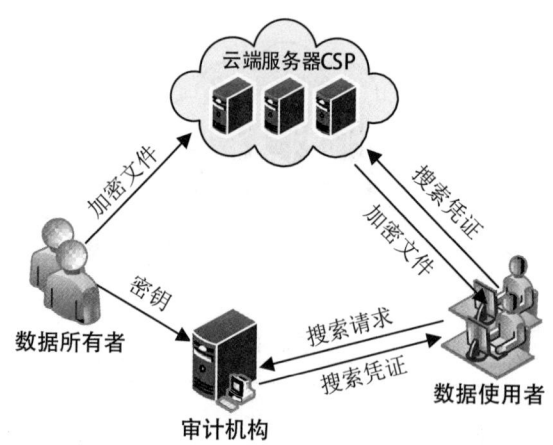

图 7-8 可信审计机构生成搜索凭证

(3) 多个数据所有者允许某特定的用户搜索数据

这种情况主要适用于基于公钥密码体制的可搜索加密机制。典型的应用场景是邮件处理。数据所有者(邮件发送者)使用某特定用户(邮件接收者)的公钥对邮件进行加密,发往邮件服务器;邮件接收者利用自己的私钥对一些感兴趣的关键词生成搜索凭证,让邮件服务器根据这些关键词搜索凭证来筛选邮件并传送给邮件接收者。该方案具体实现可参见后面的"非对称可搜索加密技术"部分。

2. 对称可搜索加密技术

(1) 基于关键词的对称可搜索加密方案

2000 年,D.X.Song、D.Wagner 和 A.Perrig 最早提出对称可搜索加密方案(Symmetric Searchable Encryption,SSE)。该方案把流密码和分组密码结合起来,以提高算法执行速度和减轻算法的处理开销。文件被分割成字的序列,每个字被一段伪随机序列以特殊的结构进行加密,存储于云服务器;当用户需要在加密的文件中查询一个字(关键词)时,他给服务器发送一段有关该关键词的密文信息;服务器将关键词密文在所存储的密文文件中逐一进行比对以确定该关键词是否存在;如果存在,则返回查出的结果。该方案可以分为三个阶段:存储、搜索和解密,如图 7-9 所示。

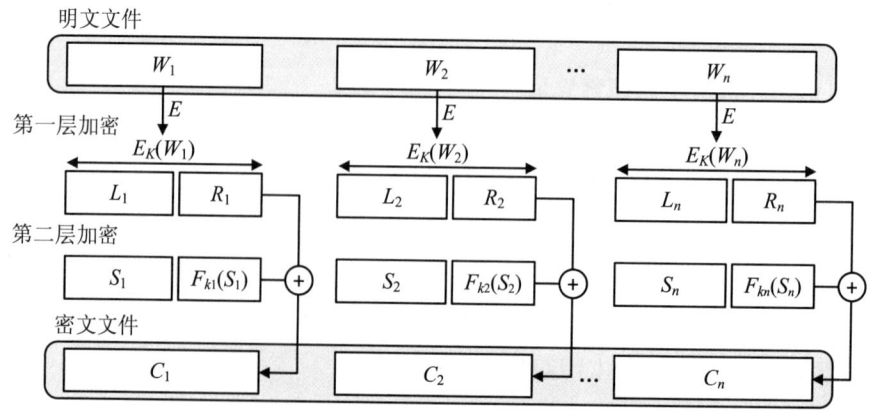

图 7-9 基于关键词的对称可搜索加密方案文件加密过程

- 存储阶段

数据拥有者存储数据到云服务器之前,首先要把整个明文文件分成固定长度的"单词块" W_i, $|W_i|=n$;生成加密密钥 K 和伪随机数 Si(共 n 个);对每个明文块 W_i 进行加密。

① $X_i = E_K(W_i) = <L_i, R_i>$,即将 $E_K(W_i)$ 分成长度为 $n-m$ 的 L_i 和长度为 m 的 R_i 两部分;

② $k_i = f_K(L_i)$;

③ $T_i = <S_i, F_{ki}(S_i)>$;

④ $C_i = X_i \oplus T_i$。

这里 E 是分组加密算法,f 和 F 是伪随机函数。

- 搜索阶段

当用户想要取回存储于服务器上的某个加密文件时,应提交一个根据关键词 W 生成的密文,需要执行以下操作:

① $X = E_K(W) = <L, R>$;

② $k = f_K(L)$。

然后发送给服务器 (X, k),服务器在整个密文上执行搜索,如果 W 在第 p 个位置上找到($W = W_p$),就返回 (p, C_p),具体操作如下:

$$T_p = C_p \oplus X = <S_p, S_p'> = \begin{cases} <S_p, F_K(S_p)> & if \quad W_p = W \\ null \quad if \quad others \end{cases}$$

如果 $<S_p' = F_K(S_p)>$,就返回 (p, C_p)。

- 解密阶段

用户收到从服务器返回的相应的密文 C_p 后,根据自己掌握的密钥 K 及伪随机数 Si,就可以解密获得明文文件,具体操作如下:

① $C_p = <C_{p,l}, C_{p,r}>$;

② $X_{p,l} = C_{p,l} \oplus S_p$;

③ $k_p = f_K(X_{p,l})$;

④ $T_p = <S_p, F_{k_p}(S_p)>$;

⑤ $X_p = C_p \oplus T_p$;

⑥ $W_p = D_K(X_p)$,D 是分组密码解密算法。

从整个过程来看,用户可以存储、搜索和解密服务器上的密文,而且通过植入"单词"位置信息,能够支持受控搜索(搜索关键词的同时,识别其在文件中出现的位置)。服务器仅仅能够获得密文 C 和陷门 X,由于不知道用户的密钥 K,无法直接获得任何关于明文的信息。但是该方案存在一些缺陷：
- 服务器搜索的时间复杂度是随着数据库长度线性增长的，效率较低，每个关键词的查询都需要扫描整个文件，占用大量服务器计算资源；
- 由于服务器可以统计某个关键词在文档中出现的次数，因此容易受到统计攻击的威胁。例如，攻击者可通过统计关键词在文件中出现的次数猜测该关键词是否为某些常用词汇。

为了加快检索速度，随后许多基于索引的对称可搜索加密方案逐渐被提出。然而，D.X.Song、D.Wagner 和 A.Perrig 提出的可搜索加密算法应用场景成为了后续工作研究的标准场景，它也首次确定了在可搜索加密算法应用场景中安全性需求的几个基本要素：文件的安全性、可搜索结构的安全性、查询的安全性。

（2）基于索引的可搜索加密方案

E.J.Goh 最早提出基于索引的可搜索加密方案。通过对数据的关键词建立索引，查询索引以确定关键词是否存在。该方案将提交的关键词经过加密提交到服务器后，服务器将该关键词密文输入布隆过滤器（Bloom Filter）进行匹配。若能产生匹配则表示该文件满足查询条件，从而服务器返回该文件。

布隆过滤器由二进制向量 Mem（假设为 m 位）和散列函数族 $\{h_1(\cdot), h_2(\cdot), \cdots, h_r(\cdot)\}$（$h_i: \{0,1\}^* \to \{1,2,\cdots,m\}$，$i=1,2,\cdots,r$）组成，用于判断某元素是否存在于某集合中。例如，对集合 S，初始时刻，Mem 所有比特位置为 0。以后，对每个元素 $s \in S$，设置 $\text{Mem}[h_1(s)], \text{Mem}[h_2(s)], \cdots, \text{Mem}[h_r(s)]$ 为 1。因此，为确定待判断元素 a 是否属于 S，只需检查比特位 $\text{Mem}[h_1(a)], \text{Mem}[h_2(a)], \cdots, \text{Mem}[h_r(a)]$，如果所有比特位都为 1，则 a 属于 S，否则 a 不属于 S。

构建索引的过程如图 7-10 所示，关键词通过两次伪随机函数作用形成码字存储于索引中，第一次伪随机函数以关键词 W_i 为输入，分别在子密钥 $K_1, K_2, \cdots, K_r$ 作用下生成 $x_{i1}, x_{i2}, \cdots, x_{ir}$；第二次伪随机函数分别以 $x_{i1}, x_{i2}, \cdots, x_{ir}$ 为输入，在当前文件标识符 id 作用下生成码字 $y_{i1}, y_{i2}, \cdots, y_{ir}$，确保了相同关键词在不同文件中形成不同码字。另外，在布隆过滤器中加入混淆措施（随机添加若干个 1），从而预防了针对关键词数目的攻击。

判断文件 D_{id}（id 为该文件的标识符）中是否包含关键词 W_i 的过程如下：

①用户使用密钥 $K=(K_1,K_2,\cdots,K_r)$ 生成 W_i 的陷门 $T_i=(x_{i1},x_{i2},\cdots,x_{ir})$，这里，$x_{ij}=f(K_j,W_i)$，$i=1,2,\cdots,n$；$j=1,2,\cdots,r$；

②服务器基于 T_i 生成 W_i 的码字 $(y_{i1},y_{i2},\cdots,y_{ir})$，这里，$y_{ij}=f(id,x_{ij})$，$i=1,2,\cdots,n$；$j=1,2,\cdots,r$；

③服务器判断 D_{id} 的索引 Mem_{id} 的 $y_{i1},y_{i2},\cdots,y_{ir}$ 位是否全为 1，若是，则 $W_i \in D_{id}$，否则 $W_i \notin D_{id}$。

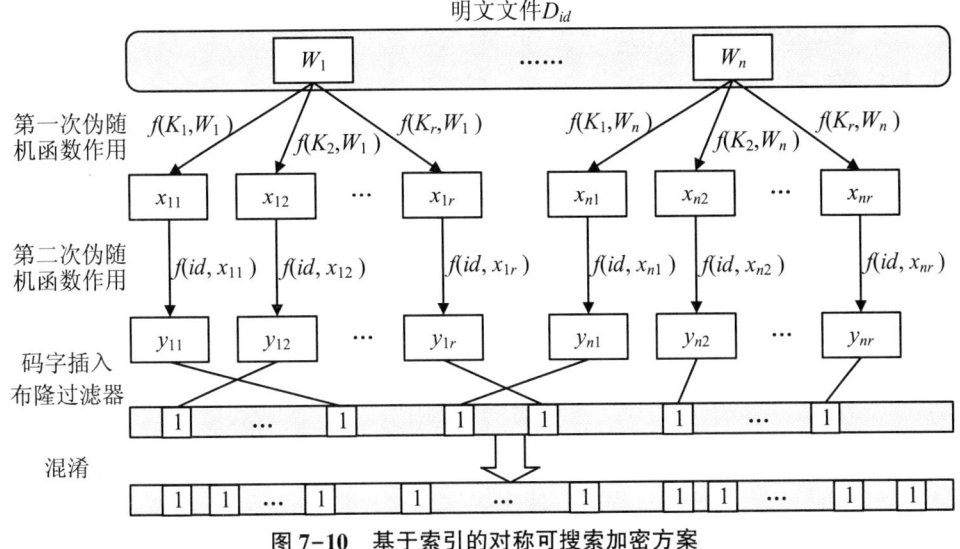

图 7-10 基于索引的对称可搜索加密方案

上述方案存在的不足为：空间代价上，服务器除存储密文文件本身外，还需记录文件索引，当文件较短时，其索引可能是文件长度的数倍，空间利用率较低。例如，只包含一个单词长度为 9 字节的文件，加密后的索引却可能为 90 字节。时间代价上，服务器搜索需逐个文件计算和判断，整个关键词查询操作时间消耗为 $O(n)$（n 为服务器上存储的文件数目），效率较低。

R.Curtmola、J.Garay 和 S.Kamara 补全了可搜索加密算法的安全模型，即安全模型中严格定义了所有提交给服务器的内容的安全性，包括文件的安全、可搜索结构的安全、查询的安全。同时，他们提出了两个重要的对称可搜索加密方案。第一个方案为非自适应的，即可搜索加密结构与查询为静态构造的。从实际应用场景角度上讲，敌手可以在某个时间观察或获取用户发送给服务器的所有信息，而在这种情况下该方案是可证安全的。在一般的安全性需求情况下（以防止外部攻击为主），该方案是安全可靠的。第二个方案为自适应的，即查询是可以动态构造的。从实际应用场景角度上讲，敌手可以动态地观察、截获、篡改用户发送给服务器的所有数据，并可以发动中间人攻击，与用户进行交互，观察用户提交的查询令牌。显然，该方案的安全性更高，保证了查询过程的动态安全。两个方案均以加密的关键字为索引，构造匹配文件的标识（Identifier, ID）链表。服务器收到用户提交的加密关键字后，根据索引直接得到加密的文件 ID 链表并解密，从而获取具体的匹配文件的 ID，并最终给用户返回对应的文件。

S.Kamara、C.Papamanthou 和 T.Roeder 实现了 R.Curtmola、J.Garay 和 S.Kamara 等人的非自适应可搜索加密方案，设计出了安全的基于可搜索加密技术的云存储系统。由于在现实的应用系统中，除了基本的存储与检索外，用户文件的更新是个问题。传统的可搜索加密算法中没有考虑到文件更新导致的索引更新的问题，因此他们扩展了之前可搜索加密算法的索引结构，使其可以动态更新，解决了文件更新导致远程索引更新的安全问题。最后,他们还对可搜索加密算法在系统中的应用进行了大量的测试,进行了直观的存储、检索、更新等性能分析,为可搜索加密算法在实际中应用的可行性奠定了基础。

3.非对称可搜索加密技术

基于公钥机制的非对称可搜索加密(Asymmetric Searchable Encryption, ASE)的提出时间较对称方案晚,但由于其应用更灵活,适用面更广泛,因此在近几年得到了较快发展。该类方案的应用场景为:数据外包者使用公钥加密数据放在云端,用户使用私钥生成安全的查询并提交给服务器,最后服务器返回满足条件的相应文件。而在所有的过程中,服务器无法得知外包的数据内容与用户查询的内容信息。

D.Boneh、G.Di-Crescenzo 和 R.Ostrovsky 于 2004 年最早提出基于公钥机制的非对称可搜索加密方案。Boneh 等人在非对称密码体制中引入可搜索加密,提出 PEKS(Public Key Encryption with Keyword Search)概念。该方案允许文档或数据的发送者可以是任何可以获得公钥的人,但是搜索过程必须使用接收者或者数据拥有者的私钥才能完成。

公钥密码体制下可搜索加密算法可描述为 $PEKS=(KeyGen, Encrypt, Trapdoor, Test)$:
- $(pk,sk)=KeyGen(\lambda)$:输入安全参数 λ,输出公钥 pk 和私钥 sk;
- $C_W=Encrypt(pk,W)$:输入公钥 pk 和关键词 W,输出关键词密文 C_W;
- $T_W=Trapdoor(sk,W)$:输入私钥 sk 和关键词 W,输出陷门 T_W;
- $b=Test(pk,C_W,T_W)$:输入公钥 pk、陷门 T_W 和关键词密文 C_W,根据 W 与 W' 的匹配结果,输出判定值 $b \in \{0,1\}$。

在 PEKS 机制的加密算法中使用到了两个散列算法 H_1 和 H_2,用户使用散列算法 H_1 将每个关键字映射到群 G_1 中,然后选取随机数 r 和双线性映射将关键字 W 随机化映射到群 G_2 中。这样,即使是相同的关键字所生成的密文也将有所不同。接着将 r 的信息以 g^r 形式保存,最后生成密文 $(g^r, H_2(t))$。当需要生成搜索凭证时,使用 H_1 将关键字映射到 G_1 中,并选取随机数 a,将 $H_1(W)^a$ 发给服务器端,使得即使是相同的关键字,由于随机数 a 的作用,所产生的搜索凭证也将有所不同。最后,服务器端利用双线性映射的性质进行关键字的匹配判断。

基于上述原理,Boneh 等人考虑了一个不可信赖服务器的应用场景:用户 Alice 掌握着私钥,并将相对应的公钥公开。Bob 使用 Alice 的公钥 pk 加密邮件和相关关键词,并将形如 $(PEKS.Encypt(pk, MSG), PEKS.Encrypt(pk, W_1), \cdots, PEKS.Encrypt(pk, W_n))$ 的密文发送至邮件服务器。其中,MSG 为邮件内容,$W_1, \cdots, W_n$ 为与 MSG 关联的关键词。为了让电子邮件服务器分拣接收到的邮件,Alice 会事先将一些特定关键字的陷门 T_W(例如 $T_{\text{"urgent"}}$ 或 $T_{\text{"lunch"}}$)发送给电子邮件服务器,使得它能够通过判断邮件中是否包含关键词 W 来选择接收的邮件。收到新邮件时,服务器自动对其关联的关键词执行与 T_W(例如 $T_{\text{"urgent"}}$ 或 $T_{\text{"lunch"}}$)相关的 Test 算法,如果输出 1,便将该邮件转发给 Alice。与此同时,电子邮件服务器在判断的过程中无法获得关于关键词和邮件内容的有效信息。因此,没有陷门的服务器除文件长度外,无法获取任何文件信息,拥有陷门 T_W 的服务器能够检索到所有包含关键词 W 的密文文件。

该方法的优点是支持数据接收者对多个发送者所加密的密文进行搜索的应用场景，而且由于随机数的作用，系统的加密效果为非确定性加密，这使得服务器端无法通过密文是否相同来判断索引表（或搜索凭证）中是否具有相同的关键词。其缺点是计算开销因为双线性对的引进而加大，特别是线性对操作（pairing operation）的计算开销较大，这使得该方法在海量数据处理场景中的应用性受到一定的限制。

（三）同态加密技术（Homomorphic Encryption）

通常数据加密技术是一种保障数据安全性的重要手段。但是加密也意味着数据失去了可用性，用户不能直接对数据进行添加、删除、修改、更新，需要解密后才可以进行相应操作。而同态加密技术能够让用户对加密数据直接进行有意义的计算，计算结果仍然是密文。同态加密能够有效利用计算资源，使第三方对密文进行代理计算，同时保证了数据安全性。因此同态加密技术的研究对云存储安全具有重要意义。

同态加密的概念是由 MIT 的 Rivest、Adleman 和 Dertouzos 于 1978 年提出的。同态加密技术是一种能对加密数据直接进行计算的加密技术。对同态加密的密文进行操作产生的结果是有意义的，其计算输出结果等价于对明文数据进行相应操作后再进行加密得到的结果。Rivest 等人在论文《On Data Banksand Privacy Homomorphisms》中提到的同态应用场景是：当用户将数据密文上传至服务器中，出于安全考虑服务器不能对数据解密，但服务器需要对用户的查询请求进行处理和应答。同态加密正是一种特殊的加密体制，能够有效解决这一问题。

基于对称加密的同态加密算法较少，最经典的是基于一次一密的对称加同态算法，但该算法以及其他大部分算法都已被破解。因此，目前同态加密算法主要集中在非对称加密模式下，利用代数中安全的数据结构来构造安全的加密方案。经典的同态加密方案一般基于群的加法或乘法运算。典型的基于公钥的算法有 Unpadded RSA 算法、基于 El-Gamal 密码系统的变形算法、基于比特的同态加密算法、Paillier 同态加密算法。二十多年来，大量的基于经典算法的变形算法被相继提出。

同态加密问题提出后，一直受到密码学家和学者的广泛关注，构造同态加密开辟了密码学领域研究的新方向。在发现 RSA 算法乘法同态性后，人们发现在其他公钥加密方案中也具有某些同态性质，同时也开始对新的同态加密算法进行探索。

1.同态性

令 M 表示明文数据集，C 表示密文数据集，"∘"表示明文之间的操作符，"•"表示密文之间的操作符。令"←"表示没有任何解密操作的"直接"计算。如果一个加密方案为同态加密方案，则给定的加密密钥 k、加密算法 E 和解密算法 D 满足：

$$\forall m_1, m_2 \in M, E(m_1 \circ m_2) \leftarrow E(m_1) \bullet E(m_2) \qquad \text{（公式 1）}$$

$$\forall c_1, c_2 \in C, D(c_1 \bullet c_2) \leftarrow D(c_1) \circ D(c_2) \qquad \text{（公式 2）}$$

若只满足公式 2，则称该加密方案为同态解密方案。若明文的操作符是加，则同态方案称为加同态；若明文的操作符是乘，则称同态方案为乘同态。如果操作是在环中，两个操作符分别为加与乘,则称同态方案为全同态加密方案。

2.经典对称同态加密算法

最简单也是被公认为最快速的同态加密算法是基于一次一密的对称加同态算法,其基本加/解密方案如下:

①生成密钥:设定一个足够大的整数 M,随机选取一个数 k 满足 $k \in [0, M-1]$ 且 $k \circ M$。

②加密数据:设加密的数据 m 满足 $m \in [0, M-1]$ 且 $m \circ M$。加密数据结果为 $c = m+k \pmod{M}$。

③解密数据:计算 $m = c-k \pmod{M}$。

显然,通过对密文相加,解密的结果为明文的相加(密钥为两密钥之和)。因此该加密方案满足加同态属性。

3.Paillier 非对称同态加密算法

Paillier 同态加密算法是典型的基于公钥密码体制的加同态算法,其基本加/解密方案如下:

①生成公/私钥:首先选取一个整数 $n = pq$,其中 p 和 q 为两个大素数,并且 n 满足 $\gcd(n, \phi(n)) = 1$($\phi(n)$ 为欧拉函数)。设定一个 k 阶群 $G = Z_{n^2}^*$。设定随机整数 $g \in G$。公钥由 (n, g) 组成,私钥为 n 的分解因子。

②加密数据:为了加密数据 $m \in Z_n$,选取一个随机整数 $r \in Z_n^*$,并且计算 $c = g^m r^n \bmod n^2$。

③解密数据:计算离散对数 $c^{\lambda(n)} \bmod n^2$ 并获取 $m\lambda(n) \in Z_n$,其中 $\lambda(n)$ 表示 Carmichael 函数。由于 $\gcd(\lambda(n), n) = 1$,因此可以很容易计算出 $\lambda(n)^{-1} \bmod n$ 从而获得 m。

显然,通过对密文作乘法运算,解密后可得明文相加的结果,因此满足加同态特性。

4.全同态加密算法

全同态加密算法的目标是可以对加密的数据作任意功能的运算。该运算的结果解密后,可以得到将明文作同样运算的结果。全同态加密算法通常以实现基本的加法与乘法同时运算为目标。一个典型的基本全同态加密算法思路如下:

①生成密钥:选择一个正奇数 p,选择一个大的正整数 q(要求远远大于 p)。最终的密钥为 p。选择一个小整数 r。明文为一位数据 $m \in \{0, 1\}$,所得的密文为整数。

②加密数据:计算密文 $c = m + 2r + pq$。

③解密数据:$m = (c \bmod p) \bmod 2$。

在上面的过程中,通过模 p 可以把 pq 消去,因此该结构为加同态的基础。通过模 2 可以把 $2r$ 消去,因此该结构为乘同态的基础。

密文的安全性基于噪音的安全性。在非对称加密模式下,pq 作为公钥是公开的,因此,敌手得到密文 c,可以通过计算减去公钥的结果 $c - pq = m + 2r$。可见,由于存在 r 的干扰,敌手无法识别明文 m,这里称 $m+2r$ 整体为噪音。

然而,噪音在保证安全性的前提下,也导致了解密失败的可能。例如,要得到正确的解密,需要计算 $m=(m+2r) \bmod 2$。但是,在噪音大于 $p/2$ 时,$c \bmod p$ 并不等于 $m+2r$。因此,该加密方案中的噪音成为了能否正确解密的关键因素。此外,由于在多次运算中噪音会在密文中积累增长(噪音之和等于密文之和的噪音,噪音之积等于密文之积的噪音)。因此,该基本的同态加密方案可运算的次数是受限的,尤其受到乘法运算的限制(较加法而言,显然乘法运算中噪音放大得更快)。

7.4.2 社会网络隐私保护

(一)社会网络中的信息与隐私

社会网络即社交网络服务(Social Network Service,SNS),又称作社会关系网络或社交网络,其建立的主旨是帮助人们建立社会性网络的互联网应用服务。作为一种新兴的互联网商业模式,SNS 正受到越来越多的关注。以 Facebook、Twitter 为代表的 SNS 网站发展非常迅猛,用户数量也以惊人速度增长,社会网络已经成为当前最热门的互联网应用服务。

社会网络中社会个体成员之间因为互动而形成了相对稳定的关系体系,社会网络关注的是人们之间的互动和联系。社会网络以个人为节点构成社会结构,人与人之间通过相互依赖关系联结起来。相互依赖关系包括朋友关系、同学关系、生意伙伴关系、种族信仰关系等。

在现有的社会网络中,隐私安全问题一直令人担忧,已经成为阻碍社会网络发展的主要因素之一。社会网络中的隐私数据主要包括个人信息(例如姓名、电话、职业、毕业院校等)、通信内容信息(例如电子邮件、聊天记录等)以及数字行为信息(例如浏览历史、浏览习惯等)。如图 7-11 所示。

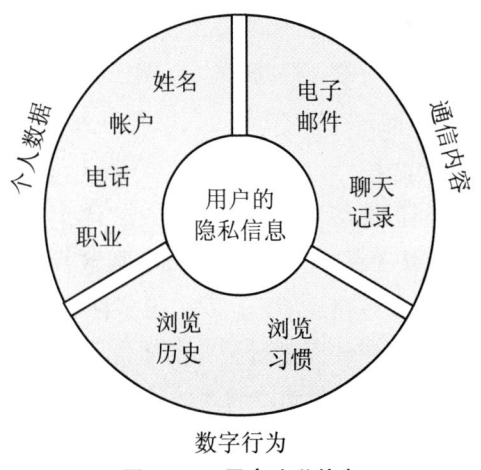

图 7-11 用户隐私信息

社会网络中的隐私安全问题源于数据属主(DO,Data Owner)与社会网络服务提供者(SNSP,SNS Provider)不在同一可信域中,存储于社会网络中的隐私数据完全脱离了 DO 的直接物理控制。因此,这些数据将面临着包括 SNSP 在内的安全威胁,承担着隐私泄漏的风险。事实也证明,包括 Facebook、Twitter 等在内的著名 SNSP 都曾泄漏或丢失用户的隐私数据,并导致了严重的后果。

一般地,社会网络中用户的隐私信息泄露类型可分为以下几个方面:用户个人信息的泄露,用户共享信息的泄露,用户人际关系信息的泄露和通过数据挖掘所获取信息的泄露。

(1) 用户个人信息的泄露

社会网络主要用于人们交友。用户在注册社交网络的时候,需要填写个人资料,而且通常被鼓励填写真实的信息,如邮箱、真实姓名、教育背景等信息。通过对这些真实资料进行分析和整理,社会网络系统才能为我们提供更多、更准确的服务。因此,用户通常很难抉择,若是填写真实的信息,那么个人隐私就会泄露,但是填写虚假的信息,便会得不到系统提供的某些服务,违背了使用该社会网络系统的初衷。

(2) 用户共享信息的泄露

调查显示年轻的网民中,绝大部分会使用多个社交网站,因此社交网站变成了个人信息集中站。除了在社交网站、微博或者微信上发布文字信息外,用户还可以在网上上传图片信息。通过分析整合用户在社交网站上分享的个人信息,相关的商业公司不仅可以获得用户的地理位置、手机号等普通信息,还能够推断出用户的婚姻情况、消费习惯等关于个人的隐私信息。攻击者也可能利用用户共享的个人信息,盗取用户的家庭住址、银行卡账号等。实际上,攻击者将用户在社会网络上分享的信息(如发布的文字、图片、地理位置)简单地进行归纳整理,就会很容易获得其隐私信息。

(3) 人际关系信息的泄露

社会网络还可以通过对已有的网络用户信息进行分析整理,推荐出一些可能认识的好友,或者找到很久没有联系的好友,扩大交友范围。但是,用户的人际关系也被暴露出来。因此,拥有大量用户的社交网站,例如腾讯 QQ 圈子,掌握了用户的人际关系网,并按照某种算法进行分析归纳,向同一个社交圈的人推荐好友。这是人际关系隐私信息的泄露。

(4) 数据挖掘所获取信息的泄露

社会网络中的海量数据蕴含着巨大的商业价值,隐藏着丰富的知识,很多商家或者研究机构为了充分利用这些已得到的数据,开发了很多种研究社会网络的工具和分析方法,进行数据挖掘和分析。对已存数据进行公开的研究,会对社交网络用户的信息安全和隐私构成严重的威胁。例如,从大量用户的注册信息、用户发布的地理位置、状态信息中,通过采取数据挖掘等技术手段提取有价值的信息,将用户信息分析整合,就很容易获取在现实生活中用户个人的各种隐私信息,甚至可以掌握社交网络用户的生活轨迹、健康状况、生活习惯、宗教信仰、个人爱好等。一旦这类数据被公开或被攻击者利用,将给用户的切身利益造成严重损害。

因此,根据隐私的特性,社会网络中数据的隐私大致可分为两类。第一类数据隐私包含了数据本身所表征的个体敏感信息,如用户的薪水、所患疾病、购买商品等。第二类隐私是指从数据中挖掘出来的潜在信息或知识。

社会网络数据比关系数据包含更丰富的信息,这是因为社会网络数据不仅包含节点(用户)和边(用户间关系)的属性信息,还包括节点间的联系以及图的各种度量特征。因此,社会网络可以描述为一类特殊的图,包括节点、边和图性质,图中的每个元素均可能涉及隐私信息。相应地,社会网络中的隐私可以分类为结点隐私、边隐私、图性质隐私。

下面依据图结构形式介绍社会网络中的各种隐私信息。

1. 社会网络中的节点隐私

在社会网络中,每个节点代表了社会中的真实个体,而与节点相关的任何信息均有可能成为隐私。节点隐私可以分类为:节点存在性、节点身份、节点属性值和节点图结构。

- 节点存在性

所谓节点存在性,是指某个人是否以节点的形式出现在某个社会网络中。在某些情况下,某些人会将自己出现在某特定社会网络视为隐私信息。如果某人将此视为隐私信息,发布数据时应防止攻击者结合背景知识推测出该人存在于此社会网络中。例如,传染病传播网络对于研究公共健康和疾病传播途径等方面具有很大价值,然而在发布传染病传播网络数据时,如果攻击者能够推断出某攻击目标存在于此传染病传播网络中,就导致了该攻击目标隐私信息的泄露。目前针对保护节点存在性隐私信息的研究工作尚属空白。

- 节点身份

节点身份是指能够唯一确定该节点身份的标识符属性(ID),一般在发布的社会网络数据中,对标识符属性采取直接隐匿并用其他编号代替的方法,从而实现简单的匿名发布。由于简单匿名网络中仅仅隐匿了 ID,而对其他大量的信息没有处理,攻击者可以容易地通过其他信息对节点身份进行重新标识。例如图 7-12 中,攻击者可以通过医疗数

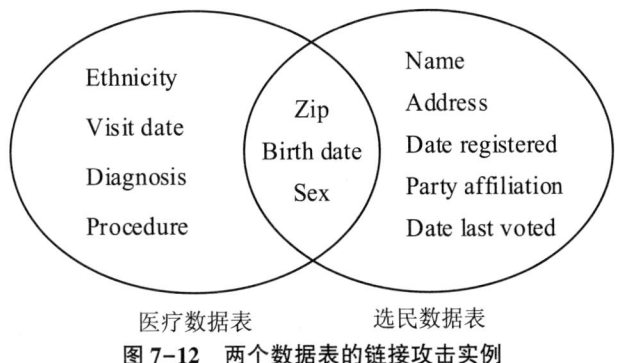

图 7-12 两个数据表的链接攻击实例

据集和选民数据集中的共同属性值进行联合查询,凭借一定的背景知识就能准确地定位攻击目标。

- 节点属性值

社会网络中的每个节点都具有属性值,这些属性值描述了社会中每个人的真实信息,其中某些属性信息会涉及个人隐私,例如收入信息、医疗记录中的患病信息等。发布社会网络数据时,节点之间的相互关系使得攻击者具有更多的背景知识推测目标节点的敏感属性信息。例如在家族遗传病史社会网络中,即使删除了某个重要节点的疾病信息,但是攻击者还可以基于其亲戚患有遗传疾病的情况,推测该目标节点可能患有的疾病。有些文献提出采用节点k-匿名的方法来保护节点的敏感属性值,有些文献认为基于社会网络基本常识即可准确地推测出大部分节点的敏感属性信息。

- 节点图结构

不仅节点的某些属性值是敏感的,节点在社会网络中的图结构性质在某些情况下也被视为敏感信息和隐私,例如节点的度、两个节点间的最短距离、节点到社会网络中某个社区中心的距离等。例如在商品供货网络中,每个节点的入度和出度分别表示其供货渠道数目和销售渠道的数目,这些信息属于需要保护的敏感信息而应该防止其被竞争对手获得。目前尚无相关工作针对保护结点的图结构隐私信息进行深入研究。

2.社会网络中的边隐私

在社会网络中,一条边表示其两端节点具有某种关系,节点由于相互间具有各种关系从而形成庞大的网络图。在某些情况下,边相关信息可能是敏感的,例如两点之间是否具有某种关系、参与某种敏感关系的节点信息、边权重、边的相关属性等。边隐私具体可分类为边存在性、边权重、边属性值等隐私信息。

- 边存在性

所谓边存在性,是指社会网络中的两个指定节点是否具有某种关系。如果某两个节点的边是敏感的,简单地将此两个目标节点的敏感边删除并不能很好地保护隐私信息,攻击者可以通过背景知识推测两个目标节点是否具有敏感边。有攻击者采用noisy-or概率模型并基于现有节点之间的边连接来计算目标节点间具有敏感关系的概率,从而对可能被删除的敏感边进行恢复。

- 边权重

在不同应用背景中,社会网络中的边具有权重。在电子邮件通信网络中,边权重可以表示两个人之间收发电子邮件的数目;在商业网络中,边权重可以表示两个商业公司之间的贸易额。类似商业公司之间的贸易额等边权重信息可能被视为敏感信息。有的研究是在防止边权重值泄露的同时保持某些重要节点间的最短路径不变,而有的研究提出的技术是在对边权重提供隐私保护的同时保证线性图性质不变。

- 边属性值

与节点属性值相似,社会网络中的边也可以具有属性值,例如边上的标签可以表示边两端节点的关系类型。边的敏感属性值对于边的两端节点所代表的个人来说属于隐私信息。有文献研究了在社会网络中如何防止攻击者基于背景知识推测出边的敏感属性值。

3.社会网络中的图性质隐私

很多图性质是社会网络分析的重要评估标准,例如中间性(节点位于其他节点连接路径上的度)、中心性(节点与其他节点具有关系的数目)、路径长度(网络中两节点间的最短距离)、可达性(任意节点与其他节点联通的度)等,某些节点的图性质亦被视为个人隐私信息,目前尚无相关工作对节点图性质提供隐私保护。

对社会网络中的隐私信息进行分类归纳意义重大,因为社会网络中不同类型隐私信息泄露均会威胁到个人隐私信息安全,只有对社会网络中的隐私信息做好辨识和分类工作,才能对不同隐私信息提出相应保护技术。

下面将针对上述社会网络中的分类,列举几个隐私泄露或者隐私攻击的示例。

【示例7.1】

在社会网络中,将距离节点 u 长度 d 之内的所有节点称为 u 的 d-邻居节点,u 的 d-邻居节点及其相互之间的边构成的子图称为节点 u 的 d-邻居子图。节点邻居图是一种常见的图结构背景知识。

图 7-13 给出采用 1-邻居子图进行隐私攻击的示例。图(b)是图(a)删除身份信息(匿名)后发布的数据,图(c)显示了 Ada 的 1-邻居子图,如果攻击者掌握了 Ada 的 1-邻居子图,而图(b)中只有节点 6 的 1-邻居子图与 Ada 相同,则攻击者可以在图(b)中唯一识别出结点 6 是 Ada,从而导致 Ada 的隐私泄露。

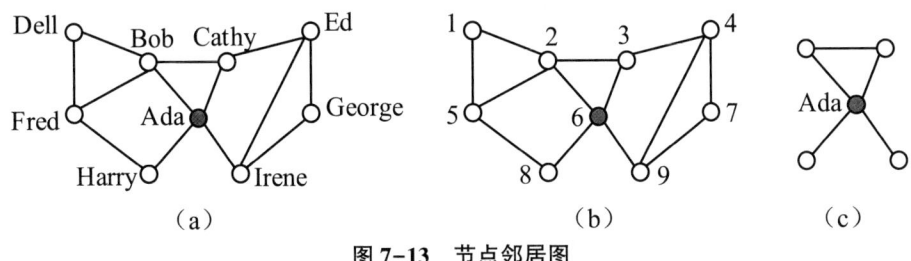

图 7-13 节点邻居图

【示例7.2】

在社会网络中可以执行多种图查询,而针对某些节点或者边的图查询结果具有唯一性,从而为攻击者提供了进行隐私攻击的背景知识。

例如:对于节点 v,定义查询 Q(v) 为 v 的所有邻居节点度的升序序列。在图 7-13(a)中,Q(Fred)=[2,2,4]。如果攻击者将 Fred 的朋友的度信息作为背景知识,就可以在图 7-13(b)中识别出节点 5 即是 Fred,因为只有节点 5 的度序列与 Fred 相同。

【示例7.3】

在社会网络中,节点度表示了该节点所代表的实体与社会中的其他实体之间的关系数目。在现实中,攻击者很容易收集到目标的度信息,并作为背景知识进行节点再识别、边再识别等隐私攻击。

图7-14描述了如何基于节点度进行节点再识别攻击。其中,图(a)只有节点A的度为2,其他节点的度均为1,因此,当攻击者掌握了A的度为2的背景知识时,就可以很容易地识别出A在社会网络中的位置。相似地,攻击者可以基于目标节点的度进行边再识别攻击。假设攻击者背景知识为互为邻居的两个节点的度,例如图(a)中结点C、D的度对(1,1)。由于图(a)中具有度对(1,1)的边只有一条,所以攻击者识别出边CD的成功概率为100%。

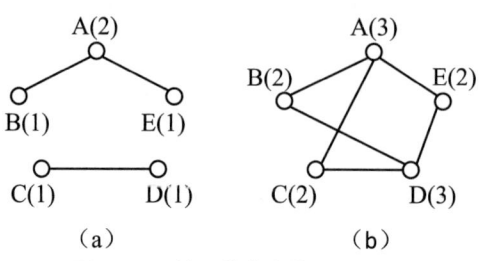

图7-14 基于节点度的隐私攻击

【示例7.4】

如果攻击者事先掌握了某些目标的边连接关系,就可以根据这些连接关系进行推演,从而获得隐私信息。如图7-15所示,如果朋友关系被视为敏感关系,则可以基于图中u_1,u_2与节点$friend_1$的连接关系推断出u_1和u_2具有朋友关系这一隐私信息。

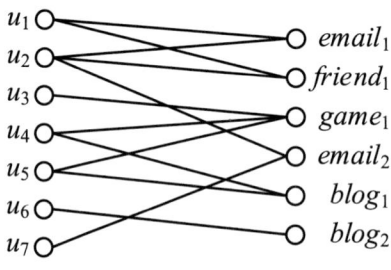

图7-15 基于连接关系的隐私攻击

【示例7.5】

边上的属性值(标签、权重等)可以为攻击者提供隐私攻击的背景知识。例如在朋友网络中,边标签表示朋友之间的联系方式,可以是电话、短信、电子邮件等。如果攻击者知道某目标一般仅采用电子邮件与其他朋友联系,基于此背景知识,攻击者就能够以很大的概率在社会网络中识别出这个目标节点。在加权社会网络图中,边权重可以作为攻击者的背景知识。对于节点v,将与v相连接的边权重按照降序排序得到的序列定义为节点v的权重包,记作w_v。例如,图7-16(a)中节点A权重包为$w_A=[w_{AB},w_{AD}]=[2,1]$。如果攻击者掌握了节点A的权重包信息,就可以识别出图7-16(b)中的节点1即为A,从而导致身份泄露。

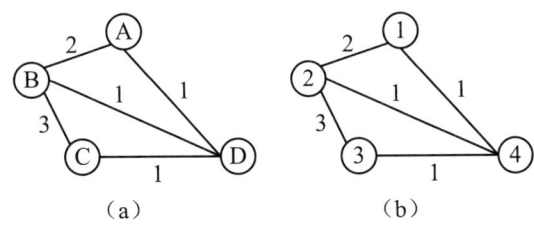

图 7-16 加权图匿名

为了解决社会网络中的隐私问题,从数据的分类角度来说,既要在数据发布和共享之前保护数据本身所表征的个体敏感信息,又要防止对数据进行挖掘分析时泄露用户的潜在隐私信息。从社会网络的图结构角度来说,既要保护社会实体本身的属性所包含的敏感信息(面向属性的隐私保护),又要保护社会实体之间相互作用关系所生成的网络拓扑结构信息(即面向关系的隐私保护)。

数据隐私保护问题在数据统计领域最先受到研究者的关注,而社会网络中的隐私保护是近年来随着社会网络的迅猛发展以及信息安全的严峻形势而产生的迫切需求。表 7-1 概括了数据隐私保护领域所采用的主要技术。

表 7-1 隐私保护的主要研究领域

研究领域	采用的主要技术方法
通用性的隐私保护	随机化,数据扰乱,泛化,数据加密
数据发布中的隐私保护	k-匿名,l-多样性,m-不变性,t-临近
数据挖掘中的隐私保护	关联规则挖掘,分类,聚类
社会网络中的隐私保护	图修改,图划分,图重构,聚类,属性泛化

目前,隐私保护问题的研究领域大致可以归纳为表 7-1 所示的四个方面。

(1)通用的隐私保护方法的研究主要是面向广泛的一般应用层上的数据隐私保护问题,往往通过引入数学统计模型和概率模型来实现建模和分析;

(2)数据发布中的隐私保护(PPDP,Privacy Preserving in Data Publishing)一般是通过对原始数据集进行匿名处理,以达到破坏数据拥有者与其敏感信息关联关系的隐私保护目的;

(3)数据挖掘中的隐私保护(PPDM,Privacy Preserving in Data Mining)需要通过结合不同的数据挖掘算法,采用数据隐藏的方式来实现对原始敏感数据以及蕴含其中的敏感知识的隐私保护,主要以较高数据应用层为研究对象;

(4)社会网络隐私保护的研究是基于数据发布中的隐私保护研究基础上的,应用于社会网络数据上的隐私保护,目的是研究适合于复杂社会网络结构的隐私保护算法,合理解决社会网络匿名所带来的结构和属性方面的信息损失与隐私信息保护之间的矛盾,从而最大限度地获得隐私保护性和数据可用性之间令人满意的平衡。

下面介绍社会网络中的匿名保护、差分隐私两种典型的隐私保护技术。

(二) 社会网络匿名保护技术

匿名化是指隐藏或者模糊数据以及数据源。

社会网络隐私保护最初是采用简单匿名的思想,之后的研究也大多是在此基础上进一步深入的。一般来说简单匿名是随机将社会网络中具备现实意义的节点标识中替换为一些没有现实意义的标识,例如1,2,3用a,b,c替换等,这样攻击者就不能简单地从社会网络节点的节点标识中识别出节点,而需要更多信息(例如拓扑结构信息或者其他信息)才能将处理后的节点重新识别出来。

k-匿名是匿名化技术的早期代表方法,该方法在发布关系数据时要求每一个泛化后的等价类(equivalence class)至少包含 k 条相互不能区分的数据,即要求一条数据表示的个人信息至少和其他 $k-1$ 条数据不能区分。

对于大数据中的结构化数据(或称关系数据)而言,数据发布匿名保护是实现其隐私保护的核心关键技术与基本手段,目前该技术仍处于不断发展与完善阶段。

由于社交网络具有图结构特征,其匿名保护技术与结构化数据有很大不同。社会网络隐私保护方法在节点 k-匿名的基础上又发展出子图 k-匿名、数据扰乱、推演控制等方法。

- 节点 k-匿名和子图 k-匿名的主要思想是:攻击者基于目标背景知识在匿名化社会网络数据中进行匹配识别时,至少有 k 个候选符合,即目标的隐私泄露概率小于 $1/k$。

- 数据扰乱的主要思想是:对社会网络进行随机化修改,使得攻击者不能准确地推测出原始真实数据。数据扰乱方法具体分为数值扰乱和图结构扰乱。

- 推演控制的主要思想是:对于不同隐私预测模型,通过对社会网络进行针对性地修改,使得攻击者采用预测模型不能推演出隐私信息,从而起到保护社会网络隐私的目的。

下面主要介绍简单匿名发布和节点 k-匿名两种典型的基础方法。

1.简单匿名发布

匿名发布社会网络最简单的方法就是直接隐去节点标识,这就是社会网络的简单匿名模型,社会网络的各种匿名模型都是定义在简单匿名模型基础之上的。

例如,图7-17(a)是一个关于某银行网站各客户之间转账交易的社会网络子图实例,图中的节点代表银行网站的客户,边代表银行网站客户之间存在的转账交易。图(b)为图(a)的简单同构匿名发布。

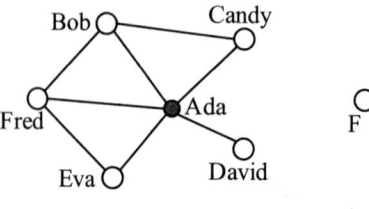

(a) 初始社会网络　　(b) 简单同构匿名网络

图 7-17　社会网络图的简单匿名发布

简单匿名发布图虽然隐去了节点的标识,但保留了节点和边的其他属性信息并维持了原图的结构,这仍然会导致用户隐私的泄露,因为,攻击者可以凭借掌握的目标节点的背景知识重新标识该节点。例如,攻击者如果知道 Ada 与 5 个客户有过转账交易,在简单匿名发布图中就能很容易地确定节点 A 就是 Ada。

由于攻击者可以收集目标对象的很多公开信息作为背景知识,再利用数据查询和推理等方法进行攻击,简单匿名发布不足以保证用户的隐私。

2. 节点 k-匿名(k-Anonymity)

k-匿名要求对数据表中的每一条记录不能区分于其他 $k-1$ 条记录,即,对数据中的所有元组进行泛化处理,使得其不能再与其他任何人相对应。

泛化是对数据的一个模糊化处理,即进行抽象概括的表示。例如,对"济南市"的一个泛化形式为"山东省";年龄"52 岁"的一种泛化形式为"50-60 岁",表示可以用这个区间模糊地表示具体的年龄。

k-匿名是有效预防链接攻击的一种隐私保护手段。在给出正式定义之前,先给出一个实例进行说明。

在表 7-2 所示的原始用户病历表中,即使我们去除姓名一栏,t2 仍然拥有唯一的<生日、性别、邮编>组合。而生日、性别、邮编均属于一般属性,可在其他用户表中显式地公布出来。如果入侵者能够通过其他用户表得知 Beth 的生日为 1985,性别为女,邮编为 14853,再结合这份用户病历表,便形成了链接攻击,可以获知 Beth 患有癌症这一隐私信息。

表 7-2 原始用户病历表

	姓名	生日	性别	邮编	病情
t1	Alice	1985	女	14850	病毒性感染
t2	Beth	1985	女	14853	癌症
t3	Carol	1985	女	14850	癌症
t4	Dave	1986	男	14851	心脏病
t5	Ellen	1986	女	14853	流感
t6	Fred	1986	男	14621	心脏病
t7	Greg	1981	男	14222	流感
t8	Hank	1962	男	14850	心脏病
t9	Ian	1944	男	14850	心脏病
t10	John	1959	男	14850	心脏病

为了阻止这样的链接攻击发生,表 7-3 对原始用户病历表中生日、性别、邮编等属性进行了泛化。在泛化后的表中,每个拥有相同属性组合的用户至少出现了 3 次,因此我们称表 7-3 对于生日、性别和邮编是 3-匿名的。这里,3 便是 k-匿名中的 k。同样的,我们称表 7-2 中的原始用户病历表为 1-匿名,因为在表 7-2 中,有些属性<生日、性别、邮

编>的组合只出现过一次。

表 7-3 泛化后的用户病历表

	生日	性别	邮编	病情
t1	1985	女	1485*	病毒性感染
t2	1985	女	1485*	癌症
t3	1985	女	1485*	癌症
t4	198*	*	14***	心脏病
t5	198*	*	14***	流感
t6	198*	*	14***	心脏病
t7	198*	*	14***	流感
t8	19**	男	14850	心脏病
t9	19**	男	14850	心脏病
t10	19**	男	14850	心脏病

正如上面例子所描述的，k-匿名经常采用的手段是泛化。泛化后的数据不再像原数据一样准确，泛化对数据进行了更为概括的描述，但保留了有用信息，从而使得数据依然具有可用性。一般来说，泛化的程度越高，隐私保护的强度越强，而数据的可用性就越低。k-匿名的设计中引入了参数 k 来控制隐私保护的强度，要求泛化后数据中的每一条记录都要与至少 $k-1$ 条其他记录完全一致。最初的 k-匿名算法是将记录分组，每组大小不小于 k，然后表中的各条记录便"隐藏"在自己所在的分组里面。这样达到了匿名化的目的，但同时也带来了极大地数据损失。尤其当分组内的各记录的准标识符相差太大的时候，为了泛化成统一的数据，数据将被极大地改变。因此为了提高数据表的实际使用性能，需要找出更好的泛化方法，使得在满足 k-匿名的同时尽量小地损失数据。

所谓节点 k-匿名，是指通过将社会网络中所有节点聚类成若干超点，其中每个超点至少包含 k 个结点，由于在超点中的节点相互之间不可区分，因此在该社会网络中，受节点再识别攻击而导致隐私泄露的概率小于 $1/k$。

图 7-18 显示了节点聚类，图(b)给出了图(a)的一个节点聚类图，每个超点记录了其内部节点间边连接数目，两个超点之间边的数目等于端点分别为两个超点内部节点的边的数目。

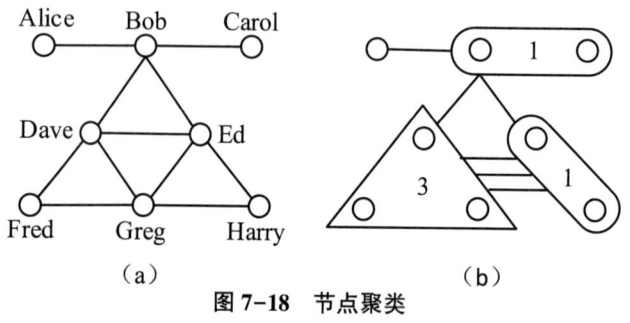

图 7-18 节点聚类

节点 k-匿名隐私保护能力较强,具有较好的通用性,可以防止多种类型隐私泄露。然而,节点 k-匿名在提供强隐私保护的同时,导致了图数据可用性降低,并且节点 k-匿名的执行效率低,不适用于大型社会网络数据。

(三)社会网络差分隐私技术

差分隐私(Differential Privacy)是 Dwork 在 2006 年针对统计数据库的隐私泄露问题提出的一种隐私定义。在此定义下,对数据集的计算处理结果对于某个具体记录的变化是不敏感的,单个记录在数据集中或者不在数据集中,对计算结果的影响微乎其微。所以,一个记录因其加入到数据集中所产生的隐私泄露风险被控制在极小的、可接受的范围内,攻击者无法通过观察计算结果而获取准确的个体信息。

差分隐私能够解决传统隐私保护模型存在的两个问题:
- 首先,差分隐私保护模型假设攻击者能够获得除目标记录外所有其他记录的信息,这些信息的总和可以理解为攻击者所能掌握的最大背景知识。在这一最大背景知识假设下,差分隐私保护无需考虑攻击者所拥有的任何可能的背景知识,因为这些背景知识不可能提供比最大背景知识更丰富的信息。
- 其次,它建立在坚实的数学基础之上,对隐私保护进行了严格的定义并提供了量化评估方法,使得不同参数处理下的数据集所提供的隐私保护水平具有可比较性。

因此,差分隐私理论迅速被业界认可,并逐渐成为隐私保护领域的一个研究热点。近几年来,差分隐私和其他领域研究的结合使得大量新的成果不断涌现。

1.差分隐私保护的定义

差分隐私保护的思想源自于一个很朴素的观察:当数据集 D 中包含个体 Alice 时,设对 D 进行任意查询操作 f(例如计数、求和、平均值、中位数或其他范围查询等)所得到的结果为 $f(D)$,如果将 Alice 的信息从 D 中删除后进行查询得到的结果仍然为 $f(D)$,则可以认为,Alice 的信息并没有因为被包含在数据集 D 中而产生额外的风险。

差分隐私保护就是要保证任一个体在数据集中或者不在数据集中时,对最终发布的查询结果几乎没有影响。具体地说,设有两个几乎完全相同的数据集(两者的区别仅在于一个记录不同),分别对这两个数据集进行查询访问,同一查询在两个数据集上产生同一结果的概率的比值接近于 1。

将上述思想定义如下:

对于一个有限域 Z,$x \in Z$ 为 Z 中的元素,从 Z 中抽样所得 z 的集合组成数据集 D,其样本量为 n,属性的个数为维度 d。

对数据集 D 的各种映射函数被定义为查询(Query),用 $F=\{f_1,f_2,\cdots\}$ 来表示一组查询,用算法 M 对查询 F 的结果进行处理,使之满足隐私保护的条件,此过程称为隐私保护机制。

设数据集 D 和 D' 具有相同的属性结构,两者的对称差记作 $D \triangle D'$,$|D \triangle D'|$ 表示 $D \triangle D'$ 中记录的数量。若 $|D \triangle D'|=1$,则称 D 和 D' 为邻近数据集(Adjacent Dataset)。

差分隐私的定义:设有随机算法 M,P_M 为 M 所有可能的输出构成的集合。对于任意两个邻近数据集 D 和 D' 以及 P_M 的任何子集 S_M,若算法 M 满足

$$P_r[M(D) \in S_M] \leq \exp(\varepsilon) \times P[M(D') \in S_M]$$

则称算法 M 提供 ε-差分隐私保护,其中参数 ε 称为隐私保护预算。

如图 7-19 所示,算法 M 通过对输出结果的随机化来提供隐私保护,同时通过参数 ε 来保证在数据集中删除任一记录时,算法输出同一结果的概率不发生显著变化。

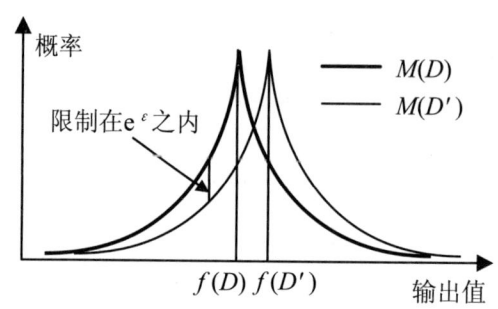

图 7-19 随机算法在邻近数据集上的输出概率

从上述定义可以看出,隐私保护预算 ε 用来控制算法 M 在两个邻近数据集上获得相同输出的概率比值,它事实上体现了 M 所能够提供的隐私保护水平。在实际应用中,ε 通常取很小的值,例如 $0.01, 0.1$,或者 $ln2, ln3$ 等。ε 越小,表示隐私保护水平越高。当 ε 等于 0 时,保护水平达到最高,此时对于任意邻近数据集,算法都将输出两个概率分布完全相同的结果,这些结果也不能反映任何关于数据集的有用信息。因此,ε 的取值要结合具体需求来达到输出结果的安全性与可用性的平衡。

表 7-4 显示了一个医疗数据集 D,其中的每个记录表示某个人是否患有癌症(1 表示是,0 表示否)。数据集为用户提供统计查询服务(例如计数查询),但不能泄露具体记录的值。设用户输入参数 i,调用查询函数 $f(i) = count(i)$ 来得到数据集前 i 行中满足"诊断结果"$=1$ 的记录数量,并将函数值反馈给用户。假设攻击者欲推测 Alice 是否患有癌症,并且知道 Alice 在数据集的第 5 行,那么可以用 $count(5) - count(4)$ 来推出正确的结果。

表 7-4 医疗数据集示例

姓名	诊断结果
Tom	0
Jack	1
Henry	1
Diego	0
Alice	1

但是,如果 f 是一个提供 ε-差分隐私保护的查询函数,例如 $f(i) = \text{count}(i) + \text{noise}$,其中 noise 是服从某种随机分布(例如拉普拉斯分布)的噪声。假设 $f(5)$ 可能的输出来自集合 $\{2, 2.5, 3\}$,那么,$f(4)$ 也将以几乎完全相同的概率输出 $\{2, 2.5, 3\}$ 中的任一可能的值,因此攻击者无法通过 $f(5)-f(4)$ 来得到想要的结果。这种针对统计输出的随机化方式使得攻击者无法得到查询结果间的差异,从而能保证数据集中每个个体的安全。

2. 差分隐私保护的应用

差分隐私保护模型最初被应用在统计数据库安全领域,旨在发布统计信息时保护数据库中个体的隐私信息,之后被广泛应用于隐私保护数据发布(Privacy Preserving Data Release,PPDR)与隐私保护数据挖掘(Privacy Preserving Data Mining,PPDM)等领域。

(1) 差分隐私在数据发布中的应用

隐私保护数据发布研究的问题是如何在满足差分隐私的条件下保证发布数据或查询结果的精确性,研究内容主要集中在发布机制和算法复杂度的调整上,研究方法主要是基于计算理论和学习理论的定量分析。

差分隐私保护数据发布根据实现环境不同可分为两种:交互式数据发布和非交互式数据发布。如图 7-20 所示。

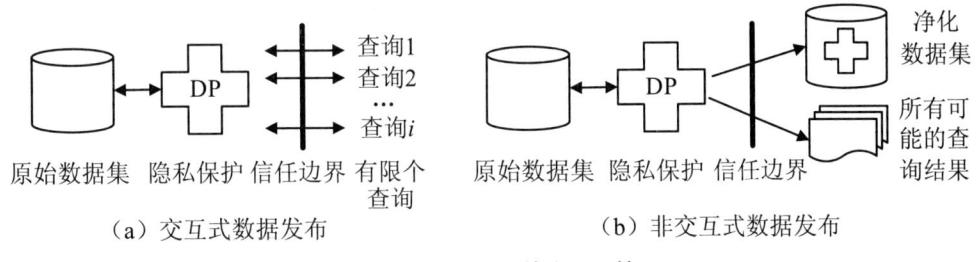

(a) 交互式数据发布　　　　(b) 非交互式数据发布

图 7-20　PPDR 的实现环境

在交互式环境下,用户向数据管理者提出查询请求,数据管理者根据查询请求对数据集进行操作并将结果进行必要的干扰后反馈给用户,用户不能看到数据集全貌,从而可以保护数据集中的个体隐私。

在非交互式环境下,数据管理者针对所有可能的查询,在满足差分隐私的条件下一次性发布所有的查询结果;或者,数据管理者发布一个原始数据集的"净化"版本,这是一个不精确的数据集,用户可对该版本的数据集自行进行所需的查询操作。

(2) 差分隐私在数据挖掘中的应用

隐私保护数据挖掘研究的问题是如何在保证数据集隐私安全的前提下获取性能最优的数据挖掘模型。其研究通常面向数据挖掘领域的具体算法,通过对已有算法的调整和对挖掘结果的性能评估,来寻求数据安全性和模型可用性的平衡。

差分隐私保护数据挖掘有两种实现模式,即接口(Interface)模式和完全访问(Fully Access)模式。如图 7-21 所示。

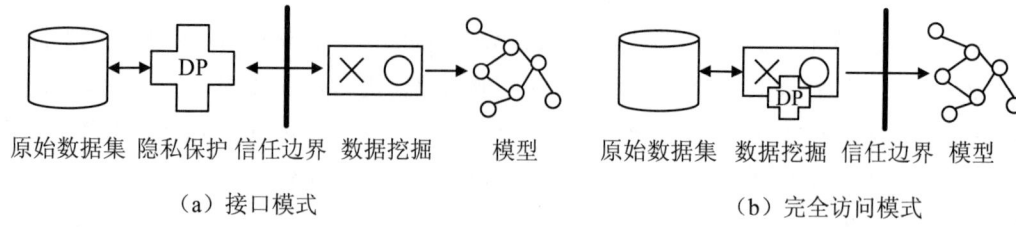

图 7-21 PPDM 的实现模式

在接口模式下,数据挖掘者被视为不可信的。数据管理者不会发布原始数据集,而只是对外提供访问接口,并在接口上实施差分隐私保护。数据挖掘者只能通过接口获取进行数据挖掘所需的统计类信息,其查询数目受隐私保护预算的限制。在这种模式下,隐私保护的功能完全由接口来提供,数据挖掘者无需关心任何隐私保护需求,也无需掌握任何有关隐私保护的知识,进行数据挖掘所采用的各种算法也无需因隐私保护做任何修改。

在完全访问模式下,数据挖掘者被认为是可信的,能够直接访问数据集并执行挖掘算法。但他们必须具备隐私保护领域的知识以对传统的数据挖掘算法进行必要的修改,使得这些算法能够满足差分隐私保护的要求,从而保证最终发布的模型不会泄露数据集中的隐私信息。完全访问模式对查询数量没有限制,因此数据挖掘者在设计算法时具有更大的灵活性。

从应用领域来看,差分隐私保护方法还被普遍应用于许多其他场合,例如推荐系统、网络数据分析、搜索日志发布等。

(3) 差分隐私在推荐系统中的应用

推荐系统帮助用户从大量数据中寻找可能需要的信息。在许多电子商务网站中,推荐系统用于发现商品项目之间的关系,并向顾客推荐可能消费的项目。由于推荐系统需要利用大量用户数据进行协同过滤(Collaborative Filtering),所以其数据的隐私保护问题很早就受到人们的关注。

McSherry F.和 Mironov I.最先将差分隐私保护方法引入到推荐系统。他们假定推荐系统是不可信的,攻击者可以通过分析推荐系统的历史数据来推测用户的隐私信息,因此必须对推荐系统的输入进行干扰。在分析项目之间的关系时,他们先建立项目相似度协方差矩阵,并向矩阵中加入拉普拉斯噪声实施干扰,然后再提交给推荐系统实施常规推荐算法。

Machanavajjhala A.、Korolova A.和 Sarma A.D.在基于社会网络数据的推荐系统中也使用了差分隐私保护方法。社会网络模型通常用图来表示,为了使构建图的过程满足差分隐私保护要求,他们以节点的邻居数为可用性函数并采用指数机制随机地构造图中的边,最终实现对图中所有边的保护。

(4)差分隐私在网络踪迹分析中的应用

网络踪迹分析是通过测量和分析网络流量来获取有用的信息。网络数据和流量记录往往由一些企业或研究机构共享以供研究分析之用。但由于这类分析有可能泄露隐私,所以这些网络数据在共享前需要经过净化。早期的净化方法主要为匿名处理,但匿名化方法不足以保证网络数据的隐私性,所以 McSherry F.和 Mahajan R.将差分隐私的概念引入,并实现了网络数据统计分析的差分隐私保护方法。其基本思想是发布网络数据的各项统计数据时,根据每项统计的敏感度,在结果中加入拉普拉斯噪声,使网络数据中的单独个体对统计结果不会有影响。相对于早期的匿名化方法,此方法较好地保证了网络数据的大部分统计特性。

(5)差分隐私在运输信息保护中的应用

Chen R.等人将差分隐私用于对运输信息的保护。这里的运输信息是指公共交通系统中乘客的各种乘车及换乘信息,对这些信息的分析可以促进零售业和交通系统内的知识发现。但由于其中包含了乘客的个人信息,所以在发布和共享之前,需要进行隐私保护处理。分析运输信息的目的是寻找最频繁的乘车路线,因此本质上这是一个频繁序列挖掘问题。Chen 等人根据数据的特征,采用前缀树(Prefix Tree)来表示运输信息数据集。树中每个节点表示一个序列以及数据集对该序列的支持计数。由于这些支持计数中加入了拉普拉斯噪声,从而保证了挖掘结果满足差分隐私保护的要求。

(6)差分隐私在搜索日志保护中的应用

Gotz 等人提出了一种搜索日志(Search Log)发布算法,用于搜索引擎公司在差分隐私保护条件下对外发布高频关键词、查询和点击记录等信息。

3.差分隐私保护面临的挑战

差分隐私保护还是一个相对年轻的研究领域,在理论和应用上都还存在一些难点以及新的方向需要进一步深入研究,包括:

(1)复杂数据的差分隐私保护

在实际应用中存在许多复杂的数据集,其中的记录之间往往存在某种联系,例如大数据的多样性与大规模性造成了多源数据之间的相关性。然而目前的差分隐私保护方法并未考虑数据之间的联系,因此无法有效地处理这类数据集。例如在社会网络数据中,每个用户都会和许多其他用户产生联系,因此即便从数据集中删除了某个用户,仍可能从与其他用户的联系中推断出该用户的信息。在这种情况下,如果采用传统的差分隐私保护方法,同时考虑数据之间的联系,则查询敏感度会很高,从而引入过多噪声。

(2)连续数据发布的隐私保护

已有差分隐私研究大多针对静态数据发布问题,但在实际应用中,很多数据集都是动态更新的。例如在线零售数据、推荐系统信息等。连续数据发布的差分隐私保护问题主要有两个研究难点:其一是隐私保护预算的分配问题。现有的机制需要预先定义发布的次数,然后分配隐私保护预算。当数据持续更新超出这个次数时,预算被耗尽,发布机制就会失效。其二是噪声大的问题。由于每次更新后的数据发布必须包含之前发布时的噪声,因此随着发布次数的增长,累积噪声会迅速增大,导致发布结果的可用性极低。

(3) 分布式差分隐私计算

分布式隐私保护是隐私保护领域的一个重要分支,它研究互不信任的多个实体如何对信息进行共享而不泄露自己的隐私信息。在具体实现中,各实体将自己的数据集输入一个安全函数,并共享函数输出结果。该方向的研究难点在于:①如何选择安全函数,使之满足差分隐私的要求;②如何设计协议以兼顾差分隐私性和计算复杂度。对这两个问题,目前的研究还只是从理论上提出了可行性以及相应计算的误差界限,具体的实现方法还需要进一步研究。

(4) 差分隐私定义的延伸

差分隐私是一种严格的定义,它假定攻击者具有尽可能多的背景知识。因此,为了满足差分隐私保护的要求,必须在发布结果中引入足够大的噪声,但噪声过大可能导致数据完全失去意义。针对这个问题,一些研究者试图通过降低差分隐私的要求,在适当降低隐私性的情况下,提高结果的可用性。在差分隐私的基础上提出新的隐私定义是对差分隐私定义的完善与延伸,对于扩展差分隐私的应用领域具有重要的意义。

总之,差分隐私保护是目前信息安全领域的研究热点之一,也取得了丰富的研究成果。但从实际应用的角度来看,还有许多内容需要继续深入研究。

7.4.3 移动定位隐私保护

(一) 位置大数据及其隐私

移动互联网将信息技术的发展带入了一个新时代,对人类的发展有着极为深刻的意义,已经影响到了医疗、娱乐、金融、政治、教育等人类生产生活的各个领域。移动性是移动互联网最为重要的特性之一,与地理位置信息的结合,使得移动互联网与人们的生活结合得更加紧密。基于位置的服务(Location Based Service,LBS)便是移动互联网中最为典型的服务模式之一,仅我国就已形成了数百亿规模的 LBS 市场。LBS 应用已成为移动互联网中人们最为关注的应用服务。

基于位置的服务,也被叫做位置服务或是定位服务。LBS 包含两层含义:确定移动设备或用户的地理位置,为用户提供与该位置相关的服务信息。

在大数据时代,移动通信和传感设备等位置感知技术的发展将人和事物的地理位置数据化。移动对象中的传感芯片以直接或间接的方式收集移动对象的位置数据:一方面,内置在手机、车载导航等移动设备中的 GPS、WiFi 等定位设备可以直接获得移动对象任意时刻的准确位置信息,并经过各种途径发布这些采集到的位置信息;另一方面,近期得到广泛应用的可穿戴设备等传感设备采集到的加速度、光学影像等数据经过处理后,也可以准确地确定使用者的位置。传感器自动采集位置信息的速度和规模远远超过现有系统的处理能力。根据统计,每个移动物体平均 15 秒提交一次当前位置,这样,全球上亿手机、车载导航设备等移动对象每秒钟提交的位置信息超过一亿条。未来,移动传感设备的进步和通信技术的提升会使其更频繁地产生位置信息。在大数据时代,这样的产生速度和数据规模为人们的生活、企业的运作以及科学研究带来巨大的变革。这类由于包含位置信息且具有规模大、产生速度快、蕴含价值高等满足被普遍认可的大数据特点的数据被称为位置大数据。

位置大数据在生活与生产中有诸多运用:

(1) 个人生活方面,通过推测一个人居住的地点和每天常去之处,可以为他提供便捷的服务。例如,1993 年 11 月一个美国女孩在遭遇绑架时,使用手机拨打了 911 电话,但是 911 呼救中心不能通过手机信号判断她的位置,最终女孩被杀害。这起事件促使美国的联邦通信委员会(Federal Communications Commission,FCC)在 1996 年颁发了一个行政性命令 E911,要求强制性构建一个公众性的安全网络,即在任何时间和地点都可以通过无线信号获取到用户的位置。此外,还可以利用人们大量的历史活动轨迹数据,为每个人的出行和旅游做路线推荐;根据当前的交通流量情况,为用户推荐可以乘坐的公共交通工具,例如,总部位于亚特兰大的 AirSage 公司每天通过处理来自上百万手机用户的 150 亿条位置信息,为超过 100 个美国城市提供实时交通信息。当前,这些基于位置大数据的新型服务逐渐形成了一个正在迅速增长的市场。

(2) 更重要的是,位置大数据改变了商业运作方式并为科学研究提供了新的方法。例如,传统的车险业通过考虑一个群体的平均风险确定车险定价,当保险公司获得了车辆出行时间、常见行驶地点和实际行驶过程等位置大数据后,就可以转变为对每个用户进行个性化的分析定价,从而改变了车险业的运作方式。与此同时,UPS 公司(United Parcel Service Incorporation)收集自己旗下运输车辆的行驶信息,为它们提供最佳行车路线以减少燃油、故障成本,在商业模式上取得了巨大成功。此外,无线数据科技公司(Jana)使用来自 100 多个国家的、超过 200 个无线运营商提供的、覆盖了拉丁美洲、非洲、欧洲的大约 35 亿人口的手机数据,试图回答疾病如何传播以及城市如何繁荣等科学问题。

位置大数据在带给人们巨大收益的同时,也带来了个人信息泄露的威胁。这是因为位置大数据既直接包含用户的隐私信息,又隐含了用户的个性习惯、健康状况、社会地位等其他敏感信息。位置大数据的使用不当,会对用户各方面隐私带来严重威胁。已有的一些案例说明了隐私泄露的危害,例如:某知名移动应用由于不注意保护位置大数据,导致根据三角测量方法可以推断出用户的家庭住址等敏感位置,已引发多起犯罪案件;许多可穿戴设备,包括智能手环、计步器、智能眼镜等,可以通过各种传感器实时记录用户的位置、轨迹及其他个人信息(如各类健康信息等),并可将其上传到互联网上进行数据分析和对比;此外,当设备生产商通过收集这些数据来分析人们的特点以更好地改进产品时,个人数据泄露的风险就更大。LBS 中的隐私问题并成为 LBS 应用亟待解决的核心问题并成为制约 LBS 进一步发展的重要因素。而在为用户提供了合适的位置隐私保护后,更多的人愿意将自己的移动数据提交给智能交通、智能城市等分析系统,这些系统进而为人们的日常生活提供更多的便利。

LBS 中的隐私可以分为两类:位置隐私和查询隐私。
- 位置隐私是指与用户过去或现在位置直接或是间接相关的隐私信息;
- 查询隐私是指与位置服务中查询属性相关的隐私信息,如查询内容或是通过查询可以推测出用户的身份等。

例如,移动用户提交的查询是"查找距离当前位置最近的艾滋病医院",其中,"查找最近的艾滋病医院"是查询隐私,"用户当前位置"是位置隐私。任何一类隐私出现泄漏都可能使攻击方得知用户兴趣爱好、生活习惯和健康状况等个人信息。所以,基于位置服务的隐私保护的目的就是破坏攻击方将敏感的查询内容与用户的对应或是破坏将用户位置与某一准确位置的对应。

基于位置服务的隐私保护相对于数据发布中的隐私保护,具有更大的困难性:

(1)基于位置服务中的隐私保护要求个性化,即每个用户都有不同的隐私要求,即使同一用户在不同的时间或地点对隐私的保护程度也是不一样的。例如在娱乐休闲时用户要求对隐私的保护程度可能会低一些,而在医院或参加政治金融活动时用户要求对隐私的保护程度可能会高一些。

(2)LBS 中的隐私保护需要满足实时性。位置隐私保护通常是处于在线的环境下,要求响应时间要尽量短,从而使用户具有良好的体验。但是经常面临的是大量的用户请求和不断改变的位置信息,所以对处理器的要求比较高。而对传统的关系数据库中的数据进行隐私保护时针对的是静态数据,尽管数据量会很大,但是没有实时性方面的要求,所以对处理器的要求相对较低。

(3)在位置服务中,隐私保护是一个非常复杂的问题,即享受服务和用户隐私是相互矛盾的。对用户来说,希望越少人知道自己的信息越好,并且希望信息越模糊越好,而对服务提供商来说,则希望获得越多有效而精确的信息越好,因为服务质量与位置信息的正确性成正比,但是位置的精确度很高时会造成隐私度降低。所以如何在享受服务和隐私保护之间寻找一个平衡点是基于位置服务隐私保护研究的主要工作。

(二)位置隐私保护系统结构

LBS 中隐私保护的系统结构目前主要有独立结构、中心服务器结构和分布式点对点结构三种。

1.独立结构

独立结构仅由用户与 LBS 服务器构成,用户自身通过某种方式隐藏自己的位置信息,然后与服务器交互获取服务,属于典型的 C/S(Client/Server)架构。在这种结构中,用户仅根据自己的知识在客户端进行匿名查询。

处理过程如下(图 7-22):

(1)用户首先把匿名后的位置(通过位置模糊、假点、加密等方法)和查询请求内容一起发送给 LBS 服务器;

(2)服务器根据匿名后的位置进行查询处理,并将处理的结果返回给用户;

(3)最后由用户挑选出需要的结果。

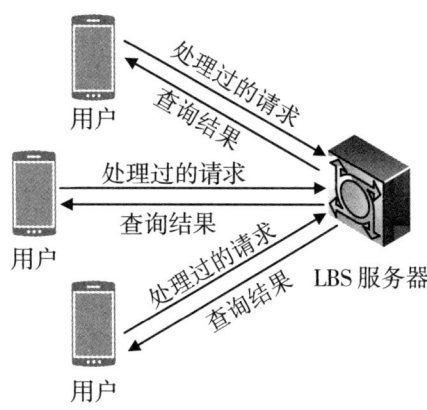

图 7-22 独立结构

独立式结构的优点是结构简单、易于扩展和维护,对传统的 C/S 系统稍加改造即可实现无缝对接。缺点是,由于用户知识的局限性以及匿名方法自身存在的缺陷,该结构在通信代价和隐私保护度方面表现不足;而且在保护过程中往往需要很大的计算量,该结构对设备的计算能力和存储空间有较高的要求;此外,该结构仅仅对单个用户进行匿名处理,没有考虑到周围用户,很容易被攻击者鉴别出该用户。而且当匿名区域中用户过少时,就会达不到要求的匿名度。

2.中心服务器结构

中心服务器结构由移动用户、被称为位置匿名服务器的可信第三方(Trusted-Third Party,TTP)和 LBS 服务器组成。TTP 是用户与 LBS 系统之间通信的媒介,可用于匿名和查询。匿名服务器负责收集用户确切的位置信息、对位置信息进行匿名处理以及查询结果求精等。

处理过程如下(图 7-23):

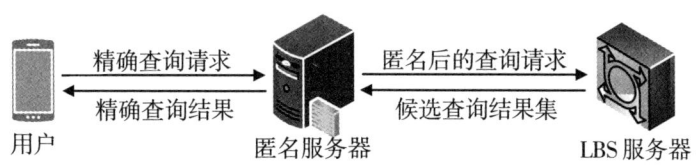

图 7-23 中心服务器结构

(1)发送请求:用户将其精确的位置信息与查询请求内容一并发送给匿名服务器;

(2)匿名处理:匿名服务器对位置信息进行匿名处理,并将得到的位置匿名区域与查询请求发送到 LBS 服务器;

(3)查询处理:LBS 服务器根据位置匿名区域对查询请求进行处理,然后把查询结果的候选结果集返回给匿名服务器;

(4)求精处理:匿名服务器对候选结果求精,确定用户真正需要的结果,将其返回给用户。

中心服务器结构的优点是:对客户端的软硬件配置要求不高,且在保证用户隐私安全的前提下获得可靠的查询服务。把移动终端从复杂的匿名过程中解放了出来,提升了用户体验,也提高了匿名保护的效率,为用户享受 LBS 服务和实现位置隐私不受侵犯提供了一个较好的解决方案。

但是这种结构也存在致命的缺陷:可信第三方是整个系统的瓶颈,若可信第三方被攻破,则用户的位置隐私将处于完全暴露的状态;另外,现实中由于利益的驱使真正可信的第三方匿名服务器很难获得。

3.分布式点对点结构

分布式点对点结构由用户群组成的匿名网络和 LBS 服务器两部分组成。该体系结构中的用户在相互信任的前提下,为了保护自身的隐私安全而互相协助。分布式点对点结构的每个节点都可以完成位置匿名和查询结果求精等工作,节点之间平等自治。

处理过程如下(图 7-24):

(1)每个提出查询请求的用户根据某种匿名算法寻找其他合适的用户,使用其位置信息构建匿名区域进行匿名,再向服务器发送位置匿名区域请求服务,而不是像独立结构那样不考虑周围用户的位置信息。例如,当用户 A 发送 LBS 请求时,将其 LBS 请求广播给网络中的用户,当用户数量达到用户 A 的隐私要求后,选择一个头节点 B,由 B 来构建匿名区域,并由 B 把请求发送给服务器;

(2)B 收到 LBS 服务器返回的候选结果集后,把候选结果集发送给 A,最后用户 A 自己筛选出最佳结果。

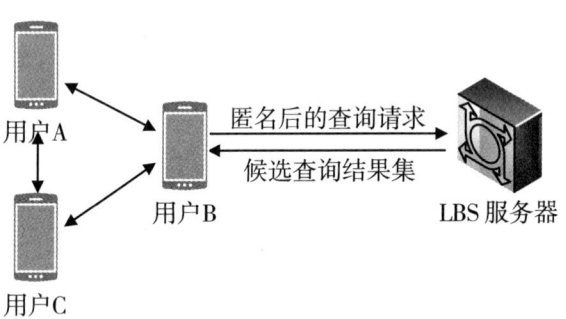

图 7-24 分布式点对点结构

分布式点对点结构不需要可信第三方,克服了可信第三方瓶颈的缺陷。而且,它所具有的节点独立自主、动态性和非中心化特点,以及资源和服务的独立分布,增强了抗攻击能力,均衡了网络负载。但是,节点间的相互信任,也导致了一旦有攻击者冒充节点混入其中,用户的隐私就有极大可能被泄露,而且匿名区域的构建和候选结果集的筛选还是在客户端完成,仍旧需要客户端具备较高的计算和存储能力。

(三)位置隐私保护技术

经典的位置隐私保护技术经过较长时间的发展,从最早将位置数据视为一般数据使用"知情与同意"等访问控制方法,发展到针对单个位置数据的匿名化隐私保护方法,再进一步完善到对轨迹数据的匿名化隐私保护方法。但是,"知情与同意"以及匿名化等经典的位置隐私保护方法在大数据时代已经不能有效保护用户隐私:

(1)大数据尚未想到的用途无法提前告诉用户,企业也无法承担发现位置大数据的创新性用途后通知每个用户并请求用户同意再进行使用的成本。因此,"知情与同意"等保护方法要么限制了对位置大数据价值的挖掘,要么无法保护个人隐私。

(2)由于位置大数据来源众多,这些数据之间可以相互补充,已经有研究对精心匿名的位置数据成功地进行了反匿名化。

在大数据时代,经典位置隐私保护方法不能解决的主要问题是:攻击者可以从多种途径获得关于用户各个角度的位置数据或非位置数据,这些数据可以直接地或者间接地重构出用户希望保护的位置隐私。比如:

(1)单纯针对位置数据。用户在服务 A 中保护起来的数据可能在服务 B 中被泄露,如果攻击者同时获得服务 A 和服务 B 中的数据,就可以重构出用户的准确数据。

(2)考虑位置与非位置数据结合的情况。位置数据与非位置数据由于是同一用户产生的,因此,用户的某些个性就成为了位置数据与非位置数据之间的联系。攻击者根据这些个性可以区分不同用户的位置数据,进而对用户的身份等敏感信息进行推测。

位置隐私保护技术需要面对这两种威胁,全面地控制用户位置信息的泄露。位置隐私保护技术应该保证用户不同的隐私需求。因此,位置隐私保护技术需要考虑以下3个具有挑战性的问题:

(1)如何度量用户的敏感信息的泄露程度;

(2)如何实现对位置大数据隐私全面的保护;

(3)如何兼顾隐私保护的程度和基于位置服务的可用性。

在实际应用中,用户往往只考虑在获得满意的 LBS 服务的同时是否能保证隐私不被泄露,而不关心具体的保护细节。因而,在此类 LBS 服务中位置隐私保护机制应该具有透明性,无需用户参与。基于这一需求,形成了一种被动保护模式的位置隐私研究方向:利用噪声信息对用户位置进行隐藏或混淆。现有的基于此种被动保护模式的位置隐私保护技术大致可分为:基于假数据的隐私保护技术、基于泛化法的隐私保护技术和基于抑制法的隐私保护技术。

1.基于假数据的位置隐私保护技术

基于假数据的位置隐私保护技术通过使用假的标识信息和位置信息对真实的信息进行替代或者对真实的数据进行扰动形成假数据,同时保证被干扰的数据不发生严重的失真。

假数据法可通过利用假的标识信息或者假的位置信息来保护位置隐私。如果攻击者无法把用户的真实标识信息和真实位置信息关联起来,则用户的位置信息和标识信息就可看作不是敏感信息。例如,攻击者窃取到一条请求信息 $Q\{id,loc,c\}$,其中 id 为用户的假名,loc 为用户的真实位置信息,c 为请求的内容。此时攻击者虽然知道了用户的真实位置信息,但是攻击者无法关联到真实的用户,从而保护了用户的隐私。

将用户真实标识信息虚假化的技术也叫作虚假用户(Dummy),又称哑元,是指通过产生假用户,使服务器分辨不出哪些是真实用户哪些是虚拟用户,进而达到保护真实用户的目的。在图 7-25 中,假设用户提出的查询是寻找距离当前位置最近的学校,用户或匿名服务器产生两个虚假用户 A 和 B,然后把 A、B 及用户的位置一同发送给 LBS 服务器,经过处理后,LBS 服务器将会根据 A、B 及用户的位置返回各自的查询结果,最后用户或匿名服务器从中过滤出自己想要的内容。从而,用户的位置泄露风险由 1 降低为 1/3。

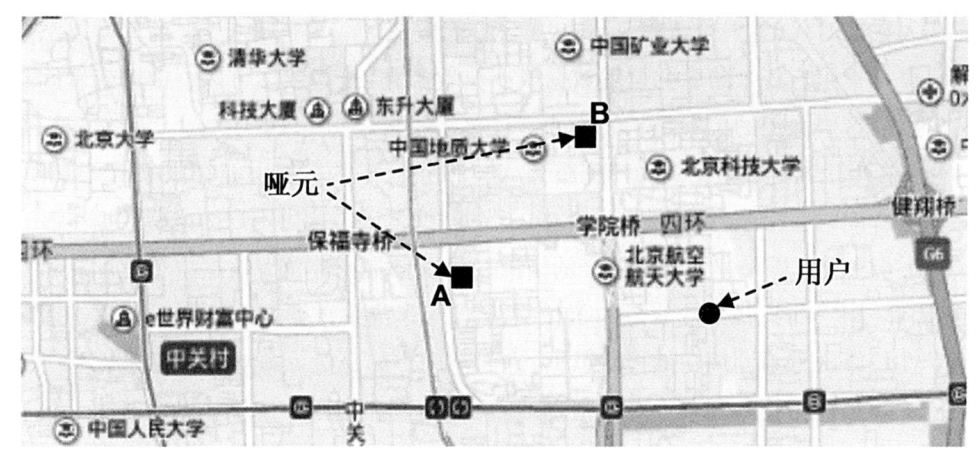

图 7-25　虚假用户方法

因此,假数据法可以通过对真实的数据进行扰动形成假数据来降低隐私泄露危险。假数据法还有一种叫做基于混合区域(Mix-zone)的假名技术。

假名(Pseudonym)是匿名的一种特殊类型,用户可以通过假名来隐藏其真实身份。基于 Mix-zone 的假名技术是指为移动对象配备不暴露其真实身份的假名,同时要求用户经过一段时间后在 Mix-zone 中更换假名。使用假名能够起到保护移动对象真实身份的作用,但是如果一直使用同一假名相当于未使用,因此需要更换假名。在 Mix-zone 模型中通过破坏用户新旧假名之间的关联性来达到防止用户被跟踪的目的。在图 7-26 中,Mix-zone 模型的应用区域中有两个用户 A 和 B,在 A、B 进入混合区域后变化 ID,但是不可以提出任何服务请求或接受任何服务信息,在 A 和 B 从混合区域出来的时候,攻击方不能分辨出 X(或 Y)是 A 还是 B,从而破坏了用户前后 ID 之间的关系。

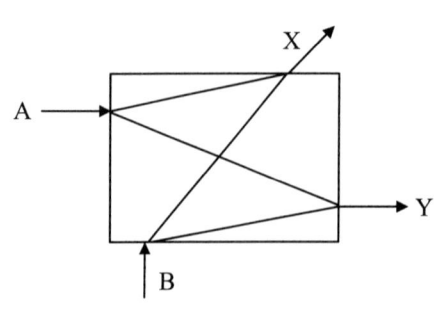

图 7-26　Mix-zone 模型

一般来说,假数据方法有两点需要注意:

(1)假数据的数量。虽然假数据的数量越多,真实数据被披露的风险越低,但是对数据真实性的影响也越大,容易造成数据不可用。因此,假数据的数量一般是根据用户的隐私保护度需求来选择的。

(2)假数据与真实数据的关系。选择的假数据要尽量与真实数据类似,以达到混淆真假的目的。

总体上,假数据法具有计算开销小、实现简单的优点,但缺点是数据可能严重失真,移植性较差。

2.基于泛化法的位置隐私保护技术

基于泛化法的位置隐私保护技术将位置信息泛化为对应的匿名区域,以达到位置隐私保护的目的。

这种隐私保护技术也称为空间区域匿名技术,是指把用户的位置信息从一个点模糊化为一个空间区域,在用户提出查询请求的时候是将整个区域(如图 7-27 中的虚线框)发送给服务器,这个虚线框包含的空间称为匿名域。

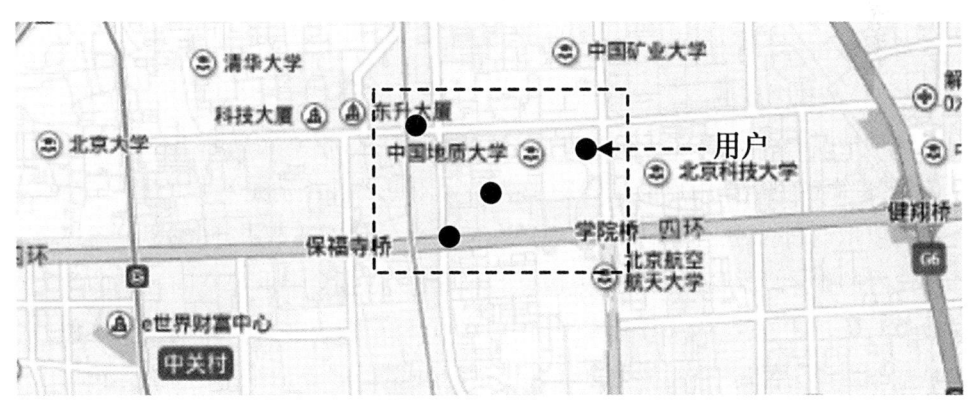

图 7-27 空间区域匿名方法

在该类技术中,最常用的是轨迹 k-匿名技术。M.Gruteser 和 D.Grunwald 首次把 k-匿名技术运用到位置服务的隐私保护中,提出把用户的位置信息模糊化为一个匿名区域,并且保证匿名区域中至少存在 k 个用户,从而攻击者无法从所获得的匿名区域推测出用户的实际位置信息。

k-匿名技术也可以运用到轨迹信息的隐私保护中。

对于任意一条轨迹 T,在每一个位置信息发送的时刻 t,至少有 $k-1$ 条轨迹在同一时刻同样存在位置信息的发送,并且能与轨迹 T 的该位置泛化为同一个匿名区域,则称这些轨迹满足轨迹 k-匿名。表 7-5 和表 7-6 所示的例子展示了轨迹 k-匿名的概念。表 7-6 是对表 7-5 中的 3 条轨迹数据进行轨迹 k-匿名($k=3$)之后的结果。

表 7-5 轨迹数据

时刻\轨迹	t_1	t_2	t_3
T_1	(1,1)	(4,4)	(5,3)
T_2	(2,3)	(2,5)	(3,8)
T_3	(1,3)	(2,3)	(5,8)

表 7-6 轨迹 k-匿名($k=3$)

时刻\轨迹	t_1	t_2	t_3
T_1	[(1,1),(2,3)]	[(2,3),(4,5)]	[(3,3),(5,8)]
T_2	[(1,1),(2,3)]	[(2,3),(4,5)]	[(3,3),(5,8)]
T_3	[(1,1),(2,3)]	[(2,3),(4,5)]	[(3,3),(5,8)]

经过匿名后,3 条轨迹在 t_1、t_2 和 t_3 时刻都被泛化为相同的匿名区域,匿名区域是同一时刻的位置的最小限定矩形 MBR(Minimum Bounding Rectangle)。匿名区域采用区域的左下角坐标和右上角坐标表示,例如[(1,1),(2,3)]表示左下角坐标为(1,1)、右上角坐标为(2,3)的匿名区域。

在这种情况下,即使攻击方得到了整个区域的信息,也不能判断出用户在区域中的具体位置,进而避免泄露用户的位置隐私。因为服务器并不清楚用户的具体位置,所以服务器需要把空间区域中的一些位置当做参考点来处理查询请求,同时服务器还需要确定参考位置的数量以保证返回的服务信息的可靠性,通常会选取该空间区域的中心位置当作参考对象。此外,泛化法具有实现简单、移植性好、数据较真实的优点。这种方法的不足是服务质量会明显下降,甚至可能会出现返回错误的查询结果的情况,同时由于增加了服务器的负载使得服务器反应时间变长。

3.基于抑制法的位置隐私保护技术

抑制法是指根据具体情况有条件地发布位置数据,不发布某些敏感位置数据或频繁访问的位置数据以实现隐私保护的方法。抑制是与泛化相对的一个概念,所谓抑制就是抑制某个数据项,即不让某个数据项发布出去。

数据抑制法的基本思想是:

(1)不发布或者限制发布敏感位置信息。这是处理敏感位置信息的最简单的一种策略,这种策略虽然很好地保护了用户的敏感位置隐私,但是当用户处于敏感位置时,不发布该位置信息则无法获取准确的 LBS 服务。

(2)对敏感位置使用阈值限制。该方法不再限制敏感位置信息的发布,只是设定一个阈值,当超过阈值时,就限制服务请求。例如:M.Terrovitis 和 N.Mamoulis 提出的轨迹隐私保护算法采用抑制轨迹数据库 T 中导致位置隐私泄露的位置信息的发布,来保护用户的轨迹隐私。假设攻击者 A 掌握了轨迹数据库 T 中的轨迹 t_A,对于轨迹数据库 T 中的另一条轨迹

T_B 上的某个位置 l_B,攻击者 A 通过自身掌握的轨迹 t_A 推断出位置 l_B 属于某个确定用户的概率为 P_A,若概率 P_A 大于隐私度要求的概率 P,则认为位置 l_B 属于敏感位置,需要抑制。

(3)对敏感位置推迟发送位置更新。当用户在敏感区域时,当敏感位置信息发生更新时,不立即发送更新信息,而采用推迟发送,以此防止隐私泄露,保护轨迹的隐私安全。

总体上,抑制法具有实现简单、隐私保护度较高的优点,也存在若抑制的点过多会造成数据严重失真的缺点。在保证数据可用性的前提下,抑制法是一种高效的方法。

本章小结

本章介绍了大数据安全的发展状况和安全挑战,大数据隐私保护的基本概念,以及在云存储、社会网络、移动定位三个典型行业应用中的大数据隐私保护,介绍了其中相关的隐私保护关键技术。

以下是本章的知识要点概括:

1. 大数据的技术定义

通过高速捕捉、发现或分析,从大容量数据中获取价值的一种新的技术架构。业界通常用 5 个"V"来概括大数据的主要特征:Volume(规模巨大)、Variety(种类繁多/形式多样)、Velocity(生成和处理速度快)、Veracity(准确性低/不确定性)、Value(价值密度低/潜在价值)。其中,前四种属性表明大数据处理所面对的挑战,而"潜在价值(Value)"才是人们对大数据技术追求的根本,因为发掘潜在价值是促进社会发展的一个重要手段。

2. 大数据分析的目标

(1)获得知识与推测趋势

(2)分析掌握个性化特征

(3)通过分析辨识真相

3. 大数据安全的研究和应用的两个部分

(1)如何保障大数据的安全(Big Data Security)。大数据本身承载的很多重要数据或者敏感信息,需要一些安全的手段、合规的手段和防范的手段进行保障。

(2)如何利用大数据解决安全问题(Big Data Analytics for Security)。大数据本身的技术以及相关的分析能力,会有助于解决原来传统的技术所不能够解决或者比较难以解决的安全问题。

4. 大数据时代的隐私保护挑战

(1)个人隐私保护的范围难以确定;

(2)侵犯个人隐私的行为难以认定;

(3)管理个人隐私信息更加困难;

(4)个人隐私保护的技术挑战;

(5)构建良好大数据隐私保护生态环境的挑战。

5.云存储隐私保护关键技术

(1)私有信息检索技术(Private Information Retrieval)

(2)可搜索加密技术(Searchable Encryption)(又分为对称可搜索加密技术和非对称可搜索加密技术)

(3)同态加密技术(Homomorphic Encryption)

6.社会网络隐私保护中图结构形式的隐私信息

(1)节点隐私:节点存在性、节点身份、节点属性值和节点图结构

(2)边隐私:边存在性、边权重、边属性值等隐私信息

(3)图性质隐私

7.社会网络匿名保护技术

(1)简单匿名发布技术

(2)节点k-匿名(k-Anonymity)技术

8.社会网络差分隐私技术

差分隐私保护就是要保证任一个体在数据集中或者不在数据集中时,对最终发布的查询结果几乎没有影响。具体地说,设有两个几乎完全相同的数据集(两者的区别仅在于一个记录不同),分别对这两个数据集进行查询访问,同一查询在两个数据集上产生同一结果的概率的比值接近于1。

9.移动定位隐私保护系统结构

(1)独立结构

(2)中心服务器结构

(3)分布式点对点结构

10.移动定位隐私保护技术

(1)基于假数据的位置隐私保护技术

(2)基于泛化法的位置隐私保护技术

(3)基于抑制法的位置隐私保护技术

练习思考

1.理解大数据的5"V"特征。

2.了解大数据面临的安全挑战。

3.理解针对传统小数据的隐私保护方法在大数据中存在的局限性。

4.结合实际情况,分析云存储中还要考虑哪些隐私保护问题,并给出技术方案建议。

5.结合实际情况,分析社会网络中还要考虑哪些隐私保护问题,并给出技术方案建议。

6.结合实际情况,分析移动定位中还要考虑哪些隐私保护问题,并给出技术方案建议。

参考文献

[1] 冯登国,张敏,李昊.大数据安全与隐私保护.计算机学报,2014,37(1):246-258.

[2] 王文超,石海明,曾华锋.刍议大数据时代的国家信息安全.国防科技,2013,34(2):1-5.

[3] 维克托·迈尔-舍恩伯格,肯尼思·库克耶.大数据时代.浙江:浙江人民出版社,2013.

[4] 徐闽斌,田勇,王书程.大数据安全问题的几点思考.数码世界,2015,10:15-16.

[5] 李瑞霞,郑睿,张领.大数据环境下个人隐私存在的安全问题研究.电脑知识与技术,2015,12:32-33.

[6] 杜伟.大数据引发的安全问题及应对措施,2014. http://www.miit.gov.cn/n11293472/n1129 3832/n15214847/n15218234/15934952.html.

[7] 刘雅辉,张铁赢,靳小龙,程学旗.大数据时代的个人隐私保护.计算机研究与发展,2015,52(1):229-247.

[8] 孟小峰,张啸剑.大数据隐私管理.计算机研究与发展,2015,52(2):265-281.

[9] 黄刘生,田苗苗,黄河.大数据隐私保护密码技术研究综述.软件学报,2015,26(4):945-959.

[10] 李晖,孙文海,李凤华,王博洋.公共云存储服务数据安全及隐私保护技术综述.计算机研究与发展,2014,51(7):1397-1409.

[11] 刘琴.多用户共享云计算服务环境下安全问题研究.中南大学博士学位论文,2012.

[12] 李文娟.私有信息检索中若干关键技术的研究.安徽大学硕士学位论文,2012.

[13] 汪志鹏.私有信息检索技术研究.华中科技大学博士学位论文,2013.

[14] D. Boneh, G. Crescenzo and R. Ostrovsky. Public key encryption with keyword search. *Proc. of Eurocrypt*, LNCS 3027, 2004: 506-522.

[15] S. Yau and Y. Yin. Controlled privacy preserving keyword search. *Proc. of ACM Symposium on Information, Computer and Communications Security*, 2008, 32: 1-324.

[16] Q. Liu, G. Wang and J. Wu. An efficient privacy preserving keyword search scheme in cloud computing. *Proc. of 2009 International Conf. on Computational Science and Engineering*, 2009: 715-720.

[17] 沈志荣,薛巍,舒继武.可搜索加密机制研究与进展.软件学报,2014,25(4):880-895.

[18] 彭凝多.云计算环境下隐私与数据保护关键技术研究.电子科技大学博士学位论文,2014.

[19] D. Song, D. Wagner and A. Perrig. Practical techniques for searches on encrypted

data. *IEEE Symposium on Security and Privacy*, 2000: 44-55.

[20] 王剑锋. 云计算中模糊可搜索加密方案的研究. 西安电子科技大学硕士学位论文, 2013.

[21] 白亮. 基于云存储的同态加密检索方案研究. 电子科技大学硕士学位论文, 2014.

[22] E. J. Goh. Secure indexes. Report 2003/216, Cryptology ePrint Archive, 2003. http://eprint.iacr.org/2003/216.

[23] R. Curtmola, J. Garay, S. Kamara and R. Ostrovsky. Searchable symmetric encryption: improved definitions and efficient constructions. *Proc. of the 13th ACM Conf. on Computer and Commu- nications Security*, 2006: 79-88.

[24] 李经纬, 贾春福, 刘哲理, 李进, 李敏. 可搜索加密技术研究综述. 软件学报, 2015, 26(1): 109-128.

[25] 谭建明. 云存储环境下多用户可搜索加密方案. 重庆邮电大学硕士学位论文, 2013.

[26] R. L. Rivest, Len Adleman and Michael L. Dertouzos. On data banks and privacy homomorph- isms. *Foundations of Secure Computation*, 1978: 169-180.

[27] 吕志泉, 洪澄, 张敏, 冯登国, 陈开渠. 面向社交网络的隐私保护方案. 通信学报, 2014, 35(8): 23-32.

[28] 孙崇敬. 面向属性与关系的隐私保护数据挖掘理论研究. 电子科技大学博士学位论文, 2014.

[29] 刘向宇, 王斌, 杨晓春. 社会网络数据发布隐私保护技术综述. 软件学报, 2014, 25(3): 576-590.

[30] 吴宏伟. 社会网络数据发布中的隐私匿名技术研究. 哈尔滨工程大学硕士学位论文, 2013.

[31] 陈木朝. 基于网络社交数据分享的差分隐私保护. 电子测试, 2015, 2: 70-72.

[32] 万文强. 分布式的隐私保护特征选择研究. 南京邮电大学硕士学位论文, 2013.

[33] 付艳艳, 张敏, 冯登国, 陈开渠. 基于节点分割的社交网络属性隐私保护. 软件学报, 2014, 25(4): 768-780.

[34] 黄启发, 朱建明, 宋彪, 章宁. 社交网络用户隐私保护的博弈模型. 计算机科学, 2014, 41(10): 184-190.

[35] F. McSherry and I. Mironov. Differentially private recommender systems: building privacy into the net. *Proc. of the 15th ACM SIGKDD International Conf. on Knowledge Discovery and Data Mining*, 2009: 627-636.

[36] A. Machanavajjhala, A. Korolova and A. D. Sarma. Personalized social recommendations: accurate or private. *Proc. of the VLDB Endowment*, 2011, 4(7): 440-450.

[37] F. McSherry and R. Mahajan. Differentially-private network trace analysis. *Proc. of the ACM SIGCOMM 2010 Conference*, 2010: 123-134.

[38] R.Chen, B. C. M. Fung, B. C. Desai et. al. Differentially private transit data publication:A case study on the montreal transportation system. *Proc. of the 18th ACM SIGKDD International Conference on Knowledge Discovery and Data Mining*, 2012:213-221.

[39] M.Gotz, A. Machanavajjhala, G. Wang, et a1. Publishing search Logs – A comparative study of privacy guarantees. *IEEE Trans. on Knowledge and Data Engineering*, 2012, 24(3):520-532.

[40] 熊平,朱天清,王晓峰.差分隐私保护及其应用.计算机学报,2014,37(1):101-122.

[41] 张啸剑,孟小峰.面向数据发布和分析的差分隐私保护.计算机学报,2014,37(4):927-949.

[42] 康海燕,XIONG Li.面向大数据的个性化检索中用户匿名化方法.西安电子科技大学学报(自然科学版),2014,41(5):148-154.

[43] 郭晓丽.基于位置服务的移动对象隐私保护技术研究.哈尔滨工程大学硕士学位论文,2013.

[44] 翁国庆.隐私敏感轨迹数据发布技术研究.东南大学硕士学位论文,2014.

[45] 史敏仪.面向位置服务的轨迹隐私保护技术研究.南京邮电大学硕士学位论文,2014.

[46] 王璐,孟小峰.位置大数据隐私保护研究综述.软件学报,2014,25(4):693-712.

[47] M. Gruteser and D. Grunwald. Anonymous usage of location based services through spatial and temporal cloaking. *Proc. of ACM/SENIX Mobisys*, 2003:69-78.

[48] M. Terrovitis and N. Mamoulis. Privacy preserving inthe publication of trajectories. *Proc. of the 9th International Conf. on Mobile Data Management*, 2008: 65-72.

[49] 徐红云,许隽,龚羽菁,徐梦真.基于空间混淆位置隐私保护的位置隐私区域生成算法.华南理工大学学报(自然科学版),2014,42(1):97-103.

[50] 刘树波,李艳敏,刘梦君.基于密文检索的位置服务用户隐私保护方案.计算机科学,2015,42(4):101-105.

[51] 王超,杨静,张健沛.基于轨迹位置形状相似性的隐私保护算法.通信学报,2015,36(2):144-157.

[52] 赵婧,张渊,李兴华,马建峰.基于轨迹频率抑制的轨迹隐私保护方法.计算机学报,2014,37(10):2096-2106.

图书在版编目(CIP)数据

数字内容安全技术/隋爱娜,曹刚,王永滨编著.—北京:中国传媒大学出版社,2016.10

(信息安全专业"十二五"规划教材)

ISBN 978-7-5657-1842-7

Ⅰ.①数… Ⅱ.①隋… ②曹… ③王… Ⅲ.①信息安全—高等学校—教材 Ⅳ.①G203

中国版本图书馆 CIP 数据核字(2016)第 235185 号

信息安全专业"十二五"规划教材

数字内容安全技术

SHUZI NEIRONG ANQUAN JISHU

编 著	隋爱娜 曹 刚 王永滨
责 任 编 辑	黄松毅
装帧设计指导	吴学夫 杨 蕾 郭开鹤 吴 颖
设 计 总 监	杨 蕾
装 帧 设 计	刘鑫、方雪悦等平面设计团队
责 任 印 制	曹 辉
出版发行	中国信媒大学出版社
社 址	北京市朝阳区定福庄东街1号 邮编:100024
电 话	86-10-65450528 65450532 传真:65779405
网 址	http://www.cucp.com.cn
经 销	全国新华书店
印 刷	北京艺堂印刷有限公司
开 本	787mm×1092mm 1/16
印 张	17
字 数	342 千字
版 次	2016 年 10 月第 1 版 2016 年 10 月第 1 次印刷
书 号	ISBN 978-7-5657-1842-7/G·1842 定 价 58.00 元

版权所有 翻印必究 印装错误 负责调换

致力专业核心教材建设　提升学科与学校影响力

中国传媒大学出版社陆续推出

我校15个专业"十二五"规划教材162种

播音与主持艺术专业（10种）

广播电视编导专业（电视编辑方向）（11种）

广播电视编导专业（文艺编导方向）（10种）

广播电视新闻专业（11种）

广播电视工程专业（9种）

广告学专业（12种）

摄影专业（11种）

录音艺术专业（12种）

动画专业（10种）

数字媒体艺术专业（12种）

数字游戏设计专业（10种）

网络与新媒体专业（13种）

网络工程专业（11种）

信息安全专业（10种）

文化产业管理专业（10种）

传媒人书店　　　传媒人书店　　　微博关注我们　　微信关注我们　　访问我们的主页
（For IOS）　　（For Android）

本书更多相关资源可从中国传媒大学出版社网站下载

网址：http://www.cucp.com.cn

责任编辑：黄松毅　　　意见反馈及投稿邮箱：huangsongyi2005@163.com

联系电话：010-65779465